新世纪高职高专
电气自动化技术类课程规划教材

# 电路与磁路

## DIANLU YU CILU

新世纪高职高专教材编审委员会 组编
主 编 谢小乐
副主编 陈余庆 王玉芳
主 审 张小毛

大连理工大学出版社
DALIAN UNIVERSITY OF TECHNOLOGY PRESS

**图书在版编目(CIP)数据**

电路与磁路 / 谢小乐主编. —大连 ：大连理工大
学出版社，2010.1(2010.11 重印)
新世纪高职高专电气自动化技术类课程规划教材
ISBN 978-7-5611-5248-5

Ⅰ.①电… Ⅱ.①谢… Ⅲ.①电路理论—高等学校：
技术学校—教材②磁路—高等学校：技术学校—教材
Ⅳ.①TM1

中国版本图书馆 CIP 数据核字(2009)第 237599 号

大连理工大学出版社出版
地址：大连市软件园路 80 号　邮政编码：116023
发行：0411-84708842　邮购：0411-84703636　传真：0411-84701466
E-mail：dutp@dutp.cn　URL：http://www.dutp.cn
大连美跃彩色印刷有限公司印刷　　大连理工大学出版社发行

幅面尺寸：185mm×260mm　　印张：14　　字数：321 千字
印数：7001～9000
2010 年 1 月第 1 版　　2010 年 11 月第 3 次印刷

责任编辑：吴媛媛　　　　　　　　责任校对：任春荣
封面设计：张　莹

ISBN 978-7-5611-5248-5　　　　　　定　价：27.00 元

# 总　序

　　我们已经进入了一个新的充满机遇与挑战的时代,我们已经跨入了21世纪的门槛。

　　20世纪与21世纪之交的中国,高等教育体制正经历着一场缓慢而深刻的革命,我们正在对传统的普通高等教育的培养目标与社会发展的现实需要不相适应的现状作历史性的反思与变革的尝试。

　　20世纪最后的几年里,高等职业教育的迅速崛起,是影响高等教育体制变革的一件大事。在短短的几年时间里,普通中专教育、普通高专教育全面转轨,以高等职业教育为主导的各种形式的培养应用型人才的教育发展到与普通高等教育等量齐观的地步,其来势之迅猛,发人深思。

　　无论是正在缓慢变革着的普通高等教育,还是迅速推进着的培养应用型人才的高职教育,都向我们提出了一个同样的严肃问题:中国的高等教育为谁服务,是为教育发展自身,还是为包括教育在内的大千社会?答案肯定而且惟一,那就是教育也置身其中的现实社会。

　　由此又引发出高等教育的目的问题。既然教育必须服务于社会,它就必须按照不同领域的社会需要来完成自己的教育过程。换言之,教育资源必须按照社会划分的各个专业(行业)领域(岗位群)的需要实施配置,这就是我们长期以来明乎其理而疏于力行的学以致用问题,这就是我们长期以来未能给予足够关注的教育目的问题。

　　如所周知,整个社会由其发展所需要的不同部门构成,包括公共管理部门如国家机构、基础建设部门如教育研究机构和各种实业部门如工业部门、商业部门,等等。每一个部门又可作更为具体的划分,直至同它所需要的各种专门人才相对应。教育如果不能按照实际需要完成各种专门人才培养的目标,就不能很好地完成社会分工所赋予它的使命,而教育作为社会分工的一种独立存在就应受到质疑(在市场经济条件下尤其如此)。可以断言,按照社会的各种不

新世纪

同需要培养各种直接有用人才,是教育体制变革的终极目的。

随着教育体制变革的进一步深入,高等院校的设置是否会同社会对人才类型的不同需要一一对应,我们姑且不论。但高等教育走应用型人才培养的道路和走研究型(也是一种特殊应用)人才培养的道路,学生们根据自己的偏好各取所需,始终是一个理性运行的社会状态下高等教育正常发展的途径。

高等职业教育的崛起,既是高等教育体制变革的结果,也是高等教育体制变革的一个阶段性表征。它的进一步发展,必将极大地推进中国教育体制变革的进程。作为一种应用型人才培养的教育,它从专科层次起步,进而应用本科教育、应用硕士教育、应用博士教育……当应用型人才培养的渠道贯通之时,也许就是我们迎接中国教育体制变革的成功之日。从这一意义上说,高等职业教育的崛起,正是在为必然会取得最后成功的教育体制变革奠基。

高等职业教育还刚刚开始自己发展道路的探索过程,它要全面达到应用型人才培养的正常理性发展状态,直至可以和现存的(同时也正处在变革分化过程中的)研究型人才培养的教育并驾齐驱,还需要假以时日;还需要政府教育主管部门的大力推进,需要人才需求市场的进一步完善发育,尤其需要高职教学单位及其直接相关部门肯于做长期的坚忍不拔的努力。新世纪高职高专教材编审委员会就是由全国100余所高职高专院校和出版单位组成的旨在以推动高职高专教材建设来推进高等职业教育这一变革过程的联盟共同体。

在宏观层面上,这个联盟始终会以推动高职高专教材的特色建设为己任,始终会从高职高专教学单位实际教学需要出发,以其对高职教育发展的前瞻性的总体把握,以其纵览全国高职高专教材市场需求的广阔视野,以其创新的理念与创新的运作模式,通过不断深化的教材建设过程,总结高职高专教学成果,探索高职高专教材建设规律。

在微观层面上,我们将充分依托众多高职高专院校联盟的互补优势和丰裕的人才资源优势,从每一个专业领域、每一种教材入手,突破传统的片面追求理论体系严整性的意识限制,努力凸现高职教育职业能力培养的本质特征,在不断构建特色教材建设体系的过程中,逐步形成自己的品牌优势。

新世纪高职高专教材编审委员会在推进高职高专教材建设事业的过程中,始终得到了各级教育主管部门以及各相关院校相关部门的热忱支持和积极参与,对此我们谨致深深谢意,也希望一切关注、参与高职教育发展的同道朋友,在共同推动高职教育发展、进而推动高等教育体制变革的进程中,和我们携手并肩,共同担负起这一具有开拓性挑战意义的历史重任。

新世纪高职高专教材编审委员会

2001 年 8 月 18 日

# 前　言

　　《电路与磁路》是新世纪高职高专教材编审委员会组编的电气自动化技术类课程规划教材之一。

　　本教材根据当前高职高专人才培养需求，主要以培养技能应用型人才为目标，在理论内容方面遵循了"够用为度、注重应用"的原则，将一些抽象的、理论性很强的却又与生产实践没有直接关联的内容予以摒弃，同时也注重了本课程与后续课程及生产一线的关联，并保证了各相关专业教育基础课程的基本教学要求。

　　本教材共分 9 章，分别为：电路的基本概念和基本定律；电阻电路的基本分析方法；正弦交流电路；三相正弦交流电路；二端口网络；线性电路过渡过程的时域分析；线性电路过渡过程的复频域分析；非正弦周期电路；磁路。

　　本教材在编写过程中力求突出以下特色：

　　1. 本教材力求体现高职高专教育特色，即注重基本理论的理解、基本方法的掌握，忽略复杂的推导过程，以"掌握概念、强化应用"为导向来取舍内容，并编入了一些与生产实践有直接关联的例题及讲解。

　　2. 打破了原有电路课程的基本体系，从电路的基本定律——基尔霍夫定律出发，讲解电路基本的等效变换方法、叠加定理和戴维南定理，再进一步学习几个重要的网络方程法，从而使基本理论与分析方法自成体系。教材还注重了教学内容的整合，将电路与磁路融合在一起，使内容思路清晰，循序渐进。

　　3. 每节设有"思考与练习"，章后设有"本章小结"和"习题"，并配有习题答案，有利于学生自学及巩固所学知识。

　　4. 本教材还编入了少量难度较大、但有时又必须要用到的内容，均在相关标题上用"＊"号标记，便于各院校相关专业根据自身的需要选用。例如考虑到一些专业后续课程或其他较高层次人员学习的需要，书中特意编入了傅里叶变换和拉普拉斯变换的内容，并进行了清晰而完整的论述，这些章节均用"＊"号标记。

新世纪

　　本教材既兼顾了深度和广度，又兼顾了电气类、自动化类、电子类和通信类各专业的教学要求，可作为高职高专院校或应用型本科院校相关专业的教材，也可供有关工程技术人员自学或参考。

　　本教材由江西电力职业技术学院谢小乐任主编，大连海事大学陈余庆和江西电力职业技术学院王玉芳任副主编。具体编写分工如下：第1~4章、第9章由谢小乐编写；第6~8章由陈余庆编写；第5章由王玉芳编写。全书由谢小乐负责统稿和定稿。江西省电力公司副总工程师张小毛教授认真审阅了全书，并提出了许多十分宝贵的意见，对于本教材的修改和全书质量的提高有很大的帮助，在此致以深切的感谢！

　　由于编者学识水平和教学经验的限制等原因，书中难免存在一些疏漏与错误，恳请广大读者批评指正，并将发现的问题和建议及时反馈给我们，以便修订时完善，在此也一并诚表谢意！

所有意见和建议请发往：dutpgz@163.com
欢迎访问我们的网站：http://www.dutpgz.cn
联系电话：0411—84707424　84706676

编　者

2010年1月

# 目　录

**第1章　电路的基本概念和基本定律** ……………………………………… 1

　1.1　电路和电路模型 ……………………………………………………… 1

　1.2　电路的主要物理量 …………………………………………………… 3

　1.3　电路中几个重要的负载元件 ………………………………………… 8

　1.4　独立电源 ……………………………………………………………… 14

　*1.5　受控电源 ……………………………………………………………… 17

　1.6　基尔霍夫定律 ………………………………………………………… 18

　本章小结 …………………………………………………………………… 22

　习题1 ……………………………………………………………………… 23

**第2章　电阻电路的基本分析方法** ……………………………………… 27

　2.1　无源网络的等效变换 ………………………………………………… 27

　2.2　含独立源电路的等效变换 …………………………………………… 35

　2.3　叠加定理 ……………………………………………………………… 40

　2.4　戴维南定理和诺顿定理 ……………………………………………… 45

　2.5　支路电流法 …………………………………………………………… 51

　2.6　网孔电流法 …………………………………………………………… 54

　2.7　节点电压法 …………………………………………………………… 58

　2.8　替代定理与对偶原理 ………………………………………………… 64

　本章小结 …………………………………………………………………… 65

　习题2 ……………………………………………………………………… 66

**第3章　正弦交流电路** …………………………………………………… 71

　3.1　正弦量的三要素 ……………………………………………………… 71

　3.2　正弦量的相量表示法 ………………………………………………… 75

　3.3　正弦电路中的电路元件 ……………………………………………… 78

　3.4　正弦交流电路的相量法分析 ………………………………………… 81

　3.5　正弦交流电路的功率 ………………………………………………… 86

　3.6　谐振电路 ……………………………………………………………… 91

　3.7　互感和互感电压 ……………………………………………………… 93

　3.8　互感线圈的连接 ……………………………………………………… 97

　本章小结 …………………………………………………………………… 101

　习题3 ……………………………………………………………………… 103

第4章　三相正弦交流电路 ……………………………………………… 106
　　4.1　对称三相正弦量 ………………………………………………… 106
　　4.2　三相电源和三相负载的连接 …………………………………… 109
　　4.3　对称三相电路的计算 …………………………………………… 111
　*4.4　不对称三相电路 ………………………………………………… 115
　　4.5　三相电路的功率 ………………………………………………… 117
　　本章小结 ……………………………………………………………… 119
　　习题4 ………………………………………………………………… 121

第5章　二端口网络 ……………………………………………………… 123
　　5.1　端口网络及其端口条件 ………………………………………… 123
　　5.2　二端口网络的导纳参数和阻抗参数 …………………………… 124
　　5.3　二端口网络的传输参数和混合参数 …………………………… 129
　　5.4　二端口网络的级联 ……………………………………………… 135
　　5.5　理想变压器 ……………………………………………………… 137
　　本章小结 ……………………………………………………………… 139
　　习题5 ………………………………………………………………… 139

第6章　线性电路过渡过程的时域分析 ………………………………… 142
　　6.1　换路定律与初始值的计算 ……………………………………… 142
　　6.2　一阶电路的零状态响应 ………………………………………… 145
　　6.3　一阶电路的零输入响应 ………………………………………… 149
　　6.4　一阶电路的全响应 ……………………………………………… 153
　　6.5　一阶电路的三要素公式法 ……………………………………… 155
　　6.6　阶跃响应 ………………………………………………………… 157
　*6.7　二阶电路的零输入响应 ………………………………………… 160
　　本章小结 ……………………………………………………………… 166
　　习题6 ………………………………………………………………… 166

*第7章　线性电路过渡过程的复频域分析 …………………………… 170
　　7.1　拉普拉斯变换的定义 …………………………………………… 170
　　7.2　拉普拉斯变换的性质 …………………………………………… 170
　　7.3　拉普拉斯反变换 ………………………………………………… 172
　　7.4　元件的复频域模型及运算电路 ………………………………… 174
　　7.5　暂态电路的复频域分析法 ……………………………………… 176
　　本章小结 ……………………………………………………………… 177
　　习题7 ………………………………………………………………… 178

第8章　非正弦周期电路 ………………………………………………… 180
　*8.1　非正弦周期函数分解为傅里叶级数 …………………………… 180
　　8.2　非正弦周期量的有效值和有功功率 …………………………… 183

8.3 非正弦周期电路的计算 ……………………………………… 187

本章小结 ……………………………………………………………… 188

习题 8 ……………………………………………………………… 189

第9章 磁 路 ……………………………………………………… 191

9.1 磁场的基本物理量 ……………………………………… 191

9.2 铁磁性物质及其磁化 ……………………………………… 193

9.3 磁路基本定律和简单计算 ……………………………… 196

9.4 铁芯线圈及交流磁路的铁损 …………………………… 199

9.5 交流铁芯线圈的电路模型 ……………………………… 202

本章小结 ……………………………………………………………… 205

习题 9 ……………………………………………………………… 205

习题答案 ……………………………………………………………… 207

# 1 电路的基本概念和基本定律

## 1.1 电路和电路模型

### 1.1.1 电路

电路是为了实现某种功能由电气器件(如电阻器、电容器、电感线圈、晶体管、变压器等)按一定方式连接而成的集合体。例如,手电筒是一个最简单的电路,它由电池、开关、灯泡、导线等组成一个电流的通路;又如,电力系统和电视机则是相当复杂的电路,它们由许多的电路元件连接组成。

因使用目的和需要的不同,电路的种类很多,作用也各不相同。

电路的作用之一是实现电能的传输和转换。如图 1-1 所示的电力系统结构示意图中,发电机是电源,是提供电能的设备,它可以把热能、原子能等非电能形式的能量转换为电能;白炽灯、电动机、电热设备等是负载,是消耗电能的设备,它们把电能转换为光能、机械能、热能等其他形式的能量,从而满足生活、生产的需要;变压器、输电线以及开关等是

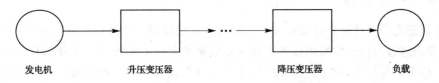

发电机　　　　升压变压器　　　　　　降压变压器　　　负载

图 1-1　电力系统结构示意图

中间环节,用于连接电源和负载,起传输和分配电能、保证安全供电的作用。这类电路中,一般电压较高,电流较大,通常称为强电电路,要求在电能的传输和转换过程中,电路的能量损耗尽可能小,效率尽可能高。

电路的作用之二是实现信号的传递和处理。如图 1-2 所示的扩音器结构示意图中,话筒是信号源,用于将声音信号转换为微弱的电信号;喇叭接收电信号并转换为声音,它是扩音器的负载;由于话筒输出的电信号很弱,不足以驱动喇叭发声,因此用放大器来放大电信号。在这类电路中,虽然

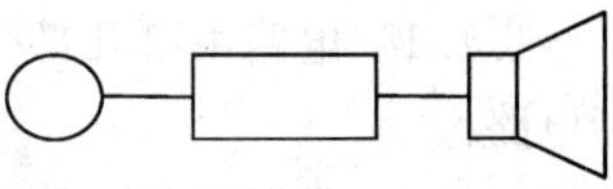

话筒　　　放大器　　　喇叭

图 1-2　扩音器结构示意图

也有能量的传输和转换,但因电压、电流数值通常较小,故称为弱电电路,较少考虑能量的损耗和效率问题,研究的重点是如何改善电路传递和处理信号的性能(如失真、稳定性、放大倍数、级间配合等问题)。

可见,一个完整的电路应包括电源、负载和中间环节三部分,是由发生、传送和应用电能(或电信号)的各种部件组成的总体。电源是提供电能或电信号的设备,常指发电机、蓄电池、整流装置、信号发生装置等设备;负载是使用电能或输出电信号的设备,例如一台电视机可看做是强电系统的负载,而其中的扬声器或显像管又是信号处理设备自身的负载;中间环节用于传输、控制电能和电信号,常指输电线、开关和熔断器等传输、控制和保护装置,或放大器等信号处理电路。

### 1.1.2 理想元件

组成电路的实际电路器件通常比较复杂,其电磁性能的表现是由多方面交织在一起的。但在研究时,为了便于分析,在一定的条件下要对实际器件加以理想化,只考虑其中起主要作用的某些电磁现象,而将其他电磁现象忽略,或将一些电磁现象分别处理。例如连接在电路中的灯泡,通电后消耗电能而发光、发热,并在其周围产生磁场(电流周围会产生磁场),但是由于后者的作用微弱,所以只需考虑灯泡消耗电能的性质,而将其视为电阻元件。

我们将实际电路器件理想化而得到的只具有某种单一电磁性质的元件,称为理想电路元件,简称为电路元件。每一种电路元件体现某种基本现象,具有某种确定的电磁性质和精确的数学定义。常用的有表示将电能转换为热能的电阻元件、表示电场性质的电容元件、表示磁场性质的电感元件及电压源元件和电流源元件等。

电路元件按照其与电路其他部分相连接的端钮数可以分为二端元件和多端元件。二端元件通过两个端钮与电路其他部分连接,多端元件通过三个或三个以上端钮与电路其他部分连接。本章后几节将分别讲解常用的电路元件的特性。

### 1.1.3 电路模型

由理想电路元件互相连接组成的电路称为电路模型。电路模型是实际电路的抽象和近似,应当通过对电路的物理过程的观察分析来确定一个实际电路用什么样的电路模型表示。模型取得恰当,对电路的分析与计算的结果就与实际情况接近。本书所说的电路均指由理想电路元件构成的电路模型。理想电路元件及其组合虽然与实际电路元件的性能不完全一致,但在一定条件下,工程上允许的近似范围内,实际电路完全可以用理想电路元件组成的电路代替,从而使电路的分析与计算得到简化。

**思考与练习**

1.1.1 电路由哪几部分组成?电路的作用有哪些?请列举出两个生活中常见的实际电路。

1.1.2 何谓理想电路元件?常见的理想电路元件有哪些?

1.1.3 何谓二端元件和多端元件?

# 1.2　电路的主要物理量

无论是电能的传输和转换,还是信号的传递和处理,都体现在电路中电流、电压和电功率的大小及它们之间的关系上,因此在讨论电路的分析和计算方法之前,首先概略地阐述一下这几个基本物理量。

## 1.2.1　电流及其参考方向

### 1. 电流

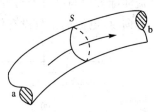

图 1-3　导体中的电流

金属内的自由电子在电场的作用下作定向运动,形成电流。电流的强弱用电流强度来衡量。如图 1-3 所示,假设在 $dt$ 时间内通过导体横截面 $S$ 的电荷量为 $dq$,则电流强度为

$$i = \frac{dq}{dt} \qquad (1-1)$$

即电流强度在数值上等于单位时间内通过导体某一横截面的电荷量。规定正电荷运动的方向或负电荷(金属中的自由电子)运动的相反方向为电流的实际方向。在外电场的作用下,正电荷将沿着电场方向运动,而负电荷将逆着电场方向运动,电流的实际方向总是和外电场的方向一致。电流强度习惯上简称为电流。

一般地,电流是时间的函数,随时间而变化。我们将大小和方向都随时间而变化的电流称为交流电流,用小写字母 $i$ 表示,如图 1-4(a)、(b)所示。

如果电流的大小和方向不随时间而变化,则称其为直流电流,用大写字母 $I$ 表示,如图1-4(c)所示。对于直流电流,若在时间 $t$ 内通过导体横截面的电荷量为 $Q$,则电流为

$$I = \frac{Q}{t}$$

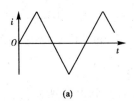
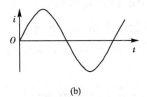
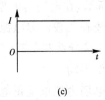

(a)　　　　　　　　　　(b)　　　　　　　　　　(c)

图 1-4　电流波形示意图

国际单位制(SI)中,电流的单位是安培(A),简称安。当每秒通过导体横截面的电荷量为 1 库仑(C)时,电流为 1 A。表示微小电流时,以毫安(mA)或微安(μA)为单位;表示大电流时,以千安(kA)为单位。它们和安(A)的关系是

$$1\ kA = 10^3\ A \quad 1\ mA = 10^{-3}\ A \quad 1\ \mu A = 10^{-6}\ A$$

### 2. 电流的参考方向

当电路比较复杂时,在得出计算结果之前,判断电流的实际方向很困难,而进行电

的分析与计算,又必须确定电流的方向。对于交流电流,电流的方向随时间而改变,无法用一个固定的方向表示,因此我们引入电流的"参考方向"这一概念。

任意规定某一方向作为电流数值为正的方向,称为电流的参考方向,也称为电流的正方向。它是一个任意假定的电流方向,用箭头标示在电路上,并标以符号 $i$,如图 1-5(a)所示。规定了电流的参考方向以后,电流就变成了代数量而且有正有负,根据电流的参考方向和计算结果中的正、负号,就可以知道电流的实际方向。如果电流 $i$ 为正值,则电路中电流实际方向与电流参考方向一致,如图 1-5(b)所示;如果电流 $i$ 为负值,则电路中电流实际方向与电流参考方向相反,如图 1-5(c)所示。需要注意的是,未规定电流的参考方向时,电流的正负没有任何意义。

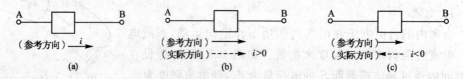

图 1-5　电流的参考方向

如果通过图 1-5(a)中元件的电流为 15 mA,则电流实际方向也由 A 流向 B,如图 1-5(b)所示,若电流实际由 B 流向 A,则电流 $i$ 为 $-15$ mA,如图 1-5(c)所示。

在直流电路中,测量电流时,应根据电流的实际方向将电流表串联接入待测支路中,电流表上标注的"＋"、"－"号为电流表的极性。

### 1.2.2　电压和电动势

**1. 电压**

物理学中讲过,一对分别带有正、负电荷的极板之间存在着一个电场。一个电源(例如蓄电池)的两个电极上总是分别带有正、负电荷,所以电源的两极间存在着一个电场。如果用导线把电源的正、负极通过负载连接成一个闭合电路,如图 1-6 所示,在电场力的作用下,正电荷要从电源正极 A 经过连接导线和负载流向电源负极 B(实际上是带负电的电子由负极 B 经连接导线和负载流向正极 A),形成了电流,而电场力就对电荷做了功。

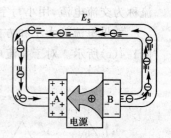

图 1-6　电荷的运动回路

电场力把单位正电荷从 A 点经外电路(即电源以外的电路)移到 B 点所做的功,叫做 A、B 两点之间的电压,用字母 $U_{AB}$ 表示,电压是衡量电场力做功能力的一个物理量。

若电场力做功 $dW$,使电荷 $dq$ 经外电路由电源正极 A 移动到负极 B,则 $U_{AB}$ 为

$$U_{AB} = \frac{dW}{dq} \tag{1-2}$$

可以证明电场力做功与路径无关,因此上式定义的电压也与路径无关,仅取决于始末点位置。可以得出结论:电路中任意两点间的电压有确定的数值。由于电场力把正电荷从高电位点移到低电位点,因此规定电压的实际方向是从高电位点指向低电位点,即电位降的方向。所以,电压也可以用电位表示,电位即物理学中的电势,用 $V$ 表示,单位是伏

特(V)。两点的电压就是这两点间的电位之差。这样,A、B 两点间的电压可表示为
$$U_{AB} = V_A - V_B$$

国际单位制(SI)中,电压的单位是伏特(V),简称伏。当电场力把 1 C 的电荷量从一点移动到另一点所做的功为 1 J(焦耳)时,这两点间的电压为 1 V。表示微小电压时,以毫伏(mV)和微伏($\mu$V)为单位,表示高电压时,则以千伏(kV)为单位,它们和伏(V)的关系是
$$1 \text{ kV} = 10^3 \text{ V} \quad 1 \text{ mV} = 10^{-3} \text{ V} \quad 1 \text{ } \mu\text{V} = 10^{-6} \text{ V}$$

**2. 电动势**

相对于电源正、负两极间的外电路而言,通常把电源内部正、负两极间的电路称为内电路。在电场力的作用下,正电荷源源不断地从电源正极经外电路到达电源负极,于是电源正极上的正电荷数量不断减少。如果要维持电流在外电路中流通,并保持恒定,就要使移动到电源负极上的正电荷经过电源内部回到电源正极。

我们进一步通过图 1-7 所示的示意图来说明电动势的含义。

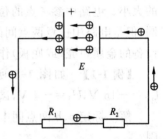

显然,电源内必须有一种能强行将正电荷从电源负极(低电位点)移到正极(高电位点)的力量,我们称之为电源力(是一种非静电场力)。

电动势的定义:电源内将单位正电荷从电源负极移到电源正极过程中非静电场力(电源力)所做的功称为电源的电动势。其表达式为

图 1-7　电动势的含义示意图

$$E = \frac{dW_S}{dq}$$

电动势是衡量电源力做功能力的物理量,它把正电荷从低电位点(电源负极)移向高电位点(电源正极),故电动势的方向是从低电位点指向高电位点,即电位升的方向。可见,电源内电动势的大小,实质上反映了电源提供电能本领的大小。

在电源力的作用下,电源不断地把其他形式的能量转换为电能。在各种不同的电源中,产生电源力的原因是不同的,例如,在电池中是由于电解液和金属极板之间的化学作用,在发电机中是由于电磁感应作用,在热电偶中是由于两种不同金属连接处的热电效应等。电动势的量纲和单位与电压、电位一样,国际单位也是伏特(V)。

**3. 电压和电动势的参考方向**

与电流一样,电路图中所标的电压和电动势的方向也都是参考方向,只有在已经标定参考方向之后,电压和电动势的数值才有正、负之分。一般地,在元件或电路两端用符号"+"、"−"分别标定正、负极性,由正极指向负极的方向为电压的参考方向(等价于用箭头表示)。如果电压 U 为正值,则实际方向与参考方向一致;如果电压 U 为负值,则实际方向与参考方向相反。而电源内电动势的参考方向,显然是由电源负极指向电源正极的(只要电源的参考极性标定,其上电压和电动势的参考方向就已经指定了)。

**4. 关联与非关联参考方向**

一个元件的电压或电流的参考方向可以独立地任意假定。如果指定流过元件的电流参考方向是从标以电压正极性的一端指向负极性的一端,即两者的参考方向一致,则把电

流和电压的这种参考方向称为关联参考方向;当两者不一致时,称为非关联参考方向。

在分析计算复杂电路时,参考方向的规定常有一些习惯的方法。

方法一,在直流电路中,如果已经知道电流、电压或电动势的实际方向,则取它们的参考方向与实际方向一致;对于不能确定实际方向的电路或交流电路,则一般采用关联参考方向。

方法二,用双下标脚注表示电压与电动势的参考方向,例如$U_{ab}$表示电路中a、b两点间电压的参考方向从a点指向b点,而$U_{ba}$则表示电压的参考方向从b点指向a点,显然,$U_{ab}=-U_{ba}$。

方法三,为了便于分析电路,常在电路中任意指定一点作为参考点,假定该点电位是零(用符号"⊥"表示),则由电压的定义可以知道,电路中的a点与参考点间的电压即为a点相对于参考点的电位,因此我们可以用电位的高低(大小)来衡量电路中某点电场能量的大小。电路中参考点的位置原则上可以任意指定,参考点不同,各点电位的高低也不同,但是电路中任意两点间的电压与参考点的选择无关。在实际电路中,常以大地或仪器设备的金属机壳(或底板)作为电路的参考点,参考点又常称为接地点。

**【例1-1】** 如图1-8所示的电路中,已知$U_1=10$ V,$U_2=-16$ V,$U_3=-4$ V,试求$U_{ab}$。

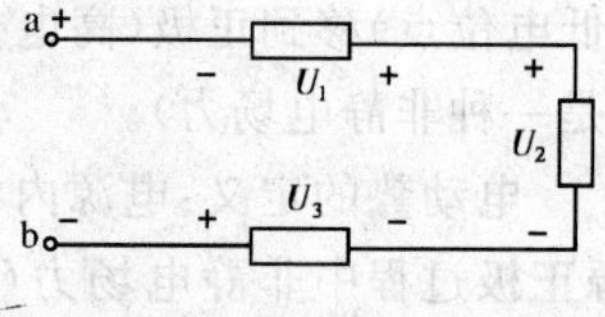

**解** 标定a、b两点间电压的参考方向如图1-8所示,则

$$U_{ab}=-U_1+U_2-U_3$$
$$=-10+(-16)-(-4)=-22 \text{ V}$$

图1-8 例1-1电路图

$U_{ab}$为负值,表明电压的实际方向由b点指向a点,即b点是高电位点。

**【例1-2】** 如图1-9所示的电路中有五个电路元件,电流和电压的参考方向均已标在电路图上。

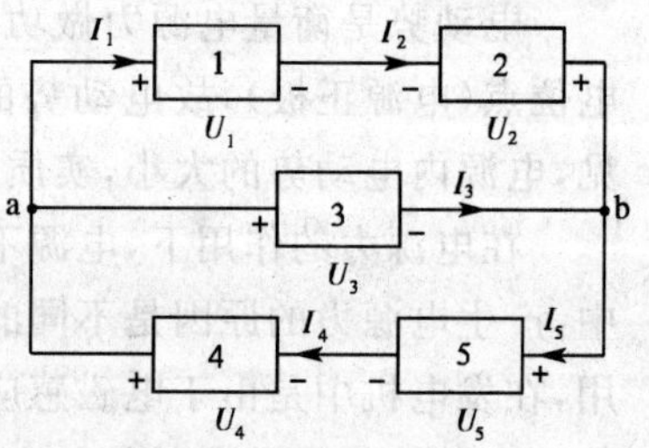

实验测得:$I_1=I_2=-8$ A,$I_3=12$ A,$I_4=I_5=4$ A;$U_1=200$ V,$U_2=120$ V,$U_3=80$ V,$U_4=-70$ V,$U_5=-150$ V。

(1)试指出各电流的实际方向和各元件电压的实际方向。

图1-9 例1-2电路图

(2)判断哪些元件是电源?哪些元件是负载?

(3)指出各元件的电压与电流的参考方向是关联参考方向还是非关联参考方向。

**解** (1)根据图中所标电流、电压参考方向,流过元件1、2的电流实际方向与参考方向相反,由右流向左;流过元件3的电流实际方向与参考方向相同,由左流向右;流过元件4、5的电流实际方向与参考方向相同,由右流向左;电压$U_1$、$U_2$、$U_3$的实际方向与参考方向相同,$U_4$、$U_5$的实际方向与参考方向相反,即a点为高电位点,b点为低电位点。

(2)对于元件1和5,电流由低电位点流向高电位点,因此它们是电源;对于元件2、3、4,电流由高电位点流向低电位点,因此它们是负载。

(3)按照关联参考方向的规定,元件1、3、5的电压与电流是关联参考方向;元件2、4的电压与电流是非关联参考方向。

### 1.2.3 电功率和电能

**1.电功率**

电流通过电路时传输或转换电能的速率称为电功率,简称为功率,用符号 $p$ 表示。

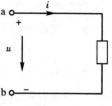

流过二端元件的电流和电压分别为 $i$ 和 $u$,如图 1-10 所示,关联参考方向如图中箭头所示。在电路中,正电荷 $dq$ 受电场力作用,由 a 点运动到 b 点,电场力做功 $dW$,且 $dW = udq$。所以,电路吸收的电功率为

图 1-10 二端电路的功率

$$p = \frac{dW}{dt} = u\frac{dq}{dt} = ui \tag{1-3a}$$

上式表明,任意瞬时,电路的功率等于该瞬时的电压与电流的乘积。对直流电路,有

$$P = UI \tag{1-3b}$$

当电压、电流为非关联参考方向时,式(1-3a)、式(1-3b)应增加一个负号。

在国际单位制(SI)中,功率的单位是瓦特(W),简称瓦。常用单位还有千瓦(kW)和毫瓦(mW)。照明灯泡的功率用瓦作单位,动力设备如电动机则多用千瓦作单位,而在电子电路中往往用毫瓦作单位。

由于电压与电流均为代数量,因而功率也可正可负。若 $P > 0$,表示元件实际吸收或消耗功率;若 $P < 0$,表示元件实际发出或提供功率。

**2.电能**

电路在一段时间内吸收的能量称为电能。根据式(1-3a),在 $t_0$ 到 $t$ 时间内,电路所吸收的电能为

$$W = \int_{t_0}^{t} p\,dt \tag{1-4a}$$

对直流电路,有

$$W = P(t - t_0) \tag{1-4b}$$

在国际单位制(SI)中,电能的单位是焦耳(J)。1 J 等于 1 W 的用电设备在 1 s 内消耗的电能。电力工程中,电能常用"度"作单位,它是千瓦时(kWh)的简称,1 度等于功率为 1 kW 的用电设备在 1 小时内消耗的电能,即

$$1\ kWh = 10^3 \times 3600 = 3.6 \times 10^6\ J = 3.6\ MJ$$

**【例 1-3】** 计算图 1-11 中各元件的功率,指出是吸收还是发出功率,并求出整个电路的功率。已知电路为直流电路,$U_1 = 4$ V,$U_2 = -8$ V,$U_3 = 6$ V,$I = 2$ A。

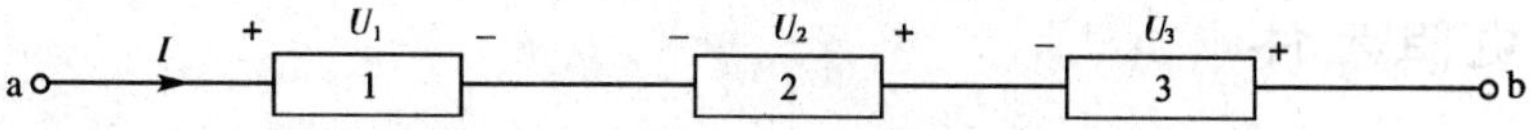

图 1-11 例 1-3 电路图

**解** 在图中,元件 1 电压与电流为关联参考方向,由式(1-3b)得

$$P_1 = U_1 I = 4 \times 2 = 8\ W$$

故元件 1 吸收功率。

元件 2 和元件 3 中电压与电流是非关联参考方向,所以得

$$P_2 = -U_2 I = -(-8) \times 2 = 16 \text{ W}$$
$$P_3 = -U_3 I = -6 \times 2 = -12 \text{ W}$$

故元件 2 吸收功率,元件 3 发出功率。

整个电路的功率为

$$P = P_1 + P_2 + P_3 = 8 + 16 - 12 = 12 \text{ W}$$

本例中,元件 1 和元件 2 的电压与电流实际方向相同,二者吸收功率;元件 3 的电压与电流实际方向相反,发出功率。由此可见,当电压与电流的实际方向一致时,电路一定是吸收功率的;反之则是发出功率的。电阻元件的电压与电流的实际方向总是一致的,其功率总是正值;电源则不然,它的功率可能是负值,也可能是正值,这说明它可能作为电源提供电能,发出功率;也可能被充电,吸收功率。

**思考与练习**

1.2.1　为什么要规定电流、电压的参考方向? 何谓关联参考方向?

1.2.2　一个元件的功率为 $P = 100$ W,试讨论关联与非关联参考方向下,该元件吸收还是发出功率?

1.2.3　何谓电动势? 若一个电池与一个灯泡组成闭合电路,电池的端电压与电动势有何关系?

1.2.4　如图 1-12 所示的电路中有三个元件,电流、电压的参考方向如图 1-12 中箭头所示,实验测得

$$I_1 = 3 \text{ A} \quad I_2 = -3 \text{ A} \quad I_3 = -3 \text{ A}$$
$$U_1 = -120 \text{ V} \quad U_2 = 70 \text{ V} \quad U_3 = -50 \text{ V}$$

试指出各元件电流、端电压的实际方向,计算元件的功率,并指出哪个元件吸收功率、哪个元件发出功率?

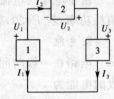

图 1-12　题 1.2.4 图

# 1.3　电路中几个重要的负载元件

本节讨论的负载元件有电阻元件、电容元件、电感元件,主要分析讨论线性二端电阻元件、线性二端电容元件、线性二端电感元件的特性。

## 1.3.1　电阻元件

电阻元件是一种最常见的、用来反映电能消耗的一种二端元件,在任意时刻元件的电压与电流的关系可以用一条确定的伏安特性曲线描述,并且这条曲线可通过实验获得。

由于耗能元件电压与电流的实际方向总是一致的,即电流流向电位降落的方向,因此当选取电压与电流的方向为关联参考方向时,电阻元件的伏安特性曲线是位于Ⅰ、Ⅲ象限的曲线,电压与电流呈现某种代数关系。

若电阻元件的电压与电流关系不随时间变化,称为时不变电阻元件;否则,称为时变电阻元件。例如,电阻式传声器在有语音信号时,就是一个时变电阻,其电压与电流关系随时间发生变化。

若电阻元件的伏安特性曲线是通过原点的直线,称为线性电阻元件;否则,称为非线性电阻元件。例如白炽灯相当于一个线性电阻元件,二极管是一个非线性电阻元件。

综上所述,电阻元件可以分为四类:线性时变电阻、线性时不变电阻、非线性时变电阻和非线性时不变电阻。图 1-13 给出了时不变电阻元件在线性与非线性两种情况下的伏安特性曲线及电路符号。

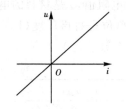 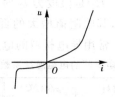 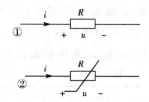

(a)线性时不变电阻元件
的伏安特性曲线

(b)非线性时不变电阻元件
的伏安特性曲线

(c)①线性时不变电阻元件的电路符号
②非线性时不变电阻元件的电路符号

图 1-13　电阻元件的伏安特性曲线和电路符号

如无特殊说明,本书所称电阻元件一般指线性时不变的理想电阻元件。

对于线性电阻元件,由图 1-13(a)可知,在关联参考方向下,流过线性电阻元件的电流与电阻两端的电压成正比,若令比例系数为 $R$,则表达式为

$$u = Ri \tag{1-5}$$

式(1-5)就是欧姆定律。比例系数 $R$ 是一个反映电路中电能损耗的参数,它是一个与电压、电流均无关的常数,称为元件的电阻。可见欧姆定律用于表达一段电阻电路上的电压与电流的关系,也称为电阻元件的特性方程。若电压与电流为非关联参考方向时,式(1-5)应当变为

$$u = -Ri \tag{1-6}$$

国际单位制(SI)中,电压 $u$ 的单位是伏(V),电流 $i$ 的单位是安(A),电阻 $R$ 的单位是欧姆($\Omega$),简称欧。当流过电阻元件的电流是 1 A、电阻元件两端的电压是 1 V 时,电阻元件的电阻为 1 $\Omega$。常用单位还有千欧(k$\Omega$)和兆欧(M$\Omega$)等。

$$1 \text{ k}\Omega = 10^3 \text{ } \Omega \quad 1 \text{ M}\Omega = 10^3 \text{ k}\Omega = 10^6 \text{ } \Omega$$

实验证明,金属导体的电阻值不仅和导体的材料有关,还和导体的几何尺寸及温度有关。一般地,横截面面积为 $S(\text{m}^2)$、长度为 $L(\text{m})$ 的均匀导体,其电阻 $R(\Omega)$ 为

$$R = \rho \frac{L}{S} \tag{1-7}$$

式中,$\rho$ 为电阻率,单位是欧姆·米($\Omega \cdot \text{m}$),常用导电材料的电阻率见表 1-1。

**表 1-1**                 常用导电材料的电阻率

| 材料 | $\rho/(\Omega \cdot m)$ | 材料 | $\rho/(\Omega \cdot m)$ | 材料 | $\rho/(\Omega \cdot m)$ |
|---|---|---|---|---|---|
| 银（化学纯） | $1.47 \times 10^{-8}$ | 钨 | $5.3 \times 10^{-8}$ | 铁（化学纯） | $9.6 \times 10^{-8}$ |
| 铜（化学纯） | $1.55 \times 10^{-8}$ | 铂 | $9.8 \times 10^{-8}$ | 铁（工业纯） | $12 \times 10^{-8}$ |
| 铜（工业纯） | $1.7 \times 10^{-8}$ | 锰铜 | $42 \times 10^{-8}$ | 镍铬铁 | $12 \times 10^{-8}$ |
| 铝 | $2.5 \times 10^{-8}$ | 康铜 | $44 \times 10^{-8}$ | 铝铬铁 | $120 \times 10^{-8}$ |

导体温度不同时，其电阻值一般也不同，可用下式计算

$$R_2 = R_1[1 + \alpha(t_2 - t_1)] \tag{1-8}$$

式中，$R_1$ 是温度为 $t_1$ 时导体的电阻值，$R_2$ 是温度为 $t_2$ 时导体的电阻值，$\alpha$ 是材料的电阻温度系数，即导体温度每升高 1 ℃时，其电阻值增大的百分数，单位是每摄氏度（1/℃）。材料的 $\alpha$ 值愈小，电阻的阻值愈稳定。常用导电材料的电阻温度系数见表 1-2。

**表 1-2**                 常用导电材料的电阻温度系数

| 材料 | $\alpha/(1/℃)$ | 材料 | $\alpha/(1/℃)$ | 材料 | $\alpha/(1/℃)$ |
|---|---|---|---|---|---|
| 银（化学纯） | $4.1 \times 10^{-3}$ | 钨 | $4.8 \times 10^{-3}$ | 铁（化学纯） | $6.6 \times 10^{-3}$ |
| 铜（化学纯） | $4.3 \times 10^{-3}$ | 铂 | $3.9 \times 10^{-3}$ | 铁（工业纯） | $6.6 \times 10^{-3}$ |
| 铜（工业纯） | $4.25 \times 10^{-3}$ | 锰铜 | $0.005 \times 10^{-3}$ | 镍铬铁 | $0.13 \times 10^{-3}$ |
| 铝 | $4.7 \times 10^{-3}$ | 康铜 | $0.005 \times 10^{-3}$ | 铝铬铁 | $0.08 \times 10^{-3}$ |

为了方便分析，有时利用电导来表征线性电阻元件的特性。电导就是电阻的倒数，用 $G$ 表示，它的单位是西门子（S）。引入电导后，欧姆定律在关联参考方向下还可以写成

$$i = Gu \tag{1-9}$$

严格地说，线性时不变电阻是不存在的，但绝大多数电阻在一定的工作范围内都非常接近线性电阻的条件，因此可用线性电阻作为它们的模型。实际中使用的电阻器、白炽灯和电炉等器件，伏安特性或多或少是非线性的，但在一定条件下，这些器件的伏安特性曲线近似地为一条直线，因此可以用线性电阻元件作为电路模型，而不至于引起明显的偏差。实际中碳膜、金属膜、线绕和敏感电阻器使用较多。

国家标准规定的电阻器的电路符号如图 1-14 所示。

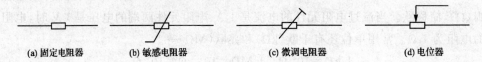

   **(a) 固定电阻器**         **(b) 敏感电阻器**         **(c) 微调电阻器**         **(d) 电位器**

图 1-14   电阻器的电路符号

在关联参考方向下，线性电阻元件吸收（消耗）的功率可由式(1-3a)和式(1-5)计算得到

$$p = ui = Ri^2 = \frac{i^2}{G} \tag{1-10a}$$

$$p = ui = \frac{u^2}{R} = Gu^2 \tag{1-10b}$$

可见，当电阻值一定时，电阻消耗的功率与电流（或电压）的平方成正比。电阻元件吸收的电能为

$$W = \int_{t_0}^{t} Ri^2 \mathrm{d}t = \int_{t_0}^{t} \frac{u^2}{R} \mathrm{d}t \qquad (1\text{-}11\mathrm{a})$$

在直流情况下,电阻元件吸收的电能为

$$W = RI^2(t - t_0) \qquad (1\text{-}11\mathrm{b})$$

## 1.3.2　电容元件

### 1. 电容元件

一般地,任何两块金属导体,中间用电介质隔开形成的器件称为电容器,金属导体称为电容器的极板。图 1-15(a)所示为平行板电容器示意图。从电容器的两端引出电极,可将电容器接到电路中去。当电容器一个极板上带有正电荷时,由于静电感应,另一个极板上必定带有等量的负电荷,两极板间产生电压,并在电介质中形成电场。忽略电容器的电介质损耗和漏电流,便可认为它是一个储存电场能量的理想元件,得到实际电容器的理想化模型。

电容元件是一个二端元件,表征电容器的电场特性,可以用图 1-15(b)表示其电路符号。它的特性可以用库伏特性曲线来描述。实验证明,极板间的电压与极板所带的电荷量有关,如果电荷量与电压成正比关系,称为线性电容元件。本书即讨论线性电容元件。线性电容元件是一个二端元件,电荷量与电压的比值称为电容,定义为

$$C = \frac{q}{U} \qquad (1\text{-}12)$$

式中,$U$ 为电容器两个极板间的电压。

电容器的电容反映其本身的特性,大小取决于电容器的结构、两极板的形状及大小、极板的间距、板间充有的电介质等因素,与极板所带的电荷量无关。

平行板电容器的电容为

$$C = \frac{q}{U} = \frac{\varepsilon_0 S}{d}$$

式中,$S$、$d$ 分别为极板相对面积和两极板间距;$\varepsilon_0$ 为介电常数。

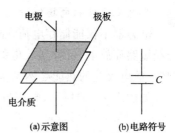

(a)示意图　(b)电路符号

图 1-15　平行板电容器示意图和电路符号

球形电容器的电容为

$$C = \frac{q}{U} = 4\pi\varepsilon_0(r_2 - r_1)$$

式中,$r_1$、$r_2$ 为内、外球面半径。

由电容公式可以看出,电容器的电容与介电常数成正比,平行板电容器的电容还与极板的相对面积成正比、与两极板间的距离成反比。实际中常用实验的方法(例如用交流电桥或谐振电路等制成测量电容的仪器)测量电容器的电容。

国际单位制(SI)中,电容的单位是法拉(F),简称法。电荷量的单位是库仑(C),简称库。即如果在电容器极板间加上 1 V 的电压,每块极板载有 1 C 的电荷量,则其电容为 1 F。法拉这个单位非常大,工程上一般采用微法(μF)和皮法(pF)作单位,它们之间的关系是

$$1\ \mu\mathrm{F} = 10^{-6}\ \mathrm{F} \quad 1\ \mathrm{pF} = 10^{-12}\ \mathrm{F}$$

### 2.电容元件的电压电流关系

当电容器极板间电压变化时，极板间电荷量也随之变化，电容器电路中出现电流，规定电压与电流的参考方向相关联，如图 1-16(a) 所示，则根据式（1-1）、式（1-12）可以求得电流

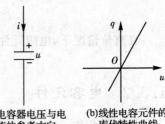

(a)电容器电压与电流的参考方向　(b)线性电容元件的库伏特性曲线

$$i = \frac{\mathrm{d}q}{\mathrm{d}t} = C\frac{\mathrm{d}u}{\mathrm{d}t} \tag{1-13}$$

图 1-16  电容元件的电压电流关系

当电压增高时，$\frac{\mathrm{d}u}{\mathrm{d}t} > 0$，则 $\frac{\mathrm{d}q}{\mathrm{d}t} > 0$，$i > 0$，极板上电荷量增加，电容器充电；当电压降低时，$\frac{\mathrm{d}u}{\mathrm{d}t} < 0$，则 $\frac{\mathrm{d}q}{\mathrm{d}t} < 0$，$i < 0$，极板上电荷量减少，电容器放电；当电压不变时，$\frac{\mathrm{d}u}{\mathrm{d}t} = 0$，则 $\frac{\mathrm{d}q}{\mathrm{d}t} = 0$，$i = 0$，极板上电荷量不变，电容器相当于开路。因此电容器有隔断直流的作用。图 1-16(b) 给出了线性电容元件的库伏特性曲线。式（1-13）即为电容元件在 $u$、$i$ 为关联参考方向下的伏安关系，也称为特性方程。当 $u$、$i$ 为非关联参考方向时，有

$$i = -C\frac{\mathrm{d}u}{\mathrm{d}t}$$

如果给定电流 $i$，则在 $u$、$i$ 为关联参考方向的情况下，电容电压

$$u(t) = \frac{1}{C}\int_{-\infty}^{t} i(t)\mathrm{d}t = U(t_0) + \frac{1}{C}\int_{t_0}^{t} i(t)\mathrm{d}t$$

### 3.电容元件的电场能量

电容器不仅能储存电荷，还能储存能量。如果把一个已充电的电容器的两个极板用导线短路而放电，可看到放电的火花，这种放电的火花可用来熔焊金属，称为"电容储能焊"。放电火花的热能必然是从充了电的电容器中储存的电场能量转化而来的。

如图 1-16(a) 所示，电压与电流采用关联参考方向，电容元件吸收的功率为

$$p = ui = uC\frac{\mathrm{d}u}{\mathrm{d}t}$$

$\mathrm{d}t$ 时间内电容元件电场中的能量增加量为 $\mathrm{d}W = p\mathrm{d}t = Cu\mathrm{d}u$，当电压由 0 增大到 $U$ 时，电容元件极板上的电荷量由 0 增大到 $Q$，电容元件储存的电场能量

$$W = \int_{0}^{U} Cu\,\mathrm{d}u = C\int_{0}^{U} u\,\mathrm{d}u = \frac{1}{2}CU^2 \tag{1-14a}$$

这就是电容器的储能公式。利用 $Q = CU$，以上结果还可以写成

$$W = \frac{1}{2}CU^2 = \frac{1}{2}\frac{Q^2}{C} = \frac{1}{2}QU \tag{1-14b}$$

电容器的储能公式说明对于同一个电容元件，当充电电压高或储存的电荷量多时，它储存的能量就多；对于不同的电容元件，当充电电压一定时，电容量大的储存的能量多。从这个意义上说，电容 $C$ 也是电容元件储能本领大小的标志。

当电压的绝对值增大时，电容元件吸收能量，并全部转换为电场能量；当电压减小时，电容元件释放电场能量。电容元件本身不消耗能量，同时也不会放出多于它吸收或储存

的能量,因此,电容元件是一种无源的储能元件。

$n$ 个电容串联的电路,等效电容 $C$ 满足下式

$$\frac{1}{C} = \frac{1}{C_1} + \frac{1}{C_2} + \cdots + \frac{1}{C_n} = \sum_{k=1}^{n} \frac{1}{C_k}$$

从上式可以看出,串联等效电容的计算公式与并联等效电阻的计算公式相似,相应地串联电容电路中,每个电容分配到的电压计算式在形式上与并联电阻的分流公式相似。

$n$ 个电容并联的电路,等效电容 $C$ 满足下式

$$C = C_1 + C_2 + \cdots + C_n = \sum_{k=1}^{n} C_k$$

从上式可以看出,并联等效电容的计算公式与串联等效电阻的计算公式相似,相应地并联电容电路中,每个电容分配到的电荷计算式在形式上与串联电阻的分压公式相似。读者可以自行计算并加以验证。

## 1.3.3 电感元件

### 1.电感元件

我们将导线绕制而成的线圈称为电感器,线圈中常充有各类磁介质,即用导线(漆包线、纱包线、裸铜线等)绕在绝缘管或铁芯、磁芯上,工程实际中这类器件应用非常广泛。它们在电路中的主要作用是储存磁场能量,即由于自感应现象的存在,感应电流在阻碍原电流改变的过程中,使回路储存了磁场能量。另外由于导线存在电阻,它要消耗电能;线圈匝间存在电容,它能够存储电场能量。因此实际的电感器中多种电磁性能交织在一起,但考虑到导线的电阻、导线间电容一般都很小,消耗的电能和存储的电场能通常可以忽略不计,因此用理想的电路元件,即电感元件作为电感器的电路模型。

电感元件是一个二端元件,它表征电感器的磁场特性,用图 1-17(a)所示的电路符号表示。图中磁链 $\Psi_{\mathrm{m}}$ 与电流 $i$ 的参考方向符合右手螺旋定则,其特性可以用韦安特性曲线来描述。

### 2.电感元件的电压电流关系

按照 $\Psi_{\mathrm{m}}$-$i$ 平面上的韦安特性曲线的不同情况,电感元件可以分为线性时不变、线性时变和非线性时变、非线性时不变电感元件四类。以下讨论线性时不变电感元件,简称为电感元件。此类元件在 $\Psi_{\mathrm{m}}$-$i$ 平面上的韦安特性曲线为过原点的直线,如图 1-17(b)所示。

当电感元件两端的电压与电流采用关联参考方向时,电感元件的端电压与流过的电流间的关系可以根据 $N$ 匝线圈构成的导体回路的自感电动势公式

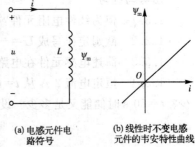

(a) 电感元件电路符号    (b) 线性时不变电感元件的韦安特性曲线

图 1-17 电感元件

$$\varepsilon_L = -\frac{\mathrm{d}\Psi_{\mathrm{m}}}{\mathrm{d}t} = -\frac{\mathrm{d}\Psi_{\mathrm{m}}}{\mathrm{d}i} \cdot \frac{\mathrm{d}i}{\mathrm{d}t} = -L\frac{\mathrm{d}i}{\mathrm{d}t}$$

求出

$$u = -\varepsilon_L = \frac{\mathrm{d}\Psi_{\mathrm{m}}}{\mathrm{d}t} = L\frac{\mathrm{d}i}{\mathrm{d}t} \tag{1-15}$$

显然,电感元件端电压的大小与电流的变化率成正比,并与电感的大小有关,电感元件的电感为一个常数,它是磁链与产生它的电流的比值,即 $L=\dfrac{\varPsi_m}{i}$ 或 $L=\dfrac{\mathrm{d}\varPsi_m}{\mathrm{d}i}$。当电流增加时,$\dfrac{\mathrm{d}i}{\mathrm{d}t}>0$,$u>0$,电流流过电感元件时,电压降低,电感元件储存磁场能量;当电流减小时,$\dfrac{\mathrm{d}i}{\mathrm{d}t}<0$,$u<0$,电流流过电感元件时,电压升高,电感元件释放磁场能量;当电流不变时,$\dfrac{\mathrm{d}i}{\mathrm{d}t}=0$,$u=0$,电感元件两端不产生电压降,起短路作用,所以直流电路中,电感元件相当于导线。

如果给定电压 $u$,则 $u$ 与 $i$ 采用关联参考方向时,电感电流

$$i(t)=\frac{1}{L}\int_{-\infty}^{t}u(t)\mathrm{d}t=i(t_0)+\frac{1}{L}\int_{t_0}^{t}u(t)\mathrm{d}t$$

**3.电感元件的能量**

在关联参考方向下,电感元件吸收的功率为

$$p=ui=Li\frac{\mathrm{d}i}{\mathrm{d}t} \tag{1-16}$$

电感线圈在 $0\sim t$ 时间内吸收的能量为(设 $i(0)=0$)

$$W=\int_0^t p\mathrm{d}t=\int_0^i Li\,\mathrm{d}i=\frac{1}{2}Li^2 \tag{1-17}$$

即电感元件在一段时间内储存的能量与其电流的平方成正比,当电流增大时,电源向电感元件提供的能量增加,并转换为磁场能量储存在电感元件中;当电流减小时,则磁场能量减小,电感元件将释放储存的磁场能量,转换为其他形式的能量(例如以电能形式将能量交还给电源,或以热能形式消耗于电阻元件上等)。所以电感元件和电容元件一样,也是一种储能元件,它以磁场能量的形式储能,同时电感元件也不会释放出多于它吸收或储存的能量,因此它也是一种无源元件。实际中,电感元件的参数通常直接标注在电感器上。

**思考与练习**

1.3.1　何为线性电阻元件?请举出两个常见实例。

1.3.2　欧姆定律写成 $U=-RI$ 时,有人说此时电阻是负的,对吗?为什么?

1.3.3　简述电感元件在电路中的储能作用,并说明与电容的储能有何不同?

1.3.4　恒定电流 2 A 从 $t=0$ 时对 $C=2\ \mu\mathrm{F}$ 的电容充电。问:在 $t=10\ \mathrm{s}$ 时储能是多少? $t=50\ \mathrm{s}$ 时储能又是多少?设电压初始值为零。

# 1.4　独立电源

在组成电路的各种元件中,电源是提供电能或电信号的元件,常称为有源元件。发电机、干电池等都是实际中经常见到的电源。独立电源是实际电源的理想化模型,根据实际电源工作时的外特性,一般将独立电源分为电压源和电流源两种。有别于独立电源的是受控电源。

## 1.4.1 电压源

### 1. 实际电压源

实际电压源如大型电网、直流稳压电源、新的干电池及信号源等,内阻通常很小,在电路中工作时,端电压基本不随外电路的变化而变化。图 1-18 是电池及其外特性示意图,当电路中负载变化时,流经电池的电流发生变化,随着电流的增大(即负载阻值减小),电池的端电压下降,但电压值下降很小。这表明电池本身的内阻很小,消耗的电能也很少。这类电源常用电源的电动势与电源内阻的串联电路等效表示,如图 1-19 所示。实际电压源端电压与电流的关系为

$$u = u_S - R_0 i$$

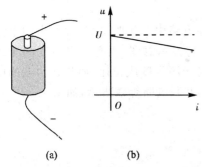

图 1-18　电池及其外特性示意图

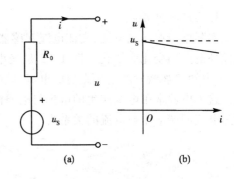

图 1-19　实际电压源模型及伏安特性

### 2. 理想电压源

当电压源内阻远远小于外电路电阻时,可以认为内阻为零,端电压不随电流变化。相应地建立理想电压源模型为:理想电压源是一种理想的二端元件,元件的电压与通过的电流无关,总保持某给定的数值或给定的时间函数,即 $u(t) = u_S(t)$。常将理想电压源简称为电压源,$u_S(t)$ 是时间的函数。常见的直流电压源 $U_S(t)$ 是一个常数,正弦交流电压源 $u_S(t)$ 是一个随时间作正弦变化的函数。理想电压源的电路符号如图 1-20(a)所示。当为直流电压源时,常用图 1-20(b)表示,其中电压源的电动势用大写字母表示。

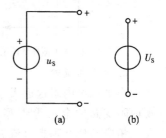

图 1-20　理想电压源电路符号

图 1-21(a)表示理想电压源与外电路连接时的情况,图 1-21(b)为理想电压源的伏安特性曲线。可以看出,理想电压源输出电压和所连接的电路无关,独立于电路之外,所以称为独立电源;对应于某一时刻,理想电压源流过的电流的大小和方向由与它连接的外部电路决定。

通常电压源的电压和通过电压源的电流取非关联参考方向(这样外电路电压与电流取关联参考方向),此时电压源发出的功率为 $p(t) = u_S(t)i(t)$,此功率也是外电路吸收的功率。

电压源不接外电路时,电流总等于零值,这种情况称为"电压源处于开路"。当 $u_S = 0$ 时,电压源的伏安特性曲线为 $u$-$i$ 平面上的电流轴,输出电压等于零,这种情况称为"电压源处于短路",实际中是不允许发生的。

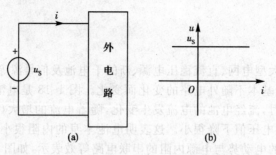

图 1-21  理想电压源与外电路的连接及其伏安特性曲线

## 1.4.2  电流源

### 1.实际电流源

实际电流源如光电池、交流电流互感器等,在电路中工作时,电流源发出的电流基本不随外电路的变化而变化。图 1-22 是光电池外特性示意图,当有一定强度的光线照射时,光电池将被激发产生一定值的电流,此电流与光照强度成正比,而与它两端的电压无关。这类电源常用电源产生的电流与电源内阻的并联电路等效表示,如图 1-23(a)所示。实际电流源端电压与电流的关系为

$$i = i_S - \frac{u}{R_0}$$

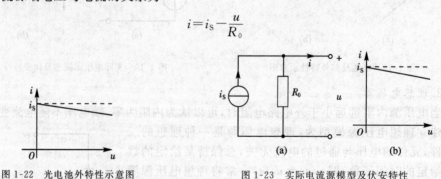

图 1-22  光电池外特性示意图          图 1-23  实际电流源模型及伏安特性

### 2.理想电流源

当电流源内阻远远大于外电路电阻时,可以认为流经电流源内阻支路的电流等于零,电流源发出的电流不随端电压变化。相应地建立理想电流源模型为:理想电流源是一种理想的二端元件,元件的电流与它的端电压无关,总保持某给定的数值或给定的时间函数,即 $i(t) = i_S(t)$。常将理想电流源简称为电流源,$i_S(t)$ 是时间的函数。与电压源类似,直流电流源 $I_S(t)$ 是一个常数,正弦交流电流源 $i_S(t)$ 是一个随时间作正弦变化的函数。电流源的电路符号如图1-24(a)所示。直流电流源常用图 1-24(b)表示,大写字母表示直流电流。

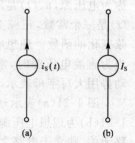

图 1-24  理想电流源电路符号

图 1-25(a)表示理想电流源与外电路连接时的情况,图 1-25(b)表示理想电流源的伏安特性曲线。可以看出,理想电流源输出的电流和所连接的电路无关,独立于电路之外,所以也称为独立电源;对应于某一时刻,理想电流源两端的电压的大小和极性由与它连接的外电路决定。

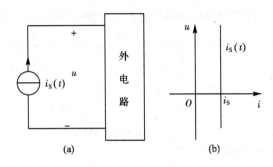

图 1-25　理想电流源与外电路的连接及其伏安特性曲线

与电压源相同,电流源的端电压和发出的电流取非关联参考方向,此时电流源发出的功率为 $p(t)=u(t)i_S(t)$,此功率也是外电路吸收的功率。

电流源两端短路时,端电压等于零值,$i=i_S$,即电流源的电流为短路电流。当 $i_S=0$ 时,电流源的伏安特性曲线为 $u$-$i$ 平面上的电压轴,相当于"电流源处于开路",实际中"电流源开路"是没有意义的,也是不允许的。

一个实际电源在电路分析中,可以用电压源与电阻串联电路或电流源与电阻并联电路的模型表示,采用哪一种计算模型,依计算繁简程度而定。该问题将在 2.2 节电源的等效变换中给予详细讲解。

# *1.5　受控电源

与可以独立地向网络提供能量和信号并产生相应响应的独立电源相比,受控电源(也称为受控源)则主要用以表示网络内不同元件物理量间的相互制约关系,它本身只是一种电路模型。当网络中不存在独立电源时,线性受控源不能独立地产生相应的响应。

## 1.5.1　受控电源的定义和分类

受控电源主要用来表示电路内不同支路物理量之间的控制关系,它本身也是一种电路元件,将控制支路和被控制支路耦合起来,使两个支路中的电压和电流保持一定的数学关系,即受控电源的电压或电流受某一支路电压或电流的控制,是非独立的,故称为受控电源。受控电源是一个二端口元件,由一对输入端钮施加控制量,称为输入端口;一对输出端钮对外提供电压或电流,称为输出端口。

在电路图中,通常将其输入端口省略,只画出其输出端口(将控制量和被控制量的关系标于其上),能进行相应的分析运算即可。

与两种独立电源相似,按大类也可将受控电源分为受控电压源和受控电流源两种;但按照受控变量与控制变量的不同组合,受控电源又可细分为四类:电压控制电压源(VCVS)、电压控制电流源(VCCS)、电流控制电压源(CCVS)和电流控制电流源(CCCS)。

## 1.5.2　受控电源的电路符号及其伏安特性

为区别于独立电源,用菱形符号表示其电源部分,以 $u_1$、$i_1$ 表示控制电压、控制电流,

$\mu$、$g$、$r$、$\beta$ 分别表示有关的控制系数,则四种电源的电路符号如图 1-26 所示。

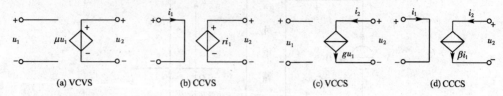

(a) VCVS　　　　(b) CCVS　　　　(c) VCCS　　　　(d) CCCS

图 1-26　受控电源的电路符号

四种受控电源的特性分别表示为

$$\text{VCVS}\quad u_2=\mu u_1\,,\quad\text{CCVS}\quad u_2=ri_1$$
$$\text{VCCS}\quad i_2=gu_1\,,\quad\text{CCCS}\quad i_2=\beta i_1$$

其中 $\mu$、$\beta$ 是量纲为一的量;$r$、$g$ 为电阻和电导的量纲。当这些量为常数时,被控制量和控制量成正比,这种受控电源称为线性受控电源。

由图 1-26 可以看出,当控制量为电压时,输入电流为零,相当于输入端口内部开路(图 1-26(a)、1-26(c));当控制量为电流时,输入电压为零,相当于输入端口内部短路(图 1-26(b)、1-26(d))。

受控电源反映了很多电子器件在工作过程中发生的控制关系,许多情况下可以用受控电源元件建立电子器件的电路模型。实际中,如电子管电压放大器可以用 VCVS 构成电路模型;场效应管电路可以用 VCCS 构成电路模型;他励式直流发电机可以用 CCVS 构成电路模型;晶体管电路可以用 CCCS 构成电路模型等。

在绘制含受控电源的电路图时,尽管受控电源是四端元件,但一般情况下,控制量的两个端钮不在图中标出,但要明确标出控制量(电压或电流)、受控量(电压或电流)。如图1-27所示电路,包含一个 CCCS,控制量 $I$ 和受控量 $0.9I$ 都明确标在电路图中。

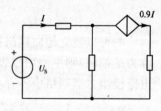

图 1-27　含受控电源电路

在求解具有受控电源的电路时,可以把受控电压(电流)源作为电压(电流)源处理,但是要注意电源输出的电压(电流)的控制关系。

**思考与练习**

1.5.1　受控电源有几种?分别写出输出端与输入端的控制关系。

1.5.2　简述独立电源与受控电源的区别和联系。

# 1.6　基尔霍夫定律

只含有一个电源的串、并联电路的电流、电压等的计算可以根据欧姆定律求出,但含有两个以上电源的电路,或者电阻特殊连接构成的复杂电路的计算,仅靠欧姆定律则解决不了根本的问题,必须使用本节讲解的基尔霍夫定律。它是适用于任何电路的一般规律,包括由电路的电流关系汇总得到的基尔霍夫电流定律和由电路的电动势、电压降的关系汇总得到的基尔霍夫电压定律。

## 1.6.1  一些有关的电路术语

### 1. 支路和节点

从前面的讨论知道电路是由若干电路元件互相连接起来,且电流能在其中流通的整体。一般地,把每个二端元件称为一条支路,电路中两条或两条以上支路的连接点称为节点。图 1-28 所示的电路中,包含 7 个二端元件,这样该电路就有 7 条支路,6 个节点。流经任意支路的电流称为支路电流,任意支路两端的电压称为支路电压。

为方便起见,在电路分析中,常把几个元件互相串接组成的二端电路称为支路,3 条或 3 条以上支路的连接点称作节点。按此定义,图 1-28 中有 3 条支路(元件 1、7、6 为一条支路,元件 4、5 为一条支路,元件 2、3 为一条支路),2 个节点(a、c),而 b、d、e、f 不再作为节点。并且在电路图中,支路的连接处以小圆点表示。图 1-29 所示的两条互相交叉的支路 ac、bd 实际不连接时,交叉处不是节点,不用小圆点表示。一般地,节点数用 $n$ 表示,支路数用 $b$ 表示。

### 2. 回路

由几条支路构成的封闭路径称为一个回路。例如在图 1-28 中,闭合路径 abcfa、afcdea、abcdea 构成三个回路;在图 1-29 中,acda、abca、abcda、abda、bcdb 构成五个回路。由于各支路中的电流一般不同,因此组成回路的各段电路中的电流不是同一个电流。

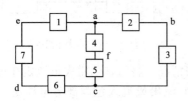

图 1-28  电路术语说明图

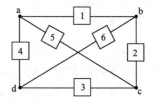

图 1-29  不连接交叉电路表示法

### 3. 网孔

网孔是回路中的一种,是相对于平面电路而言的。所谓平面电路,就是电路图上无不连接的交叉点的电路。图 1-28 所示的电路是平面电路,而图 1-29 所示的电路则不是平面电路。在平面电路中,如果回路除了组成其本身的那些支路外,在回路限定平面内不含另外的支路,这样的回路称为网孔。或者说网孔是不能够再分割的最小回路。在图 1-28 所示的电路中,有 abcfa、afcdea 两个回路是网孔,而回路 abcdea 不是网孔。

## 1.6.2  基尔霍夫定律

### 1. 基尔霍夫电流定律(KCL)

基尔霍夫电流定律(英文缩写为 KCL)是用来反映电路中任意节点上各支路电流之间关系的。对于电路中任意节点,在任意时刻,流出节点的电流之和等于流入节点的电流之和。

按照电流的参考方向,若规定流出节点的电流取"+"号,流入节点的电流取"一"号,则基尔霍夫电流定律可以表述为:对于电路中的任意节点,在任意时刻,流出或流入节点

的各支路电流的代数和等于零。其数学表示式为

$$\sum i = 0 \qquad (1-18)$$

式中,取和是对于连接于该节点上的所有支路电流进行的。

例如,对于图 1-30 所示电路的四个节点,KCL 方程分别为

节点①　　　　　　　　　$i_1 + i_4 - i_6 = 0$

节点②　　　　　　　　　$-i_1 + i_2 + i_5 = 0$

节点③　　　　　　　　　$-i_2 - i_3 + i_6 = 0$

节点④　　　　　　　　　$i_3 - i_4 - i_5 = 0$

基尔霍夫电流定律可以推广到用一闭合曲面包围的电路。在图 1-31 中,虚线表示闭合曲面 S 与纸平面的相交线(闭合曲线),该曲面包围的电路 $N_1$ 由支路 1、支路 2 和支路 3 与电路的其余部分连接,将式(1-18)应用于此闭合面,规定流出此面的电流在代数和中取正号,流入此面的电流取负号,则可以写出

$$i_1 + i_2 + i_3 = 0$$

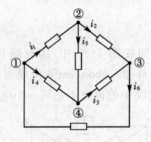

图 1-30　KCL 应用于电路

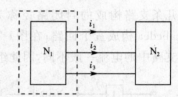

图 1-31　KCL 应用于闭合曲面

可以把节点视为闭合曲面趋于无限小的极限情况,这样,基尔霍夫电流定律可以表述为如下更普遍的形式:对于任意电路,在任意时刻,流出或流入包围部分电路的任意闭合曲面的各支路电流代数和等于零。

基尔霍夫电流定律仅仅涉及支路的电流,与电路元件的性质无关。物理上,基尔霍夫电流定律是电荷守恒原理在电路中的反映。

对于图 1-32 所示的电路,两部分电路之间仅通过一根导线连接,根据基尔霍夫电流定律,流过该导线的电流等于零。这说明只有在闭合的路径中才可能有电流通过。

图 1-32　一条导线连接的两部分电路

在列写 KCL 方程时,必须先指定各支路电流的参考方向,并在图上明确标出,才能根据电流是流出或流入节点来确定它们在代数和中取"+"号或"-"号。

2.基尔霍夫电压定律(KVL)

基尔霍夫电压定律(英文缩写为 KVL)是用来反映电路中任意回路内各支路电压之间关系的。它表述为:在任意时刻,沿任意回路内的各支路电压的代数和等于零。其数学表示式为

$$\sum u = 0 \qquad (1-19)$$

基尔霍夫电压定律是电压与路径无关这一性质在电路中的体现。正是由于电路中在任意

时刻,从任意节点出发经不同的路径到达另外一个节点的电压相同,才有式(1-19)成立。

　　为正确列写 KVL 方程,首先要给定各支路电压参考方向,其次必须指定回路的绕行方向,当支路电压的参考方向与回路的绕行方向一致时,该电压前取"＋"号,相反时前面取"－"号。回路的绕行方向用带箭头的虚线表示。

　　对于图 1-33 所示电路,标定各支路电压参考方向与回路绕行方向,于是回路 1 与回路 2 的 KVL 方程分别为

$$u_1 + u_4 - u_6 - u_3 = 0$$
$$u_2 + u_5 - u_7 - u_4 = 0$$

若对以上方程作适当移项,有

$$u_1 + u_4 = u_3 + u_6$$
$$u_2 + u_5 = u_4 + u_7$$

　　对照电路可知,方程左边的各项相对于回路的绕行方向为电压降,右边各项则为电压升。因此,基尔霍夫电压定律还可表述为:在任意时刻,沿回路各支路电压降的和等于电压升的和。基尔霍夫电压定律也与电路元件的性质无关。

　　由基尔霍夫电压定律的物理本质可知,该定律可以推广到虚拟回路。例如在图 1-34中,可以假想回路 acba,其中的 a、b 端并未画出支路。对此回路沿图示方向,从 a 点出发,顺时针绕行一周,按图中规定的参考方向有

$$u_1 - u_2 - u = 0$$

移项得到
$$u_{ab} = u = u_1 - u_2$$

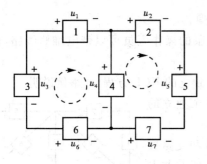

图 1-33　KVL 应用于电路

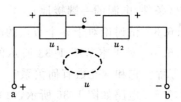

图 1-34　KVL 应用于虚拟回路

　　应用 KVL 时,回路的绕行方向是任意设定的,一经设定,回路中各支路电压前的正、负号也随之确定。即凡与绕行方向一致者取正号,不一致者取负号。

## 1.6.3　基尔霍夫定律的应用步骤

应用基尔霍夫定律分析电路问题一般采用如下步骤:

(1)假设各支路电流参考方向,写出 KCL 方程。

(2)规定回路绕行方向,写出 KVL 方程。

(3)求解 KCL、KVL 联立方程组。

需要注意的是电流与电压的正、负号应当按照基尔霍夫定律的符号规定确定。一般

用 KCL 对 $n-1$ 个节点列方程,用 KVL 对 $b-(n-1)$ 个独立回路列方程。

**【例1-4】** 如图 1-35 所示电路由三个电源及三个电阻组成,求各支路电流。

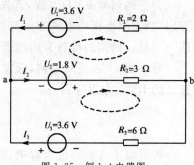

图 1-35　例 1-4 电路图

**解** 标定各支路电流参考方向,应用 KCL 写出节点电流方程为

对节点 a 　　$-I_1 + I_2 - I_3 = 0$ 　　　　①

对节点 b 　　$I_1 + I_3 - I_2 = 0$ 　　　　②

显然两个方程相同,因此仅有一个节点电流方程是独立的。

标定回路绕行参考方向,应用 KVL 写出回路电压方程为

$$I_1 R_1 - U_1 - U_2 + I_2 R_2 = 0$$
$$I_3 R_3 - U_3 - U_2 + I_2 R_2 = 0$$

代入数据得
$$2I_1 - 3.6 - 1.8 + 3I_2 = 0$$
$$6I_3 - 3.6 - 1.8 + 3I_2 = 0$$

即
$$2I_1 + 3I_2 = 5.4 \qquad ③$$
$$6I_3 + 3I_2 = 5.4 \qquad ④$$

式③、式④与式①联立求解,得
$$I_1 = 0.9 \text{ A}, I_2 = 1.2 \text{ A}, I_3 = 0.3 \text{ A}$$

**思考与练习**

1.6.1　试说明 KCL、KVL 的含义及使用范围。

1.6.2　试用 KVL 解释下述现象:身穿绝缘服的操作人员可以带电维修线路,而不会触电(条件:电源的一端接地)。

1.6.3　试讨论对于 $n$ 个节点的电路,有几个独立的 KCL 方程,并举例说明。

1.6.4　对于本节图 1-33 所示的电路,有几个独立的 KVL 方程?它和网孔数有何关系?

1.6.5　电路如图 1-36 所示,(1)指出节点数和支路数各为多少?(2)确定各支路电流参考方向,并写出所有节点的 KCL 方程。(3)以网孔为回路,写出相应的 KVL 方程。

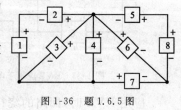

图 1-36　题 1.6.5 图

# 本 章 小 结

本章讲述了电路中的基本概念和基本定律,这是后续电路学习的基础;主要介绍了电路及电路模型、电路基本物理量、欧姆定律、独立电源、受控电源及几种常见的电路元件。

## 1.电路及电路模型

电路,是电流所经过的路径;没有电流的"电路"是没有任何实际意义的,一切电路的工作都以电流的存在为前提。

为分析电路方便起见,在抓住电路中各实际元件主要矛盾的同时,对电路进行"理想化",这便是电路模型的建立。对电路模型的分析结果,完全可以满足实际需要。电路图是"刻画"电路模型的基本方法。

2. 电路基本物理量

电路物理量是对电路的定量描述。各电路基本物理量(电流、电压、电位、电能、电功率等)的定义必须理解,常用单位必须熟记,方向的规定必须明确。

3. 欧姆定律和基尔霍夫定律

线性电阻元件上的伏安关系即为欧姆定律,它属于电路中的元件约束(表达式为

$$I = \pm \frac{U}{R}$$

式中正负号与电流、电压参考方向的选取有关);而基尔霍夫定律又分为两个子定律:KCL(表达式:$\sum i = 0$)和 KVL(表达式:$\sum u = 0$),基尔霍夫定律属于电路中的拓扑约束,拓扑约束只与电路的连接结构有关,而与具体的元件参数无关。

它们都是电路理论中最基本、最重要的定律,电路分析方法实质上就是运用这两类约束所形成的,对它们的应用将贯穿全书。

4. 电路元件

电路是由各电路元件组成的。电压源、电流源属于电源类元件;电阻属于耗能元件;电感、电容属于储能元件。此外,还介绍了受控电源这类受控电路元件。各类元件所具有的特性必须掌握,符号必须熟悉。

# 习题 1

1-1  一个二端元件,电流参考方向如图 1-37 所示,已知 $i = 10\sin 2\pi t$ A,请指出当 $t = 0$ s、0.25 s、0.5 s、1 s 时,电流的大小及实际方向。

1-2  标定各元件的电压参考方向如图 1-38 所示,已知 $U_1 = 10$ V,$U_2 = 5$ V,$U_3 = -20$ V,试求 $U_{ab}$,并指出哪点的电位高?

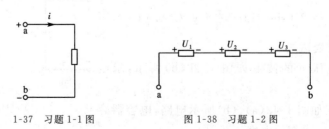

图 1-37  习题 1-1 图          图 1-38  习题 1-2 图

1-3  电压、电流的参考方向如图 1-39 所示,实验测得数据如下:$I_1 = I_4 = -4$ A,$I_2 = I_3 = I_5 = 2$ A,$U_1 = U_2 = 50$ V,$U_3 = -30$ V,$U_4 = -20$ V,$U_5 = 15$ V,$U_6 = 5$ V。求:

(1)标出各电流、电压的实际方向。

(2)计算各元件的功率,并指出哪些是负载,哪些是电源。

1-4 一个电阻元件,电流、电压的参考方向如图 1-40(a)所示,$R=10\ \Omega$,求:

(1)写出 $u$、$i$ 的约束方程。

(2)当 $i=20\sin(2t+\dfrac{\pi}{3})$ A,写出电压 $u$ 的表达式。

(3)若 $i$-$t$ 关系曲线如图 1-40(b)所示,请画出 $u$-$t$ 关系曲线。

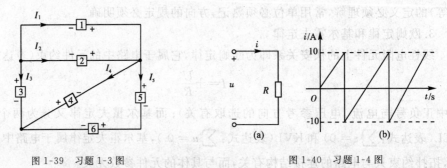

图 1-39 习题 1-3 图                 图 1-40 习题 1-4 图

1-5 有一个电阻值为 200 $\Omega$、功率为 0.5 W 的碳膜电阻,使用时允许通过的最大电流是多少?

1-6 将一只 110 V、10 W 的指示灯接在 220 V 的电源上,需要串接阻值多大的电阻?该电阻的额定功率是多少?

1-7 额定电压为 110 V,额定功率分别为 100 W、45 W 的两只灯泡,求:

(1)内阻各为多少?

(2)能否将它们串接入 220 V 的电源使用?此时电路中电流为多少?两只灯泡消耗的功率是多少?

1-8 供电线路的末端有额定电压为 220 V、额定功率为 100 W 的灯泡 20 只,传输线路的电阻为 0.8 $\Omega$,线路末端电压为 220 V。求:

(1)传输线路始端的电压;

(2)若在线路末端连接一个额定电压 220 V、额定功率 2 kW 的电炉,灯泡两端的电压降为多少(提示:灯泡及电炉并联接入电炉末端)?

1-9 如图 1-41(a)所示含有电容元件的电路,

(1)当 $u=220\sin(314t+\dfrac{\pi}{3})$ V、$C=4\ \mu$F 时,写出电流 $i$ 的表达式;

(2)电压 $u$ 的波形如图 1-41(b)所示,求电流 $i$。

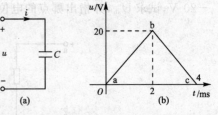

图 1-41 习题 1-9 图

1-10 如图 1-42(a)、(b)所示电路,电容器容值均为 5 $\mu$F,求等效电容。

1-11 如图 1-43 所示电路,已知电容器容值 $C_1=2\ \mu$F,$C_2=5\ \mu$F,端电压为 10 V,求电容器极板上的电荷量 $q_1$、$q_2$。

1-12 如图 1-44 所示电路,已知 $C_1=2\ \mu$F,$C_2=4\ \mu$F,$U=8$ V,求 $U_1$、$U_2$ 及 $q_1$、$q_2$。

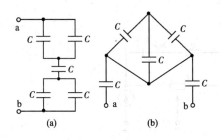
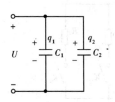
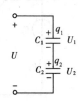

图 1-42　习题 1-10 图　　　　　　　图 1-43　习题 1-11 图　　　　图 1-44　习题 1-12 图

1-13　已知一个电感线圈 $L=20$ mH，求：

(1)当 $i=20\sin(2t+\dfrac{\pi}{3})$ A 时，求电感线圈的端电压；

(2)若 $i\text{-}t$ 关系曲线如图 1-40(b)所示，画出 $u\text{-}t$ 关系曲线。

1-14　一个电感线圈 $L=2$ H，用示波器观察到其端电压波形如图 1-45 所示。试求：$t=1$ s、2 s、3 s、4 s 时电感线圈中的电流 $i$(设 $i(0)=0$)。

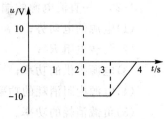

图 1-45　习题 1-14 图

1-15　已知自感系数为 $L$ 的电感线圈在时间 $t$ 内，电流由 0 增加到 $I$，试根据 $u=L\dfrac{\mathrm{d}i}{\mathrm{d}t}$，$p=ui$，求在此时间 $t$ 内电感线圈储存的能量。

1-16　电路如图 1-46 所示，写出 $u$ 的表达式。

1-17　如图 1-47 所示电路为一理想电压源和电流源串联回路，已知 $i_S=2$ A，$u_S=5$ V，求：

(1)电压源中的电流；

(2)电流源两端的电压；

(3)电压源和电流源的功率。

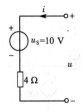
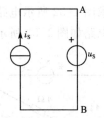

图 1-46　习题 1-16 图　　　　　　　图 1-47　习题 1-17 图

1-18　测量电源电动势的电路如图 1-48 所示，$R_1=30$ Ω，$R_2=100$ Ω，(1)当开关 $K_1$ 闭合、$K_2$ 打开时，电流表的读数为 20 mA；(2)当开关 $K_1$ 打开、$K_2$ 闭合时，电流表的读数为 10 mA，求电源的电动势 $U_S$ 和内阻 $R_0$。

1-19　测量直流电压的电位计如图 1-49 所示，其中 $R=50$ Ω，$U_S=2.5$ V，当调节可变电阻器的滑动触头使 $R_1=55$ Ω、$R_2=45$ Ω 时，检流计中无电流流过。求被测电压 $U_x$ 值。

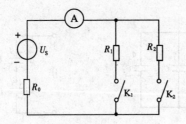

图 1-48　习题 1-18 图　　　　图 1-49　习题 1-19 图

1-20　一直流电源的端电压为 230 V,内阻为 2 Ω,输出电流为 12 A,求:

(1)电源的电动势;

(2)负载电阻 $R_L$;

(3)电源提供的功率;

(4)电源内阻消耗的功率;

(5)负载消耗的功率。

1-21　电路如图 1-50 所示,求各支路的电流及端电压。

1-22　两组蓄电池并联供电,电路如图 1-51 所示,求:

(1)各支路电流;

(2)两个电源的输出功率。

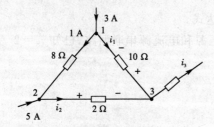

图 1-50　习题 1-21 图

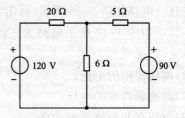

图 1-51　习题 1-22 图

1-23　求图 1-52 所示电路的端口电压 $U_{AB}$。

1-24　电路如图 1-53 所示,用 KCL 及 KVL 求支路电流 $I_1$。

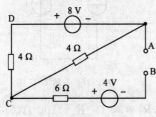

图 1-52　习题 1-23 图

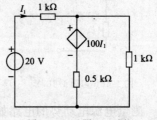

图 1-53　习题 1-24 图

# 2 电阻电路的基本分析方法

## 2.1 无源网络的等效变换

利用等效变换可以把由多个元件组成的电路化简为只有少数几个元件甚至一个元件组成的电路,从而使电路分析得到简化。因此利用等效变换分析电路是很重要的一种分析方法,本节介绍电阻电路的等效变换。

### 2.1.1 电路等效变换的概念

#### 1. 二端等效电路的概念

如图 2-1 所示,电路 $N_1$ 和 $N_2$ 都通过两个端钮与外部电路相连接,$N_1$ 和 $N_2$ 内部的电路不一定相同,但如果它们端口处的电压、电流关系完全相同,从而对连接到其上的同样的外部电路作用效果相同,那么就说这两个二端电路 $N_1$ 和 $N_2$ 是等效的。端口处电压、电流的相同关系不受二端电路所连接的外部电路的限制。

【例 2-1】 图 2-2 所示的两个电路,虽然当它们的外部电路均为开路时有相同的端口电压和端口电流,即 $U_1 = U_2 = 3$ V,$I_1 = I_2 = 0$,但当外部电路短路或为一个相同的电阻元件时,它们端口处的电压和电流的关系并不相同。如端口间连接一个 $2\ \Omega$ 的电阻,则

对于图 2-2(a)所示电路

$$I_1 = \frac{-3}{2+2} = -\frac{3}{4}\ \text{A}, \quad U_1 = -2I_1 = \frac{3}{2}\ \text{V}$$

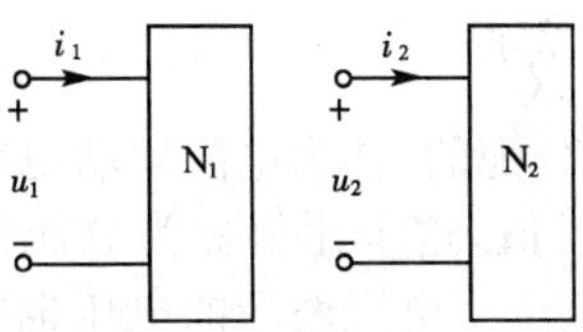

图 2-1 二端等效电路

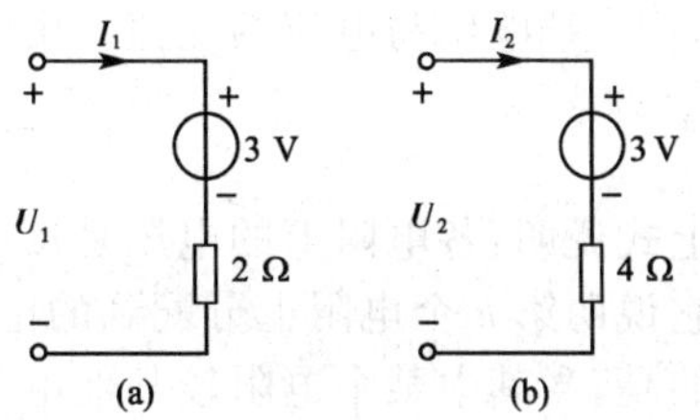

图 2-2 例 2-1 电路图

对于图 2-2(b)所示电路

$$I_2 = \frac{-3}{2+4} = -\frac{1}{2}\ \text{A}, \quad U_2 = -2I_2 = 1\ \text{V}$$

所以说这两个二端电路是不等效的。

上面关于等效电路的概念,可以推广到三个或三个以上端钮的多端电路。

2.等效变换

在对电路分析和计算时,将电路中的某一部分用其等效电路替代,并确保未被替代部分的电压和电流保持不变,这种变换称为等效变换。等效是就端口处的电压与电流的关系而言的,当用等效电路的方法求解电路时,电压和电流保持不变的部分限于等效电路以外,是指对外部电路的作用效果等效,即外部特性的等效。等效电路与被其代替的那部分电路结构是不同的。

### 2.1.2 线性电阻的串、并联等效变换

1.串联等效电阻及分压公式

如果电路中有两个或更多个电阻首尾依次顺序相连,而且中间无任何分支,这样的连接方式就称为电阻的串联。串联电路中,各元件(电阻)中通过同一电流,即电流的唯一性是串联电路的特点,而且,串联电路的端电压是各元件电压的代数和。图 2-3(a)是两个电阻串联的电路,图 2-3(b)是其等效电路。对电阻串联电路应用欧姆定律,得

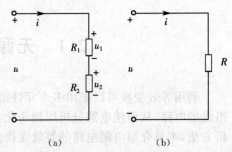

(a)　　　　　(b)

图 2-3　电阻串联电路及其等效电路

$$i = \frac{u_1}{R_1} = \frac{u_2}{R_2}$$

若令 $u = iR$,由于

$$u = u_1 + u_2 = iR_1 + iR_2$$

则有

$$iR = iR_1 + iR_2$$

即

$$R = R_1 + R_2$$

上式中的 $R$ 称作串联电路的等效电阻,它等于该电路在关联参考方向下,端电压与电流的比值,此比值等于两个串联电阻阻值之和。同理可得到 $n$ 个串联电阻的等效电阻为

$$R = R_1 + R_2 + \cdots + R_n = \sum_{k=1}^{n} R_k$$

上式说明:线性电阻串联的等效电阻等于各元件的电阻之和,也等于该电路在关联参考方向下,端电压与电流的比值。由等效电阻的定义可知,第 $k$ 个元件的端电压为

$$u_k = iR_k = R_k \frac{u}{R} = \frac{R_k}{R} u$$

上式说明:各电阻上的电压是按电阻的大小进行分配的,称为电阻串联电路的分压公式。它说明第 $k$ 个电阻上分配到的电压取决于这个比值,这个比值称为分压比。尤其要说明的是,当其中某个电阻较其他电阻相比很小时,这个小电阻两端的电压也较其他电阻上的电压低很多,因此在工程估算中,小电阻的分压作用就可以忽略不计。

对两个电阻串联的分压公式为

$$U_1 = \frac{R_1}{R_1 + R_2} U$$

$$U_2 = \frac{R_2}{R_1 + R_2} U$$

利用电阻串联电路的分压原理,可以制成多量程的电压表。在很多电子仪器和设备中,也常采用电阻串联电路从同一电源上获取不同的电压。

【例 2-2】 弧光灯的额定电压为 40 V,正常工作时通过的电流为 5 A,因为普通照明电路电源的额定电压是 220 V,它不能直接接入电路。为此,利用电阻串联电路的分压原理,选取一个电阻 R 与弧光灯串联,使弧光灯上的电压恰好为额定电压 40 V。

这时 R 两端的电压应为

$$U_R = 220 - 40 = 180 \text{ V}$$

分压电阻

$$R = \frac{U_R}{I} = \frac{180}{5} = 36 \ \Omega$$

功率

$$P = IU = 5 \times 180 = 900 \text{ W}$$

可见,给弧光灯串联一个 900 W、36 Ω 的电阻,即可接入 220 V 电路中。

【例 2-3】 一量程为 $U_1$ 的电压表,其内阻为 $R_g$。欲将其电压量程扩大到 $U_2$,可以采用串联分压电阻的方法,如图 2-4 所示。由于电压表的量程是指它的最大可测量电压,因此当电压表的指针满偏时,电压表内阻上只能承受 $U_1$ 电压,其余 $(U_2 - U_1)$ 的电压将降落在分压电阻 R 上。

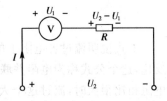

图 2-4 例 2-3 电路图

$$U_1 = IR_g, U_2 - U_1 = IR$$

所以

$$R = \frac{U_2 - U_1}{I} = \frac{U_2 - U_1}{U_1} R_g$$

通常把这里的串联电阻叫做扩程电阻,它一方面分担了原电压表所不能承受的那部分电压,另一方面还使扩程后的电压表具有较高的内阻,从而减小了对被测电路的影响。

**2. 并联等效电阻及分流公式**

如果电路中有两个或更多个电阻的首端与尾端分别连接在一起,这种连接方式就称为电阻的并联。并联电路中,各并联电阻连接在相同的端钮上,承受同一电压作用,即电压的唯一性是并联电路的特点,而且总电流是各支路电流之和。图 2-5(a)是两个电阻并联的电路。

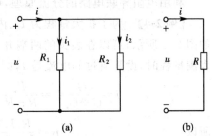

图 2-5 电阻并联电路及其等效电路

若令 $u = iR$,对电阻并联电路应用欧姆定律,得

$$u = iR = i_1 R_1 = i_2 R_2$$

所以

$$i = i_1 + i_2 = \frac{u}{R_1} + \frac{u}{R_2}$$

令 $i = \frac{u}{R}$,则有

$$\frac{1}{R} = \frac{1}{R_1} + \frac{1}{R_2}$$

即图 2-5(a)中两个并联电阻可用图 2-5(b)中的一个等效电阻来代替。它等于该电路在关联参考方向下,端电压与电流的比值,等效电阻的倒数等于两个并联电阻倒数之

和。同理可得到 $n$ 个并联电阻的等效电阻的倒数为

$$\frac{1}{R} = \frac{1}{R_1} + \frac{1}{R_2} + \cdots + \frac{1}{R_n} = \sum_{k=1}^{n} \frac{1}{R_k}$$

上式说明:线性电阻并联的等效电阻的倒数等于各元件的电阻倒数之和,等效电阻也等于该电路在关联参考方向下,端电压与电流的比值。

一般地,用电导表示,上式可以变换为

$$G = G_1 + G_2 + \cdots + G_n = \sum_{k=1}^{n} G_k$$

即电阻并联时,其等效电导等于各电导之和。可见,如果 $n$ 个阻值相同的电阻并联,其等效电阻是单个电阻的 $n$ 分之一;并联电阻的个数越多,等效电阻越小。由等效电阻的定义可知,通过第 $k$ 个元件的电流为

$$i_k = \frac{u}{R_k} = G_k u = \frac{G_k}{G} i$$

上式说明流过各电阻上的电流是按电导的大小进行分配的,或者说与电阻的大小成反比,这个公式称为电阻并联电路的分流公式。尤其要说明的是,当其中某个电阻较其他电阻相比很大时,流过这个大电阻的电流较其他电阻上的电流小很多,因此在工程估算中,阻值相差很大的几个电阻并联时,大电阻的分流作用就可以忽略不计。

两个电阻并联的分流公式为

$$i_1 = \frac{R_2}{R_1 + R_2} i$$

$$i_2 = \frac{R_1}{R_1 + R_2} i$$

利用电阻并联电路的分流原理,可做成多量程的电流表。

【例 2-4】 为了扩大量程为 $I_g$、内阻为 $R_g$ 的电流表的量程,如图 2-6 所示,可以在表头的两端并接一个分流电阻 $R$,当电流表满量程时,设其流过的电流是 $I$,则由分流公式得

$$I = \frac{G}{G + G_g} I_o = \frac{R_g}{R + R_g} I_o = I_o - I_g$$

所以        $$R = \frac{R_g I_g}{I_o - I_g}$$

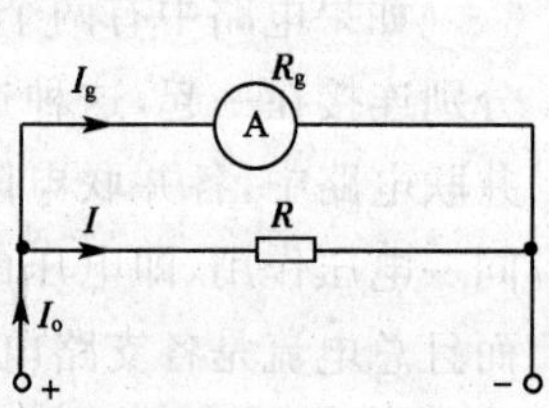

图 2-6  例 2-4 电路图

如果将一块量程是 $100\ \mu A$、内阻是 $1\ k\Omega$ 的微安表,扩程为 $10\ mA$ 的电流表,其并联的分流电阻阻值为

$$R = \frac{10^3 \times 100 \times 10^{-6}}{10 \times 10^{-3} - 100 \times 10^{-6}} = 10.1\ \Omega$$

### 3.混联连接

混联连接也称为串-并联连接,是由串联电阻和并联电阻组合成的电路。这种连接方式在实际中应用广泛,形式多样。由于电路的串联部分具有串联电路的特性,并联部分具有并联电路的特性,因此可以运用线性电阻元件串联和并联的规律,围绕指定的端口逐步化简原电路,求解二端电路的等效电阻以及电路中各部分的电压、电流等问题。

如图 2-7 所示为线性电阻混联实例。从 a-b 端口看，$R_1$ 和 $R_2$ 并联后与 $R_3$ 串联，然后与 $R_4$ 和 $R_5$ 的并联电路再并联在一起。$R_1$ 和 $R_2$、$R_3$ 连接的等效电阻为

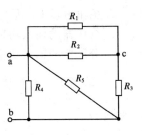

$$R' = \frac{R_1 R_2}{R_1 + R_2} + R_3$$

a-b 端口的等效电阻为

$$R = \frac{1}{\dfrac{1}{R'} + \dfrac{1}{R_4} + \dfrac{1}{R_5}} = \frac{R' R_4 R_5}{R' R_4 + R' R_5 + R_4 R_5}$$

图 2-7 线性电阻混联实例

电阻元件之间的连接关系与所讨论的端口有关。例如在图 2-7 所示的电路中，对 a-c 端口而言，串并联关系为 $R_4$ 和 $R_5$ 并联后与 $R_3$ 串联，然后与 $R_1$ 和 $R_2$ 的并联电路再并联在一起，与 a-b 端口的串并联关系不同。因此等效变换时，必须明确待求端口。一般地，等效变换分析电路的步骤为：

(1)确定待求的端口。

(2)分析串并联关系，画出等效电路。

(3)利用串联、并联电阻的计算公式求出相对于给定端口的等效电阻。

(4)利用欧姆定律求出端口的电压(或电流)。

(5)求解待求电阻的电流或电压。

【例 2-5】 如图 2-8 所示电路，滑线变阻器接成分压电路，用于调节负载 $R_L$ 上的电压。已知滑线变阻器的额定阻值 100 Ω、额定电流 3 A，a-b 端口输入电压 $U_1 = 220$ V，负载电阻 $R_L = 50$ Ω。求：(1)当 $R_2$ 为 50 Ω 时，输出电压 $U_L$ 是多少？分压器的输入功率、输出功率各是多少？(2)当电流 $I_1$ 为 3 A 时，$R_2$ 是多少？输出电压 $U_L$ 是多少？

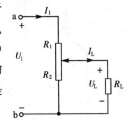

图 2-8 例 2-5 电路图

**解** 从 a-b 端口看电路元件的连接关系为 $R_2$、$R_L$ 并联后与 $R_1$ 串联，故等效电阻为

$$R_{ab} = \frac{R_2 R_L}{R_2 + R_L} + R_1$$

由欧姆定律，滑线变阻器 $R_1$ 段流过的电流 $I_1$ 为

$$I_1 = \frac{U_1}{R_{ab}}$$

由并联电阻的分流关系可以求得负载上的电流 $I_L$ 为

$$I_L = \frac{R_2}{R_2 + R_L} I_1$$

因此，(1)当 $R_2 = 50$ Ω 时，$R_1 = 100 - 50 = 50$ Ω

$$R_{ab} = \frac{50 \times 50}{50 + 50} + 50 = 75 \ \Omega$$

$$I_1 = \frac{220}{75} \approx 2.93 \ \text{A}$$

$$I_L = \frac{50}{50 + 50} \times 2.93 \approx 1.47 \ \text{A}$$

输出电压 $U_L$ 为 $\qquad U_L = I_L R_L = 1.47 \times 50 = 73.5 \text{ V}$

分压器的输入功率为 $\quad P_1 = I_1 U_1 = 2.93 \times 220 = 644.6 \text{ W}$

分压器的输出功率为 $\quad P_L = I_L^2 R_L = 1.47^2 \times 50 = 108.05 \text{ W}$

(2) 当 $I_1 = 3$ A 时，$R_{ab} = \dfrac{U_1}{I_1} = \dfrac{220}{3}$ Ω

所以 $\qquad \dfrac{220}{3} = R_{ab} = \dfrac{R_2 R_L}{R_2 + R_L} + R_1 = \dfrac{50 R_2}{50 + R_2} + 100 - R_2$

故 $\qquad R_2 \approx 52.2$ Ω

$$I_L = \frac{52.2}{52.2 + 50} \times 3 \approx 1.53 \text{ A}$$

$$U_L = I_L R_L = 1.53 \times 50 = 76.5 \text{ V}$$

在利用串联和并联规则逐步化简电路的过程中，所论及的两个端钮要始终保留在电路中，一旦清楚了连接关系应随时化简，直至将电路化为最简为止。并且当元件的参数和连接方式具有某种对称形式时，可以利用等电位点间无电流的特点简化电路。

【例 2-6】　如图 2-9(a)所示的电桥电路，已知 $R_1 = R_2 = 100$ Ω，$R_3 = R_4 = 150$ Ω，试求该电路 a-c 端口的等效电阻 $R$。

**解**　方法一，在图 2-9(a)所示电路中，由于 $R_1 = R_2 = 100$ Ω，$R_3 = R_4 = 150$ Ω，根据分压原理可以断定 b、d 两点等电位，电阻 $R_5$ 相当于短路，该电路可以等效为图 2-9(b)所示电路。

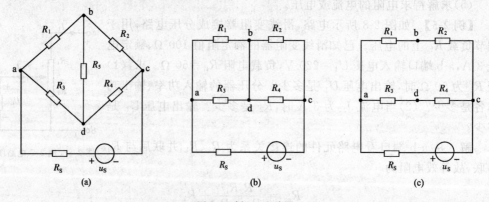

图 2-9　例 2-6 电路图

$$R_{ac} = \frac{R_1 R_3}{R_1 + R_3} + \frac{R_2 R_4}{R_2 + R_4} = \frac{100 \times 150}{100 + 150} \times 2 = 120 \text{ Ω}$$

方法二，在图 2-9(a)所示电路中，由于电路的对称性，可以断定 b、d 两点等电位，电阻 $R_5$ 无电流流过，相当于开路，该电路可以等效为图 2-9(c)所示电路。

$$R_{ac} = \frac{(R_1 + R_2)(R_3 + R_4)}{R_1 + R_2 + R_3 + R_4} = \frac{(100 + 100)(150 + 150)}{(100 + 150) \times 2} = 120 \text{ Ω}$$

显然两种等效方法计算结果相同。

## 2.1.3　△形连接和 Y 形连接的等效变换

如图 2-10(a)所示，三个电阻元件首尾相接，连成一个三角形，这种连接方式称为三角形连接，简称△形连接(或 Ⅱ 形连接)，三角形的三个顶点是电路的三个节点。而在图 2-10(b)中，三个电阻元件的一端连接在一起，另一端分别连接到电路的三个节点上，这种连接方式称为星形连接，简称 Y 形连接(或 T 形连接)。

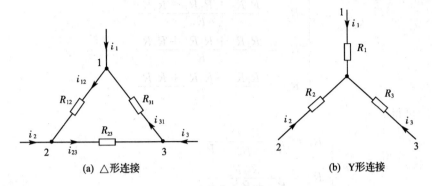

图 2-10　电阻的三角形连接和星形连接

△形连接和 Y 形连接都是通过三个节点与外部相连。在图 2-9(a)中,一般情况下电阻 $R_5$ 中的电流不等于零,此时 $R_1$、$R_3$ 和 $R_5$ 是△形连接,$R_2$、$R_4$ 和 $R_5$ 是△形连接,$R_1$、$R_2$ 和 $R_5$ 是 Y 形连接,$R_3$、$R_4$ 和 $R_5$ 是 Y 形连接。

△形连接和 Y 形连接的电阻之间的等效变换是一个三端网络的等效变换问题。当两种连接的电阻之间满足一定关系时,具有相同的端钮电压与电流关系,即它们对应的节点间有相同的电压 $U_{12}$、$U_{23}$、$U_{31}$,且从外电路流入对应节点的电流 $i_1$、$i_2$、$i_3$ 分别对应相等。这是两种连接方式的等效变换条件,根据这个要求,可以求出两种连接方式等效变换的关系式。

对图 2-10(a)中△形连接的电路,各支路中的电流为

$$i_{12} = \frac{u_{12}}{R_{12}}, \quad i_{23} = \frac{u_{23}}{R_{23}}, \quad i_{31} = \frac{u_{31}}{R_{31}}$$

对于三个节点,由 KCL,有

$$\begin{cases} i_1 = i_{12} - i_{31} = \dfrac{u_{12}}{R_{12}} - \dfrac{u_{31}}{R_{31}} \\[2mm] i_2 = i_{23} - i_{12} = \dfrac{u_{23}}{R_{23}} - \dfrac{u_{12}}{R_{12}} \\[2mm] i_3 = i_{31} - i_{23} = \dfrac{u_{31}}{R_{31}} - \dfrac{u_{23}}{R_{23}} \end{cases} \tag{2-1}$$

对图 2-10(b)中 Y 形连接的电路,应用 KVL 和 KCL 有

$$i_1 + i_2 + i_3 = 0$$
$$R_1 i_1 - R_2 i_2 = u_{12}$$
$$R_2 i_2 - R_3 i_3 = u_{23}$$

解方程组可得

$$\begin{cases} i_1 = \dfrac{R_3 u_{12}}{R_1 R_2 + R_2 R_3 + R_3 R_1} - \dfrac{R_2 u_{31}}{R_1 R_2 + R_2 R_3 + R_3 R_1} \\[2mm] i_2 = \dfrac{R_1 u_{23}}{R_1 R_2 + R_2 R_3 + R_3 R_1} - \dfrac{R_3 u_{12}}{R_1 R_2 + R_2 R_3 + R_3 R_1} \\[2mm] i_3 = \dfrac{R_2 u_{31}}{R_1 R_2 + R_2 R_3 + R_3 R_1} - \dfrac{R_1 u_{23}}{R_1 R_2 + R_2 R_3 + R_3 R_1} \end{cases} \tag{2-2}$$

根据等效变换的条件,不论节点间的电压 $u_{12}$、$u_{23}$、$u_{31}$ 为何值,从外电路流入对应节点的电流 $i_1$、$i_2$、$i_3$ 均相等,所以比较式(2-1)和式(2-2),可得到

$$\begin{cases} R_{12} = \dfrac{R_1R_2 + R_2R_3 + R_3R_1}{R_3} \\[3mm] R_{23} = \dfrac{R_1R_2 + R_2R_3 + R_3R_1}{R_1} \\[3mm] R_{31} = \dfrac{R_1R_2 + R_2R_3 + R_3R_1}{R_2} \end{cases} \tag{2-3}$$

由式(2-3)可得

$$\begin{cases} R_1 = \dfrac{R_{12}R_{31}}{R_{12} + R_{23} + R_{31}} \\[3mm] R_2 = \dfrac{R_{23}R_{12}}{R_{12} + R_{23} + R_{31}} \\[3mm] R_3 = \dfrac{R_{31}R_{23}}{R_{12} + R_{23} + R_{31}} \end{cases} \tag{2-4}$$

式(2-3)是根据 Y 形连接确定△形连接的等效电阻公式,式(2-4)是根据△形连接确定 Y 形连接的等效电阻公式。两个互换公式可归纳为

$$\begin{cases} \text{Y 形电阻} = \dfrac{\triangle\text{形相邻电阻的乘积}}{\triangle\text{形电阻之和}} \\[3mm] \triangle\text{形电阻} = \dfrac{\text{Y 形电阻两两乘积之和}}{\text{Y 形不相邻电阻}} \end{cases} \tag{2-5}$$

当 Y 形连接的各个电阻阻值相等,即 $R_1 = R_2 = R_3 = R_Y$,称此星形为对称星形。同样,当△形连接的各个电阻阻值相等,即 $R_{12} = R_{23} = R_{31} = R_\triangle$,则称此三角形为对称三角形。则对称 Y 形与对称△形的互换公式为

$$R_Y = \frac{1}{3}R_\triangle \text{ 或 } R_\triangle = 3R_Y$$

【例 2-7】 计算图 2-11(a)所示的电路中的总电阻 $R_{ab}$。

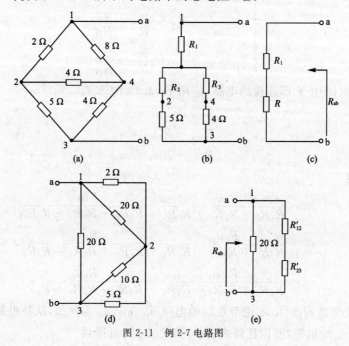

图 2-11　例 2-7 电路图

**解**　方法一,将节点 1、2、4 内的 △ 形连接电路用等效 Y 形电路代替,得到等效电路如图 2-11(b)所示,由式(2-4)可得

$$R_1 = \frac{2 \times 8}{2 + 4 + 8} = 1.14 \ \Omega$$

$$R_2 = \frac{2 \times 4}{2 + 4 + 8} = 0.57 \ \Omega$$

$$R_3 = \frac{4 \times 8}{2 + 4 + 8} = 2.29 \ \Omega$$

根据串、并联关系,得到图 2-11(c),并联部分的等效电阻为

$$R = \frac{(0.57 + 5)(2.29 + 4)}{0.57 + 5 + 2.29 + 4} \approx 2.95 \ \Omega$$

所以

$$R_{ab} = 2.95 + 1.14 = 4.09 \ \Omega$$

方法二,以节点 4 为公共节点,将节点 1、2、3 的 Y 形连接电路用等效 △ 形电路代替,得到等效电路如图 2-11(d)所示,由式(2-3)可得

$$R_{12} = \frac{4 \times 8 + 4 \times 4 + 4 \times 8}{4} = 20 \ \Omega$$

$$R_{23} = \frac{4 \times 8 + 4 \times 4 + 4 \times 8}{8} = 10 \ \Omega$$

$$R_{31} = \frac{4 \times 8 + 4 \times 4 + 4 \times 8}{4} = 20 \ \Omega$$

由串、并联关系,得到图 2-11(e),根据并联电阻计算公式,可以得到

$$R'_{12} = \frac{20 \times 2}{20 + 2} \approx 1.82 \ \Omega$$

$$R'_{23} = \frac{5 \times 10}{5 + 10} \approx 3.33 \ \Omega$$

所以

$$R_{ab} = \frac{(1.82 + 3.33) \times 20}{1.82 + 3.33 + 20} \approx 4.09 \ \Omega$$

# 2.2　含独立源电路的等效变换

## 2.2.1　两种电源模型的等效变换

在第 1 章讨论过,一个实际电源可以用电压源与电阻串联组合作为其电路模型,也可以用电流源与电阻并联组合作为其电路模型,两种电源模型等效变换的条件是端口的电压、电流关系完全相同,亦即当它们对应的端口具有相同的电压时,端口电流必须相等。

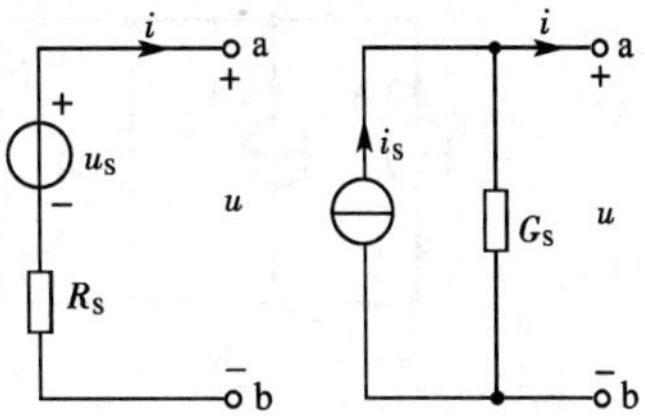

在如图 2-12 所示电路中,两种模型对应的端口电压均为 $u$,等效变换的条件是端口电流必须相等,即均等于 $i$。由 KVL 可知电压源模型的端口电压、电流关系为

$$u + i R_S - u_S = 0$$

图 2-12　两种电源等效变换

即
$$i = \frac{u_S}{R_S} - \frac{u}{R_S}$$

由 KCL 可知,电流源模型的端口电压、电流关系为
$$i = i_S - G_S u$$

因此得到
$$i_S = \frac{u_S}{R_S}, G_S = \frac{1}{R_S} \tag{2-6}$$

式(2-6)为两种电源等效变换的条件。

需要注意,应用式(2-6)时,电压源的电动势 $u_S$ 和电流源的电流 $i_S$ 的参考方向应满足: $i_S$ 的参考方向由 $u_S$ 的负极指向正极。另外,虽然两种电源模型中的电阻位置不同,但阻值相等。

显然,对于外电路,由于两种电源可以互相等效变换,而对外电路不会产生任何影响。因此一个具有内阻的电源有两种模型可供选用。而且如果将电压源与电阻串联组合称为电压源支路,将电流源与电阻并联组合称为电流源支路,则这里的电阻就只限于电源的内阻。

一般情况下,两种电源等效模型内部功率情况不同,但对于外电路,它们吸收或提供的功率总是一样的。

**【例 2-8】**    如图 2-13(a)所示电路,利用电源等效变换求支路电流 $I$。

**解**    首先将电路左端的电压源和电阻串联支路等效变换为电流源和电阻并联的电路,将右端电流源和电阻并联部分等效变换为电压源和电阻串联的电路,等效电路如图 2-13(b)所示。

利用电阻串并联等效变换,化简电路如图 2-13(c)所示。

由 KCL 可以合并两个电流源如图 2-13(d)所示。

再将电流源和电阻并联部分等效变换为电压源和电阻串联的电路,等效电路如图 2-13(e)所示。

由 KVL 列方程得
$$-9 + I + 4 + 9I = 0$$
因此求得
$$I = 0.5 \text{ A}$$

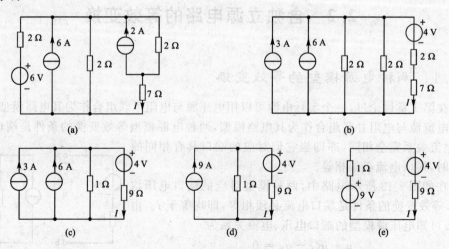

图 2-13    例 2-8 电路图

## 2.2.2 电压源与二端元件并联的等效电路

由于电压源在电流为任何值时,其端电压保持定值,因此电压源和电阻并联或与电流源并联时的二端电路,就其对于外电路的作用而言,等效于一个电压源,该电压源的电压等于原电路中电压源的电压。

一般地,当一个电压源和一个二端元件并联时,对于外电路,等效于一个电压源。如图 2-14 所示。在进行电路分析时,可将与电压源并联的元件开路,简化电路。

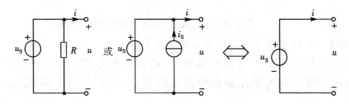

图 2-14 电压源与二端元件并联的等效电路

【**例 2-9**】 电路如图 2-15(a)所示,求支路电流 $I_1$、$I_2$、$I_3$。

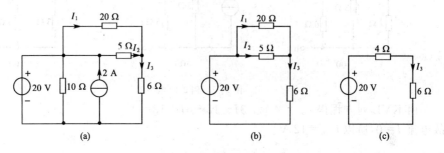

图 2-15 例 2-9 电路图

**解** 由于 10 Ω 电阻元件、2 A 的电流源和 20 V 的电压源并联,且待求量不在这两条支路上,因此可以拿掉它们,得到等效电路如图 2-15(b)所示;利用并联电阻的等效变换,得到等效电路如图 2-15(c)所示。

对于图 2-15(c)所示电路,由全电路欧姆定律求得

$$I_3 = \frac{20}{4+6} = 2 \text{ A}$$

根据并联电阻的分流公式得到

$$I_1 = \frac{5}{20+5}I_3 = \frac{1}{5} \times 2 = 0.4 \text{ A}$$

$$I_2 = \frac{20}{20+5}I_3 = \frac{4}{5} \times 2 = 1.6 \text{ A}$$

## 2.2.3 电流源与二端元件串联的等效电路

由于电流源在电压为任何值时,其端口电流不随端口电压变化而保持定值,因此电流源与电阻串联或与电压源等二端元件串联时,就其对外电路作用而言,等效于一个电流源,该电流源的电流等于原电路中电流源的电流。

一般地,当一个电流源和一个二端元件串联时,对于外电路,等效于一个电流源。如

图 2-16 所示。在进行电路分析时,可将与电流源串联的元件短路,简化电路。需要注意,理想电压源和理想电流源之间没有等效关系。

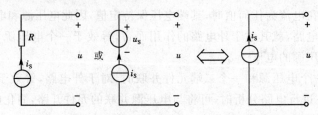

图 2-16　电流源与二端元件串联的等效电路

**【例 2-10】** 电路如 2-17(a)所示,求电压 $U_{ab}$。

**解**　首先将与电流源串联的电阻短路,得到等效电路如图 2-17(b)所示;再将电流源和电阻并联部分等效化为电压源和电阻串联支路,得到等效电路如图 2-17(c)所示。

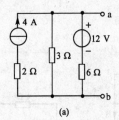 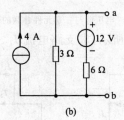 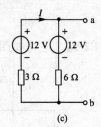

　(a)　　　　　　　(b)　　　　　　　(c)

图 2-17　例 2-10 电路图

由 KVL 列方程得　　　　　$3I-12+6I+12=0$

故电流 $I=0$,所以 $U_{ab}=12$ V。

## 2.2.4　电源支路的串、并联等效电路

几个电压源支路串联时,可以简化成一个等效的电压源支路。如图 2-18(a)所示,两个电压源支路相串联,其中一条支路由电压源 $u_{S1}$ 和电阻 $R_1$ 串联构成,另一条支路由电压源 $u_{S2}$ 和电阻 $R_2$ 串联构成。在这个电路中,根据 KVL 可知

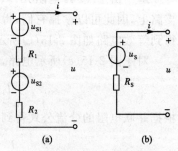

$$u=u_{S1}-iR_1+u_{S2}-iR_2=(u_{S1}+u_{S2})-i(R_1+R_2)$$

令 $u_S=u_{S1}+u_{S2}$,$R_S=R_1+R_2$,则得等效电压源支路如图 2-18(b)所示。

图 2-18　电压源串联的等效电路

几个电流源支路并联时,可以简化成一个等效的电流源支路。如图 2-19(a)所示,两个电流源支路相并联,其中一个由电流源 $i_{S1}$ 与电导为 $G_1$ 的电阻并联构成,另一个由电流源 $i_{S2}$ 与电导为 $G_2$ 的电阻并联构成。在这个电路中,根据 KCL 可知

$$i=i_{S1}-uG_1+i_{S2}-uG_2=(i_{S1}+i_{S2})-u(G_1+G_2)$$

令 $i_S=i_{S1}+i_{S2}$,$G_S=G_1+G_2$,则得等效电流源支路如图 2-19(b)所示。

此外,电压源支路并联时,借助于电源支路的等效变换,也可求得等效电路。如设两电压源支路并联,如图 2-20(a)所示,可以用等效电流源支路代替原来的电压源支路,得到

如图 2-20(b)所示的等效电路,并且

$$i_{S1} = \frac{u_{S1}}{R_1}, \quad i_{S2} = \frac{u_{S2}}{R_2}, \quad G_1 = \frac{1}{R_1}, \quad G_2 = \frac{1}{R_2}$$

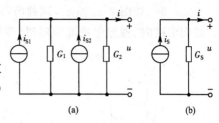

合并电流源支路得到如图 2-20(c)所示的等效
电路,也可变换为等效的电压源支路如图 2-20(d)
所示,这就是寻求的等效电路。其中

$$i_S = i_{S1} + i_{S2}, \quad G_S = G_1 + G_2, \quad u_S = \frac{i_S}{G_S}, \quad R_S = \frac{1}{G_S}$$

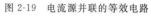
图 2-19　电流源并联的等效电路

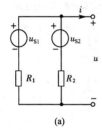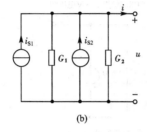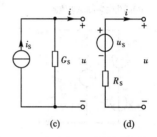

图 2-20　电压源并联电路等效变换

电流源支路串联时,也可借助于电源支路的等效变换求得等效电路。

两个没有串联电阻的电压源并联,只在它们的电压值相等时才允许,它们并联以后仍
等效于一个相同电压值的电压源。

同样,两个没有并联电阻的电流源串联,只有在它们的电流值相等时才允许,它们串
联以后仍等效于一个相同电流值的电流源。

**思考与练习**

2.2.1　二端网络等效变换的实质是什么? 等效电路与原电路的端口电压、端口电流
有何关系?

2.2.2　两种电源等效变换的条件是什么? 如何确定等效变换前后电压源、电流源的
参考方向?

2.2.3　如图 2-21 所示电路,试分析当(1)K₁ 闭合,K₂、K₃ 打开;(2)K₁、K₂ 闭合,K₃
打开;(3)K₁、K₃ 闭合,K₂ 打开;(4)K₂、K₃ 闭合,K₁ 打开时,端口 a-b 的等效电阻。

2.2.4　对于图 2-22 所示的电路,求出端口 a-b 的等效电阻。

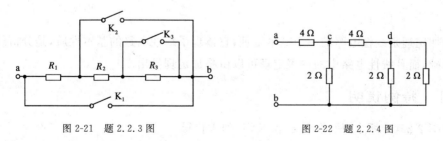

图 2-21　题 2.2.3 图　　　　　　　　　　图 2-22　题 2.2.4 图

2.2.5　用一个满刻度偏转电流为 50 $\mu$A、电阻为 3 k$\Omega$ 的表头制成 2.5 V 量程的直
流电压表,问应当怎样连接附加电阻? 并求附加电阻值。若将其制成 500 $\mu$A 量程的直
流电流表,问应当怎样连接附加电阻? 并求附加电阻值。

2.2.6　如图 2-23 所示,试画出各二端网络的等效电路,并总结理想电压源与电流源并联和串联时、理想电流源串联时、理想电压源并联时电路等效的方法与条件。

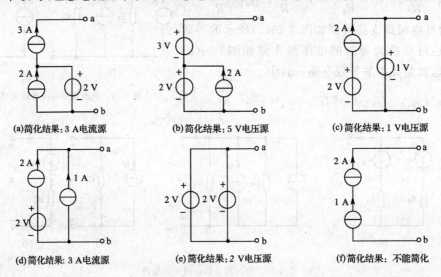

(a)简化结果:3 A电流源　　　(b)简化结果:5 V电压源　　　(c)简化结果:1 V电压源

(d)简化结果:3 A电流源　　　(e)简化结果:2 V电压源　　　(f)简化结果:不能简化

图 2-23　题 2.2.6 图

2.2.7　如图 2-24 所示电路,将图 2-24(a)中△形连接等效变换为 Y 形连接;将图 2-24(b)中 Y 形连接等效变换为△形连接。试总结出对称负载△-Y 变换的规律。

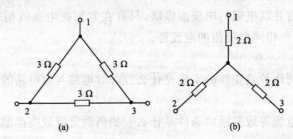

图 2-24　题 2.2.7 图

# 2.3　叠加定理

叠加定理是线性电路的一个基本定理,它体现了线性电路的基本性质,是分析线性电路的基础,而且线性电路中的许多定理可以由叠加定理导出。

## 2.3.1　特例说明

如图 2-25(a)所示,根据 KCL 和 KVL 列方程得

$$i_1 R_1 + i_2 R_2 = u_S \qquad ①$$

$$i_1 - i_2 + i_S = 0 \qquad ②$$

由式②得

$$i_2 = i_1 + i_S$$

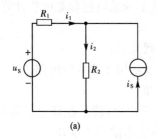 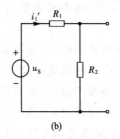 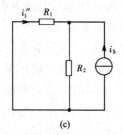

图 2-25　网络叠加性

代入式①得到

$$i_1 R_1 + (i_1 + i_s)R_2 = u_s$$

所以

$$i_1 = \frac{u_s - i_s R_2}{R_1 + R_2}$$

　　将电流源去掉(开路),考虑电压源单独作用时的情况,等效电路如图 2-25(b)所示,电阻 $R_1$ 中流过的电流为

$$i_1' = \frac{u_s}{R_1 + R_2}$$

　　将电压源去掉(短路),考虑电流源单独作用时的情况,等效电路如图 2-25(c)所示,电阻 $R_1$ 中流过的电流为

$$i_1'' = \frac{-i_s R_2}{R_1 + R_2}$$

因此

$$i_1'' + i_1' = \frac{u_s}{R_1 + R_2} + \frac{-i_s R_2}{R_1 + R_2} = \frac{u_s - i_s R_2}{R_1 + R_2} = i_1$$

　　即两个电源同时作用于电路时,在支路中产生的电流等于它们分别作用于电路时,在该支路产生电流的叠加。

### 2.3.2　叠加定理

　　将上述结论推广到一般线性电路,可以得到描述线性电路叠加性的重要定理——电路叠加定理。定理可以表述为:当线性电路中有两个或两个以上的独立电源作用时,任意支路的电流(或电压)响应,等于电路中每个独立电源单独作用下在该支路中产生的电流(或电压)响应的代数和。

　　一个独立电源单独作用意味着其他独立电源不作用(电源不作用也称为电源置零),即不作用的电压源的电压为零,不作用的电流源的电流为零。电路分析中可用短路代替不作用的电压源,而保留实际电源的内阻在电路中;可用开路代替不作用的电流源,而保留实际电源的内阻在电路中。

　　需要注意,当电路中存在受控电源时,由于受控电源不能够像独立电源一样单独产生激励,因此要将受控电源保留在各分电路中,应用叠加定理进行电路分析。

　　叠加定理常用于分析电路中某一电源的影响。用叠加定理计算复杂电路时,要把一个复杂电路化为几个单一电源电路进行计算,然后把它们叠加起来;也可以把复杂电路化为几组电源电路进行计算,然后再进行叠加。电压或电流的叠加要按照标定的参考方向进行。因为功率与电流不成线性关系,功率必须根据元件上的总电流和总电压计算,而不能够按照叠加定理计算。

综上所述,应用叠加定理进行电路分析时,应注意下列几点:

(1)叠加定理只能用来计算线性电路的电流和电压,不适用于非线性电路。

(2)叠加时要注意电流和电压的参考方向,求其代数和。

(3)化为几个单一电源电路进行计算时,所谓电压源不作用,就是在该电压源处用短路代替;电流源不作用,就是在该电流源处用开路代替;所有电阻不予变动。

(4)受控电源保留在各分电路中。

(5)不能用叠加定理直接计算功率。

### 2.3.3 叠加定理应用举例

**1.含多个独立电源的电路应用叠加定理**

**【例 2-11】** 电路如图 2-26(a)所示,计算支路电流 $I$ 和端电压 $U$、4 Ω 电阻消耗的功率,并计算两个电源单独作用时 4 Ω 电阻消耗的功率。

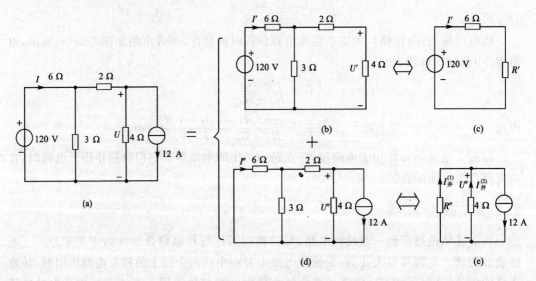

图 2-26 例 2-11 电路图

**解** 将电流源开路,得到电压源单独作用时的等效电路如图 2-26(b)所示,利用电阻串并联关系得到等效电路如图 2-26(c)所示,其中等效电阻为

$$R' = \frac{3 \times (2+4)}{3 + (2+4)} = 2 \ \Omega$$

故有

$$I' = \frac{120}{6+2} = 15 \ \text{A}$$

$$U' = \frac{3}{3+2+4} I' \times 4 = 20 \ \text{V}, \quad P' = \frac{U'^2}{4} = \frac{20^2}{4} = 100 \ \text{W}$$

将电压源短路,得到电流源单独作用时的等效电路如图 2-26(d)所示,利用电阻串并联关系得到等效电路如图 2-26(e)所示,其中等效电阻为

$$R'' = 2 + \frac{6 \times 3}{6+3} = 4 \ \Omega$$

故有

$$I_{并}^{(1)} = \frac{1}{2} \times 12 = 6 \ A$$

所以

$$I'' = \frac{3}{6+3} I_{并}^{(1)} = 2 \ A, \quad I_{并}^{(2)} = 12 - I_{并}^{(1)} = 6 \ A$$

$$U'' = -4 I_{并}^{(2)} = -4 \times 6 = -24 \ V, \quad P'' = \frac{(-24)^2}{4} = 144 \ W$$

由叠加定理得到　$I = I' + I'' = 15 + 2 = 17 \ A$

$$U = U' + U'' = 20 - 24 = -4 \ V$$

$$P = \frac{U^2}{4} = \frac{(-4)^2}{4} = 4 \ W$$

显然 $P \neq P' + P''$，功率不满足叠加定理。

**2. 应用叠加定理分析梯形电路**

由于线性电路满足叠加定理，因此当所有的激励（独立电源）同时扩大或缩小 $K$ 倍时，电路的响应（电压或电流）也将同时扩大或缩小 $K$ 倍。这是线性电路的齐性定理。用它分析如图 2-27 所示梯形电路非常方便。

由图 2-27 可以看出，该电路是简单电路，可以用电阻串并联的方法化简，求出总电流，再由电流、电压分配公式求出支路电流 $I_5$，但计算较烦琐（读者可以自行计算）。为此，可应用齐性定理，从梯形电路最远离电源的一端开始，设该支路电流为某一数值，然后依次推算出其他电压、电流的假定值，再按齐性定理，将电源激励扩大到给定数值，计算待求量。

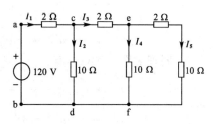

图 2-27　例 2-12 电路图

【**例 2-12**】　求图 2-27 所示梯形电路中的支路电流 $I_5$。

**解**　设 $I_5' = 1 \ A$，则有

$$U_{ef}' = I_5'(2+10) = 12 \ V, I_4 = \frac{12}{10} = 1.2 \ A, I_3' = I_4' + I_5' = 2.2 \ A$$

$$U_{ce}' = 2 I_3' = 4.4 \ V, U_{cd}' = U_{ce}' + U_{ef}' = 16.4 \ V, I_2' = \frac{16.4}{10} = 1.64 \ A$$

$$I_1' = I_2' + I_3' = 3.84 \ A, U_{ac}' = 2 I_1' = 7.68 \ V$$

故有

$$U_{ab}' = U_{ac}' + U_{cd}' \approx 24 \ V$$

当 $U_{ab} = 120 \ V$ 时，相当于激励增加 $\frac{120}{24}$ 倍，因此支路电流也增加相同的倍数，故

$$I_5 = \frac{120}{24} \times I_5' = 5 \ A$$

**3. 含受控电源的电路应用叠加定理**

【**例 2-13**】　如图 2-28(a)所示电路，求电压 $u_3$。

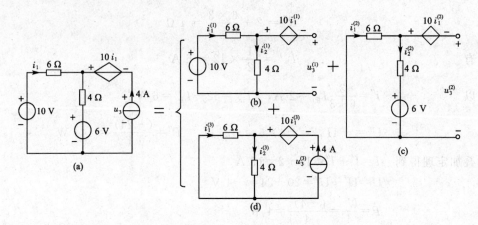

图 2-28  例 2-13 电路图

**解**  按叠加定理进行分析计算。画出 10 V 电压源单独作用、6 V 电压源单独作用和 4 A 电流源单独作用时的电路图，分别如图 2-28(b)、(c)、(d)所示，受控电源均保留在分电路中。

对图 2-28(b)，由全电路欧姆定律可以求得

$$i_1^{(1)} = i_2^{(1)} = \frac{10}{6+4} = 1 \text{ A}$$

$$u_3^{(1)} = -10i_1^{(1)} + 4i_2^{(1)} = -10 + 4 = -6 \text{ V}$$

同理对图 2-28(c)，有

$$i_1^{(2)} = i_2^{(2)} = \frac{-6}{6+4} = -0.6 \text{ A}$$

$$u_3^{(2)} = -10i_1^{(2)} + 4i_2^{(2)} + 6 = -10 \times (-0.6) + 4 \times (-0.6) + 6$$
$$= 9.6 \text{ V}$$

对图 2-28(d)，根据分流关系得

$$i_1^{(3)} = -\frac{4}{6+4} \times 4 = -1.6 \text{ A}$$

$$i_2^{(3)} = \frac{6}{6+4} \times 4 = 2.4 \text{ A}$$

故

$$u_3^{(3)} = 4i_2^{(3)} - 10i_1^{(3)} = 4 \times 2.4 - 10 \times (-1.6) = 25.6 \text{ V}$$

由叠加定理得

$$u_3 = u_3^{(1)} + u_3^{(2)} + u_3^{(3)} = -6 + 9.6 + 25.6 = 29.2 \text{ V}$$

**思考与练习**

2.3.1  叠加定理是分析电路的基本定理，试说明为什么只适用于线性电路？

2.3.2  当用叠加定理分析线性电路时，独立电源和受控电源的处理规则分别是什么？

2.3.3  功率计算为什么不能直接利用叠加定理？

# 2.4 戴维南定理和诺顿定理

通常把具有两个引出端钮的电路称为二端网络。如果一个二端网络内部除线性电阻以外还含有独立电源,它就是含独立电源的线性二端电阻网络,简称有源二端网络;不含独立电源的线性二端网络则简称为无源二端网络。在分析电路时,经常遇到只研究电路中某一支路或有源二端网络外接电路电流或电压的情况,在这种情况下,用戴维南定理和诺顿定理较为方便。

## 2.4.1 戴维南定理

**1. 有源二端网络等效为一个实际电压源**

如图 2-29(a)所示,a、b 两端是一个有源的二端网络,现用万用表的电压挡测量端电压 $U_0$,实验电路如图 2-29(b)所示;将电压源短路,实验电路如图 2-29(c)所示,用万用表的欧姆挡测端口等效电阻,显然

$$R_0 = R_{ab} = \frac{R_1 R_2}{R_1 + R_2}$$

为 $R_1$、$R_2$ 两个电阻的并联等效电阻。在 a、b 间连接一个毫安表及电阻箱,实验电路如图 2-29(d)所示,给定负载电阻 $R$ 的数值,测量支路电流 $I_R$(即读出毫安表的示数)。

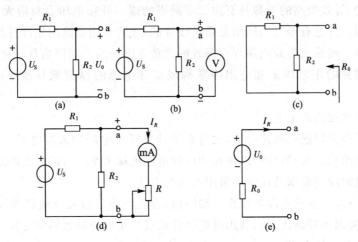

图 2-29　有源二端网络等效电路

当给定不同的负载电阻值时测出 $I_R$,对实验数据分析,发现

$$I_R = \frac{U_0}{R_0 + R}$$

即如果将一个电压等于该有源二端网络的开路电压的理想电压源与电阻值等于对应的无源二端网络等效电阻的电阻元件串联,如图 2-29(e)所示,当其与负载电阻 $R$ 组成串联回路时,$R$ 上流过的电流与原电路(图 2-29(a))a、b 两端之间连接的电阻 $R$ 上流过的电流相等。

从本章 2.2 节的讨论可知,该有源二端网络等效于一个实际的电压源,即图2-29(a)所示电路和图 2-29(e)所示电路等效。

**2. 戴维南定理**

上述实验结论反映了有源二端网络的一般特性,可以用戴维南定理表述,即任意线性有源二端网络,就其对外电路的作用而言,总可以用一个电压源与电阻串联组合等效,电压源的电压等于该二端网络的开路电压 $u_{OC}$,而串联电阻 $R_0$ 等于该二端网络中所有独立电源置零时端口的入端电阻。即在图 2-30(a)所示电路中,有源二端网络 N 就其对于外电路的作用效果而言,等效于一个实际的电压源(图 2-30(b)),电压源的电压等于图 2-30(c)所示电路的开路电压,串联电阻等于对应无源二端网络 $N_0$ 的入端电阻(图 2-30(d))。

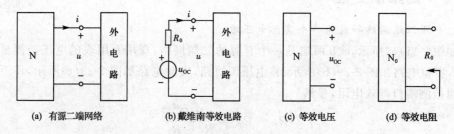

(a) 有源二端网络　　　(b) 戴维南等效电路　　　(c) 等效电压　　　(d) 等效电阻

图 2-30　戴维南定理

对于定理,应当明确等效是对网络中未变换的部分——负载而言的,变换是对有源二端网络进行的,等效电路的参数是有源二端网络的端口开路电压及对应无源二端网络的端口入端电阻。并且有源二端网络必须是线性的,才能应用戴维南定理等效,而对于负载电路没有限制。戴维南等效电路和它等效的含独立电源的二端网络具有完全相同的外特性。第 1 章讲到的用电压源和电阻串联构成实际电源的模型就是戴维南定理应用的实例。

**3. 戴维南定理应用举例**

利用戴维南定理进行电路分析,关键在于计算开路电压和入端电阻。计算开路电压时要将负载电路从所求端口断开,按照相应的电路连接关系求有源二端网络的端口电压;计算入端电阻时应当根据具体电路采用不同的方法。

(1)对于只含有独立电源的线性二端网络,设网络内所有独立电源为零(即电压源用短路代替,电流源用开路代替),利用电阻串并联或三角形与星形网络变换加以化简,计算二端网络端口的入端电阻。

**【例 2-14】** 电路如图 2-31(a)所示,试用戴维南定理求电压 $U$ 及 $2\ \Omega$ 电阻所消耗的功率 $P$。

**解**　断开 $2\ \Omega$ 的电阻,求 a-b 端口和 c-d 端口的戴维南等效电路。

如图 2-31(b)所示,a-b 端口等效电路的开路电压和入端电阻为

$$U_{OC}^{(1)} = 2 \times 1 + 1 = 3\ \text{V}$$

$$R_0^{(1)} = 1\ \Omega$$

如图 2-31(c)所示,c-d 端口等效电路的开路电压和入端电阻为

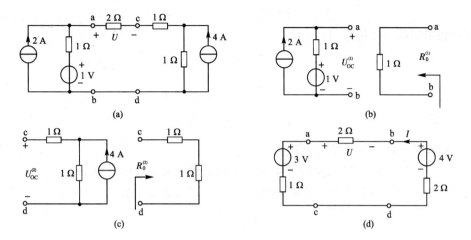

图 2-31 例 2-14 电路图

$$U_{OC}^{(2)} = 4 \times 1 = 4 \text{ V}$$

$$R_0^{(2)} = 1 + 1 = 2 \ \Omega$$

因此,图 2-31(a)所示电路的等效电路如图 2-31(d)所示,由 KVL 得

$$2I + 3 + I + 2I - 4 = 0$$

故

$$I = \frac{1}{5} \text{ A}, U = -2I = -\frac{2}{5} \text{ V}$$

2 Ω 电阻所消耗的功率为

$$P = I^2 R = \left(\frac{1}{5}\right)^2 \times 2 = \frac{2}{25} \text{ W}$$

(2)对含有受控电源的线性有源二端网络,求开路电压时按照叠加定理的方法求解。求入端电阻时,设网络内所有独立电源为零,将电路变为相应的无源二端网络,在端口处施加电压 $u$,计算或测量端口的电流 $i$,由欧姆定律求得入端电阻 $R_0 - u/i$。

【例 2-15】 电路如图 2-32(a)所示,求戴维南等效电路。

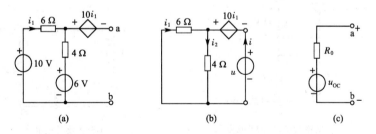

图 2-32 例 2-15 电路图

**解** 该二端网络中含有一个受控电压源,首先按照叠加定理求解开路电压,与例2-13的电路图即图 2-28(b)、图 2-28(c)相同,受控电源均保留在分电路中。由例 2-13 计算结果可得

$$u_{OC} = u_3^{(1)} + u_3^{(2)} = -6 + 9.6 = 3.6 \text{ V}$$

在 a-b 端口处施加电压 $u$,并将原电路中的独立电压源置零,如图 2-32(b)所示,由 KCL 得

$$i = i_2 - i_1$$

根据并联电阻的分流规律,有

$$i_1 = -\frac{4}{6+4}i = -0.4i, i_2 = \frac{6}{6+4}i = 0.6i$$

$$u = -10i_1 + 0.6i \times 4 = 4i + 2.4i = 6.4i$$

入端电阻为
$$R_0 = \frac{u}{i} = 6.4 \ \Omega$$

故等效戴维南电路如图 2-32(c)所示。

(3)计算或测量二端网络的开路电压 $u_{OC}$ 和短路电流 $i_{SC}$,2-33 所示,由戴维南等效电路图 2-33(c)可知,当外电路短路时,电路中的电流等于短路电流 $i_{SC}$,由此求得入端电阻

$$R_0 = \frac{u_{OC}}{i_{SC}}$$

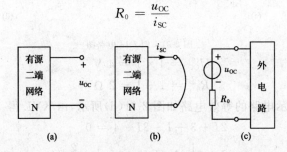

图 2-33 测量法求戴维南等效电路

【**例 2-16**】 对于例 2-14,采用计算二端网络的开路电压和短路电流的方法,求出戴维南等效电路,并计算电压 $U$。

**解** 例 2-14 电路如图 2-31(a)所示,当断开 a-c 端口后,电路如图 2-34(a)所示,开路电压为

$$U_{OC} = 2 \times 1 + 1 - 4 \times 1 = -1 \ \text{V}$$

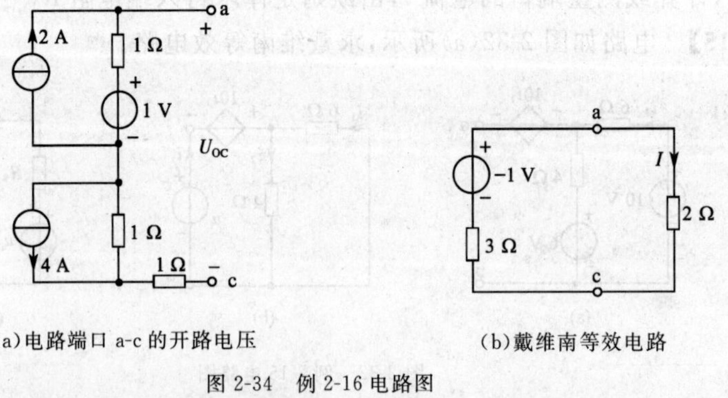

(a)电路端口 a-c 的开路电压

(b)戴维南等效电路

图 2-34 例 2-16 电路图

将 a、c 短路,用叠加定理可求得短路电流

$$I_{SC} = \frac{1}{3} + \frac{2 \times 1}{3} - \frac{4 \times 1}{3} = -\frac{1}{3} \ \text{A}$$

故入端电阻为
$$R_0 = \frac{U_{OC}}{I_{SC}} = 3 \ \Omega$$

因此得到戴维南等效电路如图 2-34(b)所示,2 Ω 电阻上流过的电流为

$$I = \frac{-1}{3+2} = -\frac{1}{5} \text{ A}$$

电压为

$$U = 2I = 2 \times \left(-\frac{1}{5}\right) = -\frac{2}{5} \text{ V}$$

## *2.4.2　诺顿定理

利用戴维南定理可以将一个有源二端网络等效变换为一个实际电压源,而在本章2.2节讨论过实际电压源和实际电流源间的等效变换,因此对于外电路而言,有源二端网络也可以等效变换为一个实际电流源,这种变换用诺顿定理来表述。

诺顿定理表述为:任何一个有源线性二端网络,就其对于外电路作用效果而言,总可以用一个电流源与电阻的并联组合等效。电流源的电流等于该二端网络的端口短路电流,并联电阻等于该二端网络中所有独立电源置零时的端口入端电阻。

如图 2-35(a)所示的有源二端网络 N,就其对外电路的作用而言,等效于如图2-35(b)所示的实际电流源;电流源的电流是将图 2-35(a)所示电路的 a-b 端口短路得到的电流,如图 2-35(c)电路所示;入端电阻是将图 2-35(a)所示电路的有源二端网络 N 的独立电源置零,变为无源二端网络 $N_0$,并将 a-b 端口开路,得到的入端电阻 $R_0$,如图 2-35(d)所示。

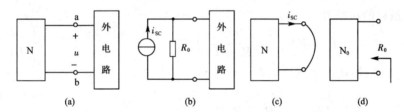

图 2-35　诺顿定理等效电路

【例 2-17】　用诺顿定理求解图 2-36(a)所示电路的支路电流 $I$ 及 3 Ω 电阻消耗的功率。

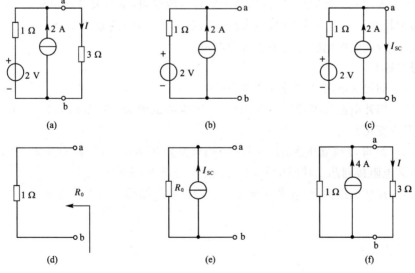

图 2-36　例 2-17 电路图

**解** 将 3 Ω 电阻断开,得到有源二端网络如图 2-36(b)所示,将此电路等效为诺顿电路。

(1)求短路电流 如图 2-36(c)所示,将 a、b 端短路,则短路电流为

$$I_{SC} = 2 + 2 = 4 \text{ A}$$

(2)求入端电阻 如图 2-36(d)所示,将 a、b 端开路且独立电源置零(即 2 A 的电流源开路、2 V 的电压源短路),则入端电阻为 $R_0 = 1$ Ω。

因此有源二端网络的诺顿等效电路如图 2-36(e)所示。

下面求支路电流及 3 Ω 电阻消耗的功率:将 3 Ω 电阻接在 a-b 端口,如图 2-36(f)所示,由分流定律得

$$I = \frac{1}{1+3} \times 4 = 1 \text{ A}$$

因此

$$P = 3I^2 = 3 \times 1 = 3 \text{ W}$$

### 2.4.3 最大功率传输问题

给定一个独立电源的二端网络,如果接在它两端的负载电阻不同,从二端网络传给负载的功率也不同。下面以直流电阻电路为例讨论此问题。

如图 2-37 所示为含有独立电源的二端网络的戴维南等效电路,负载电阻消耗的功率为

$$P = I^2 R_L = \left(\frac{U_{OC}}{R_0 + R_L}\right)^2 R_L$$

当 $dP/dR_L = 0$ 时,功率 $P$ 最大,即

$$\frac{dP}{dR_L} = \frac{U_{OC}^2 (R_0 - R_L)}{(R_0 + R_L)^3} = 0$$

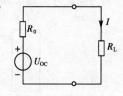

图 2-37 最大功率传输

因此,得到当 $R_L = R_0$ 时,功率取最大值,此最大功率为 $P_{\max} = \dfrac{U_{OC}^2}{4R_0}$。我们称满足 $R_L = R_0$ 时,负载和电源匹配。在电信工程中,由于信号一般很弱,常要求满足功率最大匹配,但传输效率通常较低。在电力系统中,要求输送的功率最大,因此效率十分重要,必须避免匹配现象发生,应使电源电阻远远小于负载电阻。

**思考与练习**

2.4.1 如何求解两种电源等效电路?

2.4.2 当外电路的参数发生变化时,等效电路的参数(开路电压、短路电流、入端电阻)是否发生变化?

2.4.3 测得含独立电源的二端网络的开路电压为 5 V,短路电流是 50 mA,若将 50 Ω 的负载电阻接到此二端网络上,求负载上的电流与端电压。

2.4.4 在什么条件下,含独立电源的二端网络传输功率最大?为什么?

# 2.5 支路电流法

本章前几节介绍了电路分析的基本定理,从这节开始,将介绍几种分析线性电路的一般方法。这些方法采用直接列写电路方程来分析线性电路,并且在列写方程时,一般不改变原电路的形式,而首先选择电路的待求变量(可以选择支路电流、支路电压、网孔电流或节点电压为变量),然后根据 KCL、KVL 建立电路方程,从方程中解出电路变量。

## 2.5.1 线性电路方程的独立性

所谓电路分析,就是给定电路的结构、元件的特性,然后求解电路中各部分的电压和电流、功率等。对于有 $n$ 个节点、$b$ 条支路的电路,将有 $b$ 个支路电流和 $b$ 个支路电压待求,即需要求解 $2b$ 个变量,因此应当能够列写出 $2b$ 个独立的电路方程。

### 1. 支路方程

以支路电流或支路电压作为变量列写的电路方程称为支路方程。一般根据欧姆定律列写支路方程。如图 2-38 所示电路,标定支路电流、电压的参考方向(采用关联参考方向),则对于 6 条支路而言,支路方程为

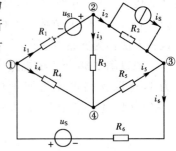

图 2-38 说明支路方程的电路

支路 1  $u_{12} = i_1 R_1 - u_{S1}$

支路 2  $u_{23} = (i_2 - i_S) R_2$

支路 3  $u_{24} = i_3 R_3$

支路 4  $u_{14} = i_4 R_4$

支路 5  $u_{43} = i_5 R_5$

支路 6  $u_{31} = i_6 R_6 - u_S$

显然 6 条支路方程都是独立的。一般地,对于 $n$ 个节点、$b$ 条支路的网络,有 $b$ 个独立的支路方程。

### 2. KCL 方程的独立性

将 KCL 应用于图 2-38 所示电路的各个节点,可得

节点①  $i_1 + i_4 - i_6 = 0$

节点②  $-i_1 + i_2 + i_3 = 0$

节点③  $-i_2 - i_5 + i_6 = 0$

节点④  $-i_3 - i_4 + i_5 = 0$

若把以上 4 个方程的两边分别相加,则等式两边均为零,这表明,4 个方程不是全部独立的。可以验证任意去掉其中的一个方程后,其余 3 个方程是彼此独立的,即具有 4 个节点的电路,只能写出 3 个独立的 KCL 方程。

一般地,具有 $n$ 个节点的电路,按 KCL 只能写出 $(n-1)$ 个独立方程,对应的 $(n-1)$ 个节点称为独立节点,剩余的一个节点称为参考节点。

### 3. KVL 方程的独立性

KVL 适用于网络中的任意回路。一般地,具有 $n$ 个节点、$b$ 条支路的电路,独立回路的个数是 $b-(n-1)$ 个,根据 KVL 只能列写出 $l=[b-(n-1)]$ 个独立方程。为了保证 KVL 方程的独立性,通常可选取网孔来列写 KVL 方程,或保证每次选取的回路都包含一个新的支路。证明略。

综上,具有 $n$ 个节点、$b$ 条支路的电路,有 $b$ 个独立的支路方程,$l=[b-(n-1)]$ 个独立的 KVL 方程,$(n-1)$ 个独立的 KCL 方程,显然,独立方程的个数为 $2b$ 个。

## 2.5.2 支路电流法

对于一个具有 $b$ 条支路和 $n$ 个节点的电路,当以支路电流和支路电压为变量列写方程时,总共有 $2b$ 个未知量。根据支路的伏安关系可列出 $b$ 个支路方程,根据 KCL 可列出 $(n-1)$ 个独立方程,根据 KVL 可以列出 $b-(n-1)$ 个独立方程。总计方程数为 $2b$,与未知量相等,因此,$2b$ 个方程可解出 $2b$ 个支路电压和支路电流。这种方法称为 $2b$ 法。

为了减少求解方程的数目,可以利用支路的伏安关系将各支路电压以支路电流表示,然后代入 KVL 方程,这样,就得到以 $b$ 个支路电流为未知量的 $(n-1)$ 个 KCL 方程和 $b-(n-1)$ 个 KVL 方程。方程的数目从 $2b$ 个减少至 $b$ 个,$b$ 个方程可解出 $b$ 个支路电流。这种方法称为支路电流法。

现以图 2-38 所示的电路为例说明支路电流法的应用。在电路中支路数为 6,节点数为 4,选取支路电流为变量(未知量),共要列出 $n=4-1=3$ 个独立的 KCL 方程,$l=6-(4-1)=3$ 个 KVL 方程。任意选取节点①、②、③,列出 KCL 方程,有

$$\begin{cases} i_1 + i_4 - i_6 = 0 \\ -i_1 + i_2 + i_3 = 0 \\ -i_2 - i_5 + i_6 = 0 \end{cases}$$

选择回路是 3 个网孔,故 3 个 KVL 方程必定独立。按顺时针绕行方向,列出 KVL 方程,有

$$\begin{cases} u_{12} + u_{24} - u_{14} = 0 \\ u_{23} - u_{24} - u_{43} = 0 \\ u_{14} + u_{43} + u_{31} = 0 \end{cases}$$

将支路电压代入上面的 3 个方程,得到

$$\begin{cases} i_1 R_1 - u_{S1} + i_3 R_3 - i_4 R_4 = 0 \\ (i_2 - i_S) R_2 - i_3 R_3 - i_5 R_5 = 0 \\ i_4 R_4 + i_5 R_5 + i_6 R_6 - u_S = 0 \end{cases}$$

移项得

$$\begin{cases} i_1 R_1 + i_3 R_3 - i_4 R_4 = u_{S1} \\ i_2 R_2 - i_3 R_3 - i_5 R_5 = i_S R_2 \\ i_4 R_4 + i_5 R_5 + i_6 R_6 = u_S \end{cases}$$

此 3 个 KVL 方程和 3 个 KCL 方程组成了 6 个关于未知的支路电流 $i_1 \sim i_6$ 的独立方程,即为支路电流方程。求解此方程组,可以求得支路电流,并进而由支路方程求得支路电压。

显然,在支路电流分析方法中,对于 $(n-1)$ 个 KCL 方程,可以规定流出节点的电流

为正,由式(2-1)列方程;对于 $l=[b-(n-1)]$ 个 KVL 方程,以 $\sum R_k i_k = \sum u_{Sk}$ 形式列出方程,其中沿回路绕行方向,方程左端以电压降为正,右端以电压升为正。即当支路电流 $i_k$ 与回路绕行方向一致时,$i_k R_k$ 前取"+"号,反之取"−"号;电压源的参考方向与回路绕行方向一致时,$u_{Sk}$ 前取"−"号,反之取"+"号。

### 2.5.3 支路电流法的计算步骤

利用支路电流法进行电路计算的主要步骤为:

(1)标定各支路电流的参考方向,指定参考节点。

(2)选择 $[b-(n-1)]$ 个独立的回路(通常取网孔),标定各回路绕行方向。

(3)对各独立节点列出 $(n-1)$ 个 KCL 方程。

(4)以 $\sum R_k i_k = \sum u_{Sk}$ 形式写出 $[b-(n-1)]$ 个独立回路的 KVL 方程。

(5)联立求解上述 $b$ 个独立方程,求出各支路电流。

(6)根据需要,求解各支路电压及功率等。

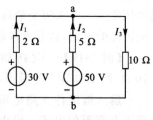

图 2-39　例 2-18 电路图

**【例 2-18】** 电路如图 2-39 所示,求:(1)各支路的电流;(2)计算 10 Ω 电阻的端电压;(3)计算各元件的功率。

**解** (1)求各支路电流

标定各支路电流参考方向如图所示,以节点 b 为参考节点,对独立节点 a 列出 KCL 方程。选取两个网孔,以顺时针绕行方向列出 $3-(2-1)=2$ 个独立的 KVL 方程,得到

$$\begin{cases} -I_1 - I_2 + I_3 = 0 \\ 2I_1 - 5I_2 = 30 - 50 \\ 5I_2 + 10I_3 = 50 \end{cases}$$

即

$$\begin{cases} I_1 + I_2 - I_3 = 0 \\ 2I_1 - 5I_2 = -20 \\ 5I_2 + 10I_3 = 50 \end{cases}$$

解此方程组得

$$\begin{cases} I_1 = -\dfrac{5}{8} \text{ A} \\ I_2 = \dfrac{15}{4} \text{ A} \\ I_3 = \dfrac{25}{8} \text{ A} \end{cases}$$

$I_1$ 为负值,表明该支路电流的实际方向与标定的参考方向相反,30 V 电源被充电。

(2)计算 10 Ω 电阻的端电压

$$U = 10I_3 = 10 \times \frac{25}{8} = \frac{125}{4} \text{ V}$$

(3)计算元件的功率

两个电源发出的功率为

$$P_{30V} = 30I_1 = 30 \times \left(-\frac{5}{8}\right) = -\frac{75}{4} = -18.8 \text{ W}$$

$$P_{50V} = 50I_2 = 50 \times \frac{15}{4} = \frac{750}{4} = 187.5 \text{ W}$$

可见 30 V 电源吸收功率,50 V 电源提供功率。

负载吸收的功率为

$$P_{2\Omega} = 2I_1^2 = 2 \times \left(-\frac{5}{8}\right)^2 = 0.8 \text{ W}$$

$$P_{5\Omega} = 5I_2^2 = 5 \times \left(\frac{15}{4}\right)^2 = 70.3 \text{ W}$$

$$P_{10\Omega} = 10I_3^2 = 10 \times \left(\frac{25}{8}\right)^2 = 97.7 \text{ W}$$

显然            $$P_{30V} + P_{50V} = P_{2\Omega} + P_{5\Omega} + P_{10\Omega}$$

从上例中可以看出,支路电流法要求 $b$ 个支路电压均能用相应的支路电流表示,当一条支路仅含电流源而不存在与之并联的电阻时,可以采用如下方法处理:将电流源两端的电压作为一个求解变量列入方程,同时增加一个辅助方程,即电流源所在支路的电流等于电流源的电流,然后求解联立方程。

**【例 2-19】** 电路如图 2-40 所示,试求流经 10 Ω、15 Ω 电阻的电流及电流源两端的电压。

**解** 指定各支路电流的参考方向如图所示,$I_2$ 等于电流源的电流。设电流源的端电压为 $U$,对节点 a 列写 KCL 方程,以顺时针绕行方向对两个网孔列写 KVL 方程,得到

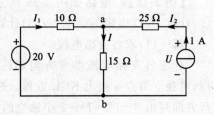

图 2-40　例 2-19 电路图

$$\begin{cases} -I_1 - I_2 + I = 0 \\ 10I_1 + 15I = 20 \\ -25I_2 - 15I = -U \end{cases}$$

增加辅助方程            $I_2 = 1$

解联立方程组得

$$I = 1.2 \text{ A}, I_1 = 0.2 \text{ A}, U = 43 \text{ V}$$

**思考与练习**

2.5.1　对于 $n$ 个节点、$b$ 条支路的网络,求:(1)以支路电流为变量有几个独立变量?(2)如何列出独立的 KCL 方程,共有几个?(3)如何列出独立的 KVL 方程,共有几个?

2.5.2　对于支路电流法,当采用 $\sum R_k i_k = \sum u_{Sk}$ 形式列 KVL 方程时,各项的符号是如何规定的?

2.5.3　如果电路中存在电流源,应当采取什么方法列 KVL 方程,请从理想电流源和实际电流源两种情况分析。

# 2.6　网孔电流法

用支路电流法进行电路计算时,所列方程数目较多,为减少方程数,可选取网孔电流

为电路的变量(未知量)列写方程,即采用网孔电流法简化计算。

## 2.6.1 网孔电流法

### 1. 网孔电流

网孔电流是一种假想的在电路的各个网孔里流动的电流。如图 2-41 所示电路中,沿三个网孔流动的电流 $i_{m1}$、$i_{m2}$、$i_{m3}$,其参考方向如图所示。

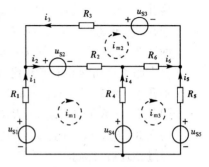

电路中所有支路电流都可以用网孔电流表示,在图 2-41 所示电路中,根据网孔电流与支路电流的流向,可以确定支路电流与网孔电流关系为

$$i_1 = i_{m1}$$
$$i_2 = i_{m1} - i_{m2}$$
$$i_3 = - i_{m2}$$
$$i_4 = - i_{m1} + i_{m3}$$
$$i_5 = - i_{m3}$$
$$i_6 = - i_{m2} + i_{m3}$$

图 2-41 网孔分析举例

这样,只要求出各网孔电流,就可以确定所有支路电流。

### 2. 网孔的自电阻与互电阻

电路中第 $k$ 个网孔内所有电阻之和,称为该网孔的自电阻,简称自阻,用符号 $R_{kk}$ 表示;电路中第 $k$ 个网孔和第 $j$ 个网孔共有的电阻,称为两个网孔的互电阻,简称互阻,用符号 $R_{kj}$ 和 $R_{jk}$ 表示。

自阻总是取正值。互阻是个代数量,当两个相邻网孔的网孔电流以相同的方向流经互阻时,互阻取正值,反之,互阻取负值。两个网孔之间没有共用电阻时,互阻为零;相邻网孔的互阻相等,即 $R_{kj} = R_{jk}$。

根据上述定义,在图 2-41 所示电路中,网孔的自阻分别为

$$R_{11} = R_1 + R_2 + R_4, R_{22} = R_2 + R_3 + R_6, R_{33} = R_4 + R_5 + R_6$$

互阻分别为

$$R_{12} = R_{21} = - R_2 (网孔 1 和 2 的电流流过电阻 R_2 时方向相反,取"-"号)$$
$$R_{13} = R_{31} = - R_4 (网孔 1 和 3 的电流流过电阻 R_4 时方向相反,取"-"号)$$
$$R_{23} = R_{32} = - R_6 (网孔 2 和 3 的电流流过电阻 R_6 时方向相反,取"-"号)$$

### 3. 网孔电流方程

网孔电流是沿着闭合回路流动的,它从网孔中某一个节点流入,同时又从这个节点流出。也就是说,网孔电流在所有节点处都自动满足 KCL,因此不必对各独立节点另列 KCL 方程,与支路电流法相比,可以省去 $(n-1)$ 个 KCL 方程,而只列出 $l = [b - (n-1)]$ 个 KVL 方程,使方程数减少为网孔数。即对于 $l$ 个网孔,应用 KVL 列出网孔方程就可以求出网孔电流,并由支路电流与网孔电流的关系,进而求出支路电流。

在列写网孔方程时,原则上与支路电流法中列写 KVL 方程一样,只是需要用网孔电流表示各电阻上的电压,且当电阻中同时有几个网孔电流流过时,应该把各网孔电流引起

的电压都计算进去。通常,选取网孔的绕行方向与网孔电流的参考方向一致,然后列出网孔方程。下面通过图 2-41 所示电路加以说明。

对于图 2-41 所示电路,首先按照支路电流法,以 3 个网孔为研究对象,沿网孔电流的绕行方向列出 KVL 方程,有

网孔 1　$R_1 i_1 + R_2 i_2 - R_4 i_4 = u_{S1} - u_{S2} - u_{S4}$

网孔 2　$-R_2 i_2 - R_3 i_3 - R_6 i_6 = u_{S2} - u_{S3}$

网孔 3　$R_4 i_4 - R_5 i_5 + R_6 i_6 = u_{S4} - u_{S5}$

将支路电流用网孔电流替代,得到

网孔 1　$R_1 i_{m1} + R_2 (i_{m1} - i_{m2}) - R_4 (-i_{m1} + i_{m3}) = u_{S1} - u_{S2} - u_{S4}$

网孔 2　$-R_2 (i_{m1} - i_{m2}) - R_3 (-i_{m2}) - R_6 (-i_{m2} + i_{m3}) = u_{S2} - u_{S3}$

网孔 3　$R_4 (-i_{m1} + i_{m3}) - R_5 (-i_{m3}) + R_6 (-i_{m2} + i_{m3}) = u_{S4} - u_{S5}$

经过整理后,得到

网孔 1　$(R_1 + R_2 + R_4) i_{m1} - R_2 i_{m2} - R_4 i_{m3} = u_{S1} - u_{S2} - u_{S4}$

网孔 2　$-R_2 i_{m1} + (R_2 + R_3 + R_6) i_{m2} - R_6 i_{m3} = u_{S2} - u_{S3}$

网孔 3　$-R_4 i_{m1} - R_6 i_{m2} + (R_4 + R_5 + R_6) i_{m3} = u_{S4} - u_{S5}$

这就是以网孔电流为未知量列写的 KVL 方程,称为网孔方程。若将自阻与互阻符号代入方程,方程组可以进一步写为

$$\begin{cases} R_{11} i_{m1} + R_{12} i_{m2} + R_{13} i_{m3} = u_{S11} \\ R_{21} i_{m1} + R_{22} i_{m2} + R_{23} i_{m3} = u_{S22} \\ R_{31} i_{m1} + R_{32} i_{m2} + R_{33} i_{m3} = u_{S33} \end{cases}$$

其中 $u_{S11} = u_{S1} - u_{S2} - u_{S4}$,$u_{S22} = u_{S2} - u_{S3}$,$u_{S33} = u_{S4} - u_{S5}$。方程组即为用自阻与互阻表示的网孔电流方程。

一般地,如果规定 $u_{Skk}$ 表示网孔电压源电压升的代数和,即各电压源电压按绕行方向,是由负极到正极,取"+"号;相反则取"−"号。对于具有 $n$ 个节点、$b$ 条支路的电路,其 $l = [b - (n-1)]$ 个网孔电流方程可以表示为下列一般形式

$$\begin{cases} R_{11} i_{m1} + R_{12} i_{m2} + \cdots + R_{1l} i_{ml} = u_{S11} \\ R_{21} i_{m1} + R_{22} i_{m2} + \cdots + R_{2l} i_{ml} = u_{S22} \\ \vdots \\ R_{l1} i_{m1} + R_{l2} i_{m2} + \cdots + R_{ll} i_{ml} = u_{Sll} \end{cases} \tag{2-7}$$

**4. 网孔电流法**

综上所述,以 $l = [b - (n-1)]$ 个网孔电流为未知量,按照 KVL 建立 $l$ 个网孔方程,即将支路电流表示的电压代入 KVL 方程,并将支路电流用网孔电流表示,列出网孔方程,求解电路未知量的方法,称为网孔电流法。

与支路电流法相比,网孔电流法省去了 $(n-1)$ 个 KCL 方程,使方程组的求解变得简单易行,尤其对于节点数较多、网孔数较少的电路,使用网孔电流法分析电路比较方便。

## 2.6.2　网孔电流法的计算步骤

利用网孔电流法进行电路计算的主要步骤为:

（1）选定各网孔电流的参考方向，并以此方向作为回路的绕行方向。

（2）按自阻、互阻和电源符号的取值规则列写 $l=[b-(n-1)]$ 个网孔电流方程。

（3）求解网孔电流方程，得出网孔电流。

（4）指定支路电流的参考方向，按照支路电流与网孔电流的关系，求网孔电流的代数和，从而求出支路电流，再求解其他待求量。

以上通过网孔电流求支路电流（尤其是公共支路上的电流）的过程，实际是叠加原理应用的体现。

使用网孔电流法时，如果电路中存在电流源与电阻的并联组合，先把它们等效变换成电压源与电阻串联的组合；如果电路中存在理想电流源支路，且为边界支路时，该网孔的电流即等于理想电流源的电流；如果电路中存在理想电流源支路，且不为边界支路时，可以假设理想电流源支路的端电压为 $u$，并补充一个与理想电流源的电流有关的方程，然后再按上述步骤求解。

【例 2-20】　电路如图 2-42 所示，试用网孔电流法求支路电流 $I$、$I_{2\Omega}$、$I_{4\Omega}$ 及电压 $U$。

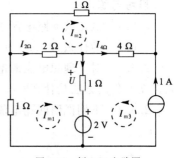

图 2-42　例 2-20 电路图

**解**　标定网孔电流 $I_{m1}$、$I_{m2}$、$I_{m3}$ 的参考方向如图所示。网孔 3 中有一个 1 A 的理想电流源，因其在网孔 3 的边界支路，故 $I_{m3}=1$ A，因此不需要再列写网孔 3 的方程。

按照网孔电流法的规则，分别列出网孔 1、网孔 2 的方程为

网孔 1　$(1+2+1)I_{m1}-2I_{m2}+I_{m3}=-2$

网孔 2　$-2I_{m1}+(2+4+1)I_{m2}+4I_{m3}=0$

将 $I_{m3}=1$ A 代入，整理得到联立方程组为

$$\begin{cases} 4I_{m1}-2I_{m2}=-3 \\ -2I_{m1}+7I_{m2}=-4 \end{cases}$$

解得

$$I_{m1}=-\frac{29}{24}\text{ A}, \quad I_{m2}=-\frac{11}{12}\text{ A}$$

所以

$$I=I_{m1}+I_{m3}=-\frac{29}{24}+1=-\frac{5}{24}\text{ A}$$

$$I_{2\Omega}=I_{m1}-I_{m2}=-\frac{29}{24}+\frac{11}{12}=-\frac{7}{24}\text{ A}$$

$$I_{4\Omega}=-I_{m2}-I_{m3}=\frac{11}{12}-1=-\frac{1}{12}\text{ A}$$

$$U=1\times I=-\frac{5}{24}\text{ V}$$

【例 2-21】　电路如图 2-43（a）所示，试用网孔电流法求网孔电流 $I_a$ 及 $I_b$。

**解**　图 2-43（a）所示电路，含有理想电流源和电阻并联的支路，首先将其化为等效的电压源和电阻串联的支路，如图 2-43（b）所示。

对于 1 A 的理想电流源支路，设支路的端电压为 $U$，引进辅助方程

$$-I_a+I_b=1$$

再分别列出网孔 a、b 的方程为

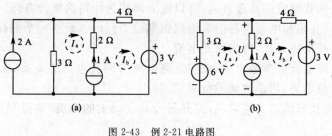

图 2-43　例 2-21 电路图

$$\begin{cases} 3I_a = 6 - U \\ 4I_b = -3 + U \end{cases}$$

与辅助方程联立,解得

$$I_a = -\frac{1}{7} \text{ A}, I_b = \frac{6}{7} \text{ A}, U = \frac{45}{7} \text{ V}$$

**思考与练习**

2.6.1　试比较支路电流法和网孔电流法,总结两种方法适用电路的特点。

2.6.2　为什么式(2-7)中自阻总是正值,互阻为代数量,并且 $R_{kj} = R_{jk}$,符号相同?

2.6.3　对于理想电流源电路,如何用网孔电流法进行电路计算? 引进补充方程时,列补充方程的方法是什么?

2.6.4　举例说明网孔电流与支路电流的关系。

# 2.7　节点电压法

当电路中网孔数量较多时,应用网孔电流法进行电路计算亦比较烦琐,通常可采用以节点电压为电路的变量(未知量)列出方程。这种方法广泛应用于电路的计算机辅助分析,因而已成为网络分析中最重要的方法之一。

## 2.7.1　节点电压法

### 1.节点电压

在电路中任意选一节点作为参考节点,电路其余节点称为独立节点。独立节点与参考节点之间的电压称为节点电压,假设节点电压的参考方向总是由独立节点指向参考节点,则节点电压等于节点电位。例如,在图 2-44 所示的电路中,如果选择节点 3 作为参考节点,则节点 1、2 为独立节点,它们与节点

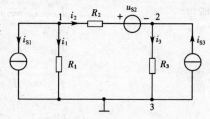

图 2-44　节点电压法举例

3 之间的电压就称为节点电压,可以用 $u_{n1}$、$u_{n2}$ 表示,其参考方向由独立节点指向参考节点。

电路中所有支路电压都可以用节点电压表示。对于连接在独立节点和参考节点之间的支路,它的支路电压就是节点电压;对于连接在各独立节点之间的支路,它的支路电压则是两个相关的节点电压之差。

在图 2-44 所示的电路中,支路 13、23 接在独立节点和参考节点之间,其支路电压为

$$u_{13} = u_{n1}, \quad u_{23} = u_{n2}$$

而支路 12 接在独立节点 1、2 之间,其支路电压为

$$u_{12} = u_{n1} - u_{n2}$$

因此,只要求出节点电压,就能确定所有支路的电压。

### 2. 节点的自电导与互电导

与电路中第 $k$ 个节点直接相连接的支路所有电导之和,称为该节点的自电导,简称自导,用符号 $G_{kk}$ 表示;电路中第 $k$ 个节点和第 $j$ 个节点共有的电导,称为两个节点的互电导,简称互导,用符号 $G_{kj}$ 和 $G_{jk}$ 表示。相邻节点的互导相等,即 $G_{kj}=G_{jk}$。

由于假设节点电压的参考方向总是由独立节点指向参考节点,所以各节点电压在自导中引起的电流总是流出该节点的,因而自导总是正的;另一节点电压通过互导引起的电流总是流入该节点的,因而互导总是负的;两个节点之间没有电导时,互导为零。当含有受控电源支路时,互导的大小不一定相等,且符号也要根据实际情况确定。

根据上述定义,在图 2-44 所示电路中,节点 1、2 的自导分别为

$$G_{11} = G_1 + G_2 = \frac{1}{R_1} + \frac{1}{R_2}, \quad G_{22} = G_2 + G_3 = \frac{1}{R_2} + \frac{1}{R_3}$$

节点 1、2 的互导为

$$G_{12}=G_{21}=-G_2=-\frac{1}{R_2}$$

### 3. 节点电压方程

由于节点电压是相互独立的,所以不论它们取何值,总能满足 KVL。在图 2-44 所示的电路中,对于闭合回路 1231,KVL 方程为

$$u_{12} - u_{n1} + u_{n2} = 0$$

此即为 $u_{12}=u_{n1}-u_{n2}$,等同于用节点 1、2 的电压表示的支路电压。因此建立电路方程时,可以不考虑 KVL 方程,只对 $(n-1)$ 个独立的节点使用 KCL 列出电路方程,求出节点电压,并进而求出其他待求量。即指定电压后,电路中所有回路自动满足 KVL,不必另列方程,只需列出 KCL 方程,使方程数减少为 $(n-1)$ 个,未知量也是 $(n-1)$ 个。下面通过图 2-44 所示电路具体说明。

为了使方程包含未知量 $u_{n1}$、$u_{n2}$,首先运用欧姆定律找出各电阻上电压与电流的关系,得

$$i_1 = G_1 u_{n1}, i_3 = G_3 u_{n2}, i_2 = G_2(u_{12} - u_{S2}) = G_2(u_{n1} - u_{n2} - u_{S2})$$

应用 KCL 列写独立节点方程,得

节点 1　$i_1 + i_2 + i_{S1} = 0$

节点 2　$-i_2 + i_3 - i_{S3} = 0$

将用节点电压表示的电流代入上式,得到

节点 1　$G_1 u_{n1} + G_2(u_{n1} - u_{n2} - u_{S2}) = -i_{S1}$

节点 2　$-G_2(u_{n1} - u_{n2} - u_{S2}) + G_3 u_{n2} = i_{S3}$

经过整理后得到

节点 1　$(G_1 + G_2)u_{n1} - G_2 u_{n2} = G_2 u_{S2} - i_{S1}$

节点 2 　$-G_2 u_{n1} + (G_2 + G_3) u_{n2} = -G_2 u_{S2} + i_{S3}$

这就是以节点电压为未知量的节点电压方程。

若令 $i_{S11} = -i_{S1} + i_{S2}$，$i_{S22} = -i_{S2} + i_{S3}$，其中 $i_{S2} = G_2 u_{S2}$，并将自导与互导符号代入方程，可以进一步写成

$$\begin{cases} G_{11} u_{n1} + G_{12} u_{n2} = i_{S11} \\ G_{21} u_{n1} + G_{22} u_{n2} = i_{S22} \end{cases}$$

这就是具有两个独立节点电路的节点电压方程的一般形式。

一般地，如果规定 $i_{Skk}$ 表示电流源第 $k$ 个节点流入电流的代数和，并规定各电流源电流，流入节点的，取"＋"号；相反则取"－"号。对于具有 $n$ 个节点、$b$ 条支路的电路，其 $(n-1)$ 个独立节点电压方程可以表示为下列一般形式

$$\begin{cases} G_{11} u_{n1} + G_{12} u_{n2} + \cdots + G_{1(n-1)} u_{n(n-1)} = i_{S11} \\ G_{21} u_{n1} + G_{22} u_{n2} + \cdots + G_{2(n-1)} u_{n(n-1)} = i_{S22} \\ \vdots \\ G_{(n-1)1} u_{n1} + G_{(n-1)2} u_{n2} + \cdots + G_{(n-1)(n-1)} u_{n(n-1)} = i_{S(n-1)(n-1)} \end{cases} \tag{2-8}$$

**4. 节点电压法**

综上所述，对于具有 $n$ 个节点、$b$ 条支路的电路，任意假定一个参考节点，将 $b$ 条支路的电压用两相关节点的电压表示，并将支路电流用支路电压表示，根据 KCL 列出 $(n-1)$ 个独立节点的节点电压方程，求解未知量的方法，称为节点电压法。

与支路电流法相比，节点电压法省去了 $[b-(n-1)]$ 个 KVL 方程，使方程组的求解变得简单易行，尤其对于节点数目较少、网孔数目较多的电路求解更为方便。

## 2.7.2 节点电压法的计算步骤

节点电压法进行电路计算的主要步骤：

(1)指定参考节点，其余独立节点对参考节点的电压为该节点电压，规定其参考方向为由独立节点指向参考节点。

(2)按自导、互导和电源符号的取值规则，列出 $(n-1)$ 个独立节点的节点电压方程。

(3)求解节点电压方程，得出节点电压。

(4)指定支路电流的参考方向，根据欧姆定律求出各支路电流，并求解其他待求量。

当使用节点电压法时，需要注意以下几种情况：

第一，如果电路中存在电压源与电阻串联的组合，先把它们等效变换为电流源与电阻并联的组合，然后再列写节点电压方程。

第二，当电路中的电压源没有电阻与之串联时，可以采用：①尽可能选取电压源支路的负极性端作为参考节点，这时该支路的另一端电压成为已知量，即等于该电压源电压，因而不必再对这个节点列节点电压方程。②把电压源中的电流作为变量(未知量)写出节点电压方程，并将电压源电压与两端节点电压的关系作为补充方程一并求解。

第三，当电流源支路串联电阻时，由于该支路的电流由电流源的电流决定，与串联的电阻无关，因此该串联电阻不计入自导或互导中。

第四，当电路中含有受控电源时，在建立节点电压方程时，要先把控制量用节点电压

表示,并暂时把它当作独立电流源处理,列出节点电压方程,然后将用节点电压表示的受控电流源移到节点电压方程式的左边求解。

【例 2-22】　用节点电压法求图 2-45 所示电路中 3 Ω电阻消耗的功率。

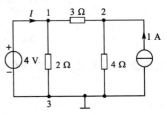

**解**　取节点 3 为参考节点,该电路中含有理想电压源支路,该电压源没有串联的电阻,假设该支路电流为 $I$,列出节点电压方程为

$$\begin{cases} \left(\dfrac{1}{2}+\dfrac{1}{3}\right)U_1 - \dfrac{1}{3}U_2 = I \\ -\dfrac{1}{3}U_1 + \left(\dfrac{1}{3}+\dfrac{1}{4}\right)U_2 = 1 \end{cases}$$

图 2-45　例 2-22 电路图

由于 4 V 电压源直接接在独立节点 1 与参考节点间,因此节点 1 的电压即等于电压源的电压,故引进补充方程

$$U_1 = 4$$

将此补充方程代入上述方程组,解得

$$U_2 = 4 \text{ V}, I = 2 \text{ A}$$
$$U_{12} = U_1 - U_2 = 4 - 4 = 0$$

故
$$P_{3\Omega} = 0$$

【例 2-23】　用节点电压法求图 2-46(a)所示电路各节点的电位。

**解**　取节点 0 为参考节点。本例中含有 2 个电压源与电阻串联支路 34、40,将其等效化为电流源与电阻并联支路,如图 2-46(b)所示;另外,对于 4 A 电流源与 3 Ω电阻串联的支路 13,等效于 4 A 电流源支路,如图 2-46(b)所示。

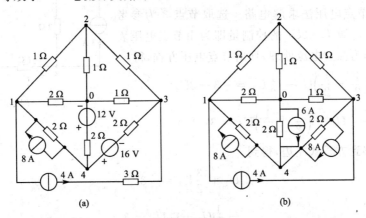

(a)　　　　　　　　　　　(b)

图 2-46　例 2-23 电路图

各节点的自导和互导为

$$G_{11} = \frac{1}{1}+\frac{1}{2}+\frac{1}{2} = 2 \text{ S}, \quad G_{22} = \frac{1}{1}+\frac{1}{1}+\frac{1}{1} = 3 \text{ S}$$

$$G_{33} = \frac{1}{1}+\frac{1}{1}+\frac{1}{2} = \frac{5}{2} \text{ S}, \quad G_{44} = \frac{1}{2}+\frac{1}{2}+\frac{1}{2} = \frac{3}{2} \text{ S}$$

$$G_{12} = G_{21} = -1\,\text{S}, \qquad G_{24} = G_{42} = 0$$

$$G_{13} = G_{31} = 0, \qquad G_{14} = G_{41} = -\frac{1}{2}\,\text{S}$$

$$G_{23} = G_{32} = -1\,\text{S}, \qquad G_{34} = G_{43} = -\frac{1}{2}\,\text{S}$$

电流源注入各节点电流的代数和为

$$I_{S11} = 8 - 4 = 4\,\text{A}$$
$$I_{S22} = 0$$
$$I_{S33} = -8 + 4 = -4\,\text{A}$$
$$I_{S44} = 6 + 8 - 8 = 6\,\text{A}$$

因此得到节点电压方程组

$$\begin{cases} 2U_1 - U_2 - \dfrac{1}{2}U_4 = 4 \\[2mm] -U_1 + 3U_2 - U_3 = 0 \\[2mm] -U_2 + \dfrac{5}{2}U_3 - \dfrac{1}{2}U_4 = -4 \\[2mm] -\dfrac{1}{2}U_1 - \dfrac{1}{2}U_3 + \dfrac{3}{2}U_4 = 6 \end{cases}$$

解此方程组得各节点电位分别为

$$U_1 = 4\,\text{V}, U_2 = \frac{4}{3}\,\text{V}, U_3 = 0, U_4 = \frac{16}{3}\,\text{V}$$

**【例 2-24】** 含受控电源电路如图 2-47 所示,求受控电源支路的电流。

**解** 用节点电压法求解电路。选取节点 3 为参考节点,则受控电源 $I_c = 2U_2$ 的控制量即为用节点电压表示,先将其作为独立电源处理,列出节点电压方程,得

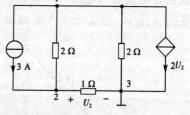

图 2-47 例 2-24 电路图

$$\begin{cases} \left(\dfrac{1}{2} + \dfrac{1}{2}\right)U_1 - \dfrac{1}{2}U_2 = -3 - 2U_2 \\[2mm] -\dfrac{1}{2}U_1 + \left(\dfrac{1}{2} + \dfrac{1}{1}\right)U_2 = 3 \end{cases}$$

将含 $U_2$ 项移到方程式左边,得到

$$\begin{cases} U_1 + \dfrac{3}{2}U_2 = -3 \\[2mm] -\dfrac{1}{2}U_1 + \dfrac{3}{2}U_2 = 3 \end{cases}$$

解方程组求得

$$U_1 = -4\,\text{V}, U_2 = \frac{2}{3}\,\text{V}$$

所以

$$I_c = 2 \times \frac{2}{3} = \frac{4}{3}\,\text{A}$$

### 2.7.3　弥尔曼定理

只有一对节点的电路的特点是各支路都接在同一对节点之间,选取参考节点后,只剩下一个独立节点,因而应用节点电压法时只有一个方程。

**【例 2-25】**　图 2-48(a)为只有一对节点的电路,可以用节点电压法直接求出独立节点的电压。

**解**　先将电压源变换成电流源,如图 2-48(b)所示。其中

$$i_{S1} = \frac{U_{S1}}{R_1}$$

$$i_{S2} = \frac{U_{S2}}{R_2}$$

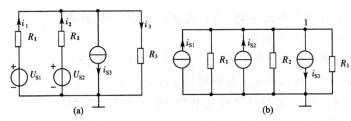

图 2-48　例 2-25 电路图

设独立节点 1 的电压为 $u_{n1}$,按照电流源的参考方向得节点电压方程为

$$\left(\frac{1}{R_1} + \frac{1}{R_2} + \frac{1}{R_3}\right)u_{n1} = i_{S1} + i_{S2} - i_{S3}$$

即

$$(G_1 + G_2 + G_3)u_{n1} = i_{S1} + i_{S2} - i_{S3}$$

若令

$$i_S = i_{S1} + i_{S2} - i_{S3}$$

$$G = G_1 + G_2 + G_3$$

则节点电压 $u_{n1}$ 可以表示为

$$
\begin{aligned}
u_{n1} = \frac{i_S}{G} &= \frac{\dfrac{U_{S1}}{R_1} + \dfrac{U_{S2}}{R_2} - i_{S3}}{\dfrac{1}{R_1} + \dfrac{1}{R_2} + \dfrac{1}{R_3}} \\
&= \frac{G_1 U_{S1} + G_2 U_{S2} - i_{S3}}{G_1 + G_2 + G_3}
\end{aligned}
\tag{2-9}
$$

式中,各电流源电流流入节点时,取"+"号;流出节点时,取"-"号。

一般地,电路为双节点电路,有多条支路,并含有多个电压源和电流源时,节点间电压

$$u_{12} = \frac{\sum G_i U_{Si} + \sum i_{Sj}}{\sum G_k} = \frac{\sum I_S}{\sum G}
\tag{2-10}$$

称为弥尔曼定理。含电压源的各项中,当电压源支路的正极性端接到独立节点 1 时,$U_{Si}$ 取"+"号,反之取"-"号。利用弥尔曼定理求出节点电压后,再根据欧姆定律,就可求出各支路的电流。

【例 2-26】 已知图 2-48(a)所示电路中各电路元件的参数为：$R_1 = 2\ \Omega$，$R_2 = 1\ \Omega$，$R_3 = 4\ \Omega$，$i_{S3} = 3$ A，$U_{S1} = 4$ V，$U_{S2} = 2$ V。试用弥尔曼定理求解各支路电流。

**解** 将已知数据代入式(2-9)中，可以求得

$$U_1 = \cfrac{\cfrac{1}{2} \times 4 + \cfrac{1}{1} \times 2 - 3}{\cfrac{1}{2} + \cfrac{1}{1} + \cfrac{1}{4}} = \cfrac{4}{7}\ \text{V}$$

由此可得各支路电流分别为

$$I_1 = \frac{-U_1 + U_{S1}}{R_1} = \frac{12}{7}\ \text{A}, \quad I_2 = \frac{-U_1 + U_{S2}}{R_2} = \frac{10}{7}\ \text{A}, \quad I_3 = \frac{U_1}{R_3} = \frac{1}{7}\ \text{A}$$

双节点电路在电力系统中应用较多，用弥尔曼定理可以很方便地求解。

**思考与练习**

2.7.1 对于含独立电源电路，为什么式(2-8)中自导总是正值，互导 $G_{kj} = G_{jk}$，且总是负值？

2.7.2 对于理想电压源的电路，如何用节点电压法进行电路计算？引进补充方程时，补充方程列写的方法是什么？

2.7.3 如图 2-49 所示的电路有几个节点？是双节点电路吗？负载电流是多少？

2.7.4 你认为哪种电路分析方法方便实用？在分析计算时，如何选择一种合适的分析方法？

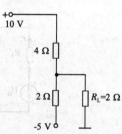

图 2-49 题 2.7.3 图

# 2.8 替代定理与对偶原理

在电路的分析计算中，有时还会用到替代定理和对偶原理，不仅可以使问题简化，还可以大大地帮助我们理解概念、分析问题，也是电路分析和计算中很好的工具。

## 2.8.1 替代定理

在计算电路时，若某段电路(某元件两端)的电压已知或已经求出，就可以将这段电路(或这个元件)换成电压大小、方向都相同的理想电压源；同理，若某支路电流(或流过某元件的电流)已知或已经求出，就可以将这条支路(或这个元件)换成电流大小、方向都相同的理想电流源。这样替换之后，对电路其他部分没有影响。这个结论就称为替代定理或置换定理。

根据替代定理，当电路中非线性元件的电压或电流已知时，就可以用相应的电压源或电流源来代替此非线性元件，从而使非线性电路变成线性电路，当然也使问题的分析计算过程大大简化。

不过必须注意："替代"与"等效"不同，当电路外部情况变化后，可能引起各处电压、电流的变化，替代时的电压、电流也必须跟着变化(或说"替代"具有瞬时性)；而"等效"则不然，无论外部情况如何，等效变换后电路中的参数总是不变的。

## 2.8.2 对偶原理

自然界中许多物理现象和系统常常以对偶的形式出现。先以我们熟悉的两种电源模型等效变换为例进行分析。

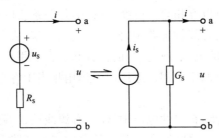

图 2-50　两种电源模型的等效变换

在上图的这两种电源模型中，就存在电压源与电流源对偶、电阻与电导对偶、串联与并联对偶等关系，结论是这两种对偶的模型都可以作为某实际电源的电路模型，并且它们二者之间也可以进行等效互换。

其实在电阻电路中还存在着许多对偶关系，例如，开路与短路、开路电压与短路电流、电压与电流、节点与回路、节点电位与网孔电流、KCL 与 KVL、Y 形连接与 △ 形连接等。

在电路中，当结合某些物理量和电路名词的某一理论成立时，结合与它们对偶的物理量和电路名词的对应理论也一定成立，这个原理就称为电路中的对偶原理。

例如，若开路时电压为零，则短路时电流也一定为零；若节点电流代数和为零，则回路电压代数和也一定为零；若串联时总电阻等于各分电阻之和，则并联时总电导也一定等于各分电导之和。

显然，由对偶原理得出的上述结论的确都是成立的。人们在科学探索的过程中，如能正确识别对偶量、对偶属性、对偶现象、对偶性质或概念，并对相应的规律性进行总结和分析，就常常能帮助我们更好地理解一些科学原理或帮助我们对照记忆某些客观规律，甚至有时还会导致新的发现或新的发明。

# 本 章 小 结

1.等效变换的概念和电路的化简

(1)两个二端网络等效是指它们对外电路进行分析时的作用是相同的。

(2)$n$ 个电阻串联，其等效电阻为 $n$ 个电阻之和，$n$ 个电导并联，其等效电导为 $n$ 个电导之和。经常地，当 $R=R_1//R_2$ 时，应用公式 $R=\dfrac{R_1R_2}{R_1+R_2}$ 更为方便。

(3)三个电阻元件首尾相接，连成一个三角形，这种连接方式称为三角形连接，简称△形连接，三角形的三个顶点是电路的三个节点；三个电阻元件的一端连接在一起，另一端分别连接到电路的三个节点上，这种连接方式称为星形连接，简称 Y 形连接。这两种三端电阻网络的典型连接方式之间可以进行等效互换。

（4）数个电流源并联电路，可按 KCL 简化为一个等效的电流源；数个电压源串联电路，可按 KVL 简化为一个等效的电压源。应特别注意新等效的电流源方向和电压源极性。

（5）一个电压源串联一个电阻的二端网络（$U_S$ 串联 $R_S$）与一个电流源并联一个电导的二端网络（$I_S$ 并联 $G_S$）可以互相等效变换，且此等效关系式应熟练掌握。

2.叠加定理的内容是：在线性电路中，任一支路的电流（或电压）等于每一个电源单独作用时在这一支路所产生的电流（或电压）的代数和。在应用叠加定理计算某个电源单独作用时，必须让其他独立电源不作用。电压源不作用相当于将它短路，电流源不作用相当于将它开路。

3.戴维南定理的内容是：在线性电路中，任一有源线性二端网络可以等效为一个由电压源 $U_{OC}$ 和电阻 $R_0$ 串联的二端网络；$U_{OC}$ 等于原来网络的开路电压。$R_0$ 等于原来网络中所有电源为零时两端间的等效电阻。应用戴维南定理求电路中某一支路的电流或电压比较方便。

4.以支路电流为未知量列写独立的 KCL、KVL 方程求解电路的方法叫支路电流法；而分别再以网孔电流或节点电压为未知量列写相应的独立方程求解电路的方法分别称为网孔电流法和节点电压法，它们都属于系列的电路方程法。其中作为节点电压法特例的弥尔曼定理（表达式为：$U_{AB} = \dfrac{\sum I_S}{\sum G}$）可直接求出只有两节点电路的节点之间的电压，应熟记并领会此公式。

5.替代定理与对偶原理在本章中虽未直接应用于运算，却在电路分析中给我们带来新的思维方式，有助于解决许多不容易熟练掌握的问题。

# 习题 2

2-1 如图 2-51 所示，将一只量程为 50 $\mu A$、内阻为 1 $k\Omega$ 的电流表，改装为具有 30 V、100 V、300 V 三种量程的电压表，计算串联电阻 $R_1$、$R_2$、$R_3$ 的阻值。

2-2 如图 2-52 所示，将一只量程为 50 $\mu A$、内阻为 1 $k\Omega$ 的电流表，改装为具有 5 mA、10 mA、100 mA 三种量程的电流表，计算并联电阻 $R_1$、$R_2$、$R_3$ 的阻值。

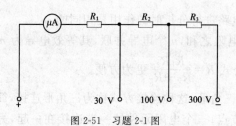

图 2-51 习题 2-1 图

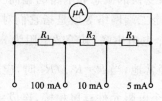

图 2-52 习题 2-2 图

2-3 如图 2-53(a)、(b)、(c)所示各电路,求 a-b 端口的等效电阻。

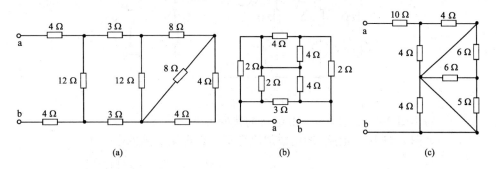

图 2-53 习题 2-3 图

2-4 如图 2-54 所示电路,求端电压 $U_{ab}$、$U_{bc}$。

2-5 如图 2-55 所示电路,用 Y-△等效变换求 $U_{bd}$、$U_{ac}$。

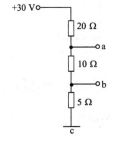

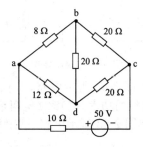

图 2-54 习题 2-4 图　　　　　图 2-55 习题 2-5 图

2-6 图 2-56 所示电路中滑线变阻器作为分压器使用,已知 $R=1$ k$\Omega$,额定电流为1.8 A,外加电压为 $U_1=$ 220 V,$R_1=100$ $\Omega$,(1)用内阻为 5 k$\Omega$ 的电压表测量电压,电压表的示数为多少? (2)若误将内阻为 0.1 $\Omega$、量程为 2 A 的电流表接入电路,会产生什么后果?

2-7 电路如图 2-57 所示,将其等效化简为一个电压源模型。

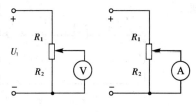

图 2-56 习题 2-6 图

2-8 电路如图 2-58 所示,将其等效化简为一个电流源模型。

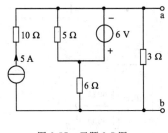

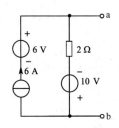

图 2-57 习题 2-7 图　　　　　图 2-58 习题 2-8 图

2-9 利用电源的等效变换求图 2-59 所示电路的支路电流 $I$。

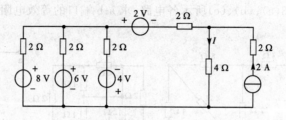

图 2-59　习题 2-9 图

2-10　写出图 2-60 所示电路 a-b 端口的伏安关系。

2-11　如图 2-61 所示电路,试用叠加原理求 6 Ω 电阻支路的电流 $I$。

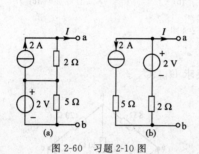

图 2-60　习题 2-10 图

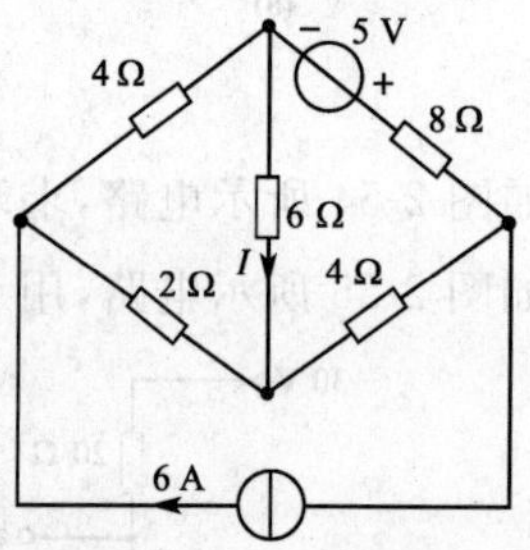

图 2-61　习题 2-11 图

2-12　如图 2-62 所示电路,(1)试用叠加原理求 6 V 电压源支路的电流 $I$;(2)计算 6 V 电压源提供的功率;(3)5 Ω 电阻消耗的功率。

2-13　如图 2-63 所示电路,试用叠加原理求支路的电流 $I$。

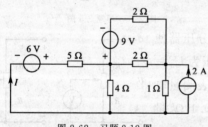

图 2-62　习题 2-12 图

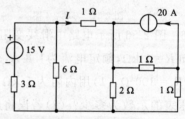

图 2-63　习题 2-13 图

2-14　如图 2-64 所示电路,求 7 Ω 电阻支路的电流 $I$。

2-15　如图 2-65 所示电路,求等效戴维南电路。

2-16　电路如图 2-66 所示,已知负载电阻 $R_L=64$ Ω,求负载电阻中的电流及消耗的功率。

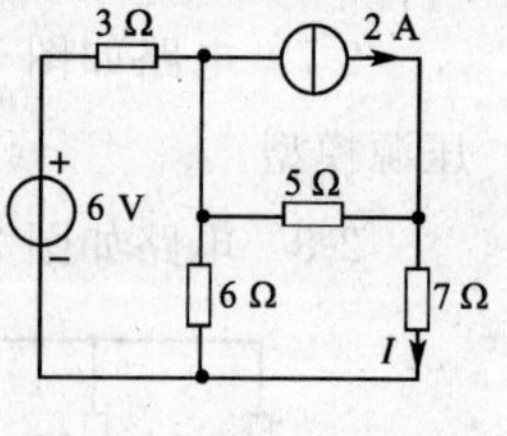

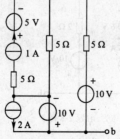

图 2-65　习题 2-15 图

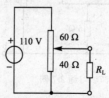

图 2-64　习题 2-14 图

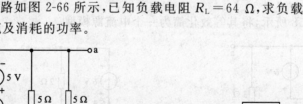

图 2-66　习题 2-16 图

2-17　如图 2-67 所示电路,求 a-b 端口的等效戴维南电路。

2-18　如图 2-68 所示电路,(1)求 a-b 端口的等效戴维南电路;(2)若在 a-b 端口连接一个 3 Ω 的负载电阻,求负载电流。

2-19　如图 2-69 所示电路,求 a-b 端口的等效戴维南电路。

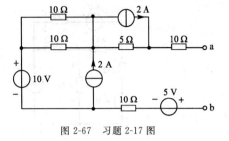

图 2-67　习题 2-17 图

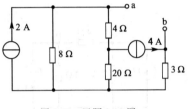

图 2-68　习题 2-18 图

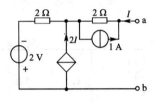

图 2-69　习题 2-19 图

2-20　如图 2-70 所示电路,用支路电流法求支路电流。

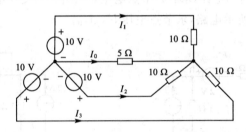

图 2-70　习题 2-20 图

2-21　如图 2-71 所示电路,两组蓄电池并联供电,试用支路电流法求各支路电流,并计算两组蓄电池输出的功率及负载消耗的功率。

2-22　如图 2-72 所示电路,用支路电流法求 2 Ω、3 Ω 电阻的支路电流,并计算它们消耗的功率。

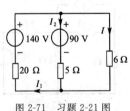

图 2-71　习题 2-21 图

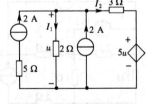

图 2-72　习题 2-22 图

2-23　如图 2-73 所示电路,求 4 Ω 电阻的端电压。

2-24　如图 2-74 所示电路,求:(1)网孔电流 $I_a$、$I_b$;(2)2 Ω 电阻消耗的功率。

2-25　如图 2-75 所示电路,求节点电压 $U_1$、$U_2$。

2-26　如图 2-76 所示电路,求节点电压 $U_A$、$U_B$。

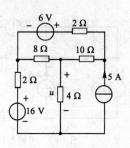

图 2-73 习题 2-23 图

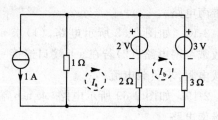

图 2-74 习题 2-24 图

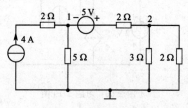

图 2-75 习题 2-25 图

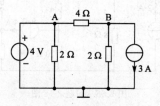

图 2-76 习题 2-26 图

2-27 如图 2-77 所示电路,求:(1)节点电压 $U_A$、$U_B$;(2)支路电压 $U_{AB}$;(3)支路电流 $I$。

2-28 如图 2-78 所示电路,求节点电压 $U_A$、$U_B$。

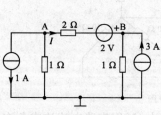

图 2-77 习题 2-27 图

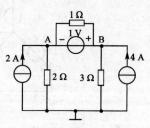

图 2-78 习题 2-28 图

2-29 如图 2-79 所示电路,求节点电压 $U_1$、$U_2$、$U_3$。

2-30 如图 2-80 所示电路,求支路电流 $I_1$。

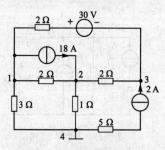

图 2-79 习题 2-29 图

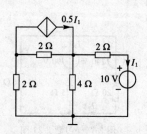

图 2-80 习题 2-30 图

# 正弦交流电路

电力系统中,当所有电源都是同一频率的正弦交流电源,并且电路中各处的电压、电流也都是同一频率的正弦量时,我们就称这类电路为正弦电流电路,俗称交流电路。

在正弦交流电路中,除要考虑电阻的作用外,还要考虑电感和电容的作用。由于电路中的电压和电流是随时间变化的,电路周围的电场和磁场也就随着时间而变化着,因此我们在研究正弦交流电路时,还必须要引入电感元件和电容元件来建立电路模型。

数学工具中,复数及相量分析方法的采用,可以大大简化正弦交流电路的分析计算,因为它可以把非常繁杂的三角函数运算转化为简单的代数运算,并且可以在相量图上清晰地表明有关量之间的大小和相位关系,这种方法称为相量法。它是电路理论中的重要方法,对它的介绍和应用也将贯穿本章的始终。

## 3.1 正弦量的三要素

### 3.1.1 正弦交流电概述

在前面两章我们所学习的直流电路中,电流、电压和电动势等量的大小和方向都是不随时间变化的,但实际上在大多数情况下,电路中电流、电压、电动势等量都是随时间而变化的;而且不仅大小随时间变化,方向也常常是不断反复交替地变化着。当这些物理量的大小和方向都随时间作周期性变化,就称它们为周期变量,而当它们在每一周期里的正负半周又恰好能相互抵消时,我们就把这样的电流、电压、电动势统称为交流电,如图 3-1 所示。

交流电的应用非常广泛。由于交流电器的构造比直流电器简单,成本低,维护方便,工作可靠,此外,利用变压器能把某一数值的交流电压变换成同频率的另一数值的交流电压,这样又可以解决高压输电和低压配电之间的矛盾。因此发电厂发出的几乎都是交流电,所以在实际生活和生产实践中的绝大多数设备都采用交流电。即便某些需要直流电的地方,也常常是采用整流设备把交流电转换成直流电。

最常用的交流电是随时间按正弦规律变化的,称为正弦交流电,其对应的物理量称为正弦量,包括正弦电压、正弦电流和正弦电动势等。如图 3-1(b)所示为一个正弦交流电压的波形。

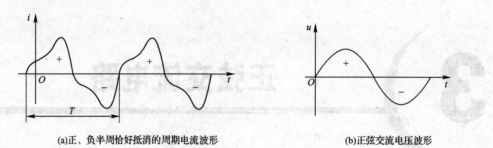

(a)正、负半周恰好抵消的周期电流波形　　　　　　(b)正弦交流电压波形

图 3-1　交流电流和交流电压波形

## 3.1.2　正弦量的三要素

以电流为例,正弦电流的瞬时值表达式为

$$i(t) = I_m \sin(\omega t + \psi) \tag{3-1}$$

波形如图 3-2 所示(设 $\psi > 0$),此正弦电流的解析式和波形都是对应于已选定的参考方向而言的。瞬时值为正,表示其方向与所选参考方向相同;瞬时值为负,表示其方向与所选参考方向相反。

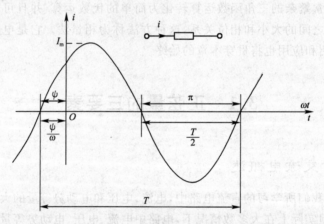

图 3-2　正弦电流的波形

下面分别解释上式中 $I_m$、$\omega$、$\psi$ 的含义。

### 1.振幅

$I_m$ 是正弦量各瞬时值中最大的,叫做正弦量的最大值,也叫振幅。正弦量的一个周期内,两次达到同样的最大值,只是方向不同(即有正的最大值和负的最大值)。

### 2.角频率

正弦量瞬时值表达式中的角度($\omega t + \psi$)叫做正弦量的相位角,简称相位。而正弦量相位增加的速率可以用 $\omega$ 表示,叫做正弦量的角频率,角频率的单位为 rad/s(弧度/秒),rad 可以略去不写,其单位便为 1/s。

随着时间的推移,相位逐渐加大。相位每增加 $2\pi$ rad(弧度),正弦量就经历了一个周期,然后又重复原先的变化规律,所以正弦量的角频率 $\omega$、周期 $T$ 和频率 $f$ 三者之间的关系为

$$\omega = 2\pi f = \frac{2\pi}{T} \tag{3-2}$$

它们反映的都是正弦量变化的快慢，直流量因为大小、方向都不变，可以看成 $\omega = 0$（即 $f=0$、$T=\infty$）的正弦量。

每个国家的电力工业，都会采用一个标准的工业频率，我们称之为"工频"。我国和世界上大多数国家的工频是 50 Hz（对应的周期就是 0.02 s），此时的角频率为

$$\omega = 2\pi/T = 100\pi = 314 \text{ rad/s}$$

美国、加拿大等少数国家的工频为 60 Hz。

人们能听到的声音信号的频率范围约为 20～20000 Hz。广播用的中波段载波频率为 535～1605 kHz，电视信号的载波频率则更高，通常要以 MHz 计。

**3. 初相位**

正弦量在不同的瞬间 $t$，有着不同的相位。在不同的瞬间，正弦量的值（包括大小和正负）不同，而且变化趋势（增加，或是减少，变化得快，或是慢）也不同。相位反映了正弦量每一瞬间的状态。我们将 $t=0$（即计时起点）时正弦量的相位角 $\psi$，叫做正弦量的初相位，简称初相，初相反映了正弦量在计时起点时的状态。

综上所述，$I_m$ 反映了正弦量变化的幅度，$\omega$ 反映了正弦量变化的快慢，$\psi$ 反映了正弦量在计时起点时的状态。确定了这三个量，这个正弦量也就被完全确定了，因此我们将一个正弦量的振幅 $I_m$（或将要介绍的有效值 $I$）、角频率 $\omega$（或频率 $f$、周期 $T$）与初相位 $\psi$ 这三个量，统称为正弦量的三要素。

正弦量的相位和初相都与计时起点的选择有关，计时起点选择不同，相位和初相也就不同，计时起点是任意选定的，但在同一问题中只能有一个计时起点。现以一个最大值为 $I_m$、角频率为 $\omega$ 的正弦电流为例，说明同一个正弦量在不同计时起点时波形的区别。

(1) 如选正弦量到达零点的瞬间（此处设为由负向正的上升过程中取值为零的点，下同）为计时起点，则其初相为零，波形及瞬时值表达式如图 3-3(a) 所示。

(2) 如选瞬时值为 $I_m$ 的瞬间为计时起点，则其初相为 $\frac{\pi}{2}$，波形及瞬时值表达式如图 3-3(b) 所示。

(3) 如选瞬时值为 $\frac{I_m}{2}$ 的瞬间为计时起点，则其初相为 $\frac{\pi}{6}$，波形及瞬时值表达式如图 3-3(c) 所示。

(4) 如选瞬时值为 $-\frac{I_m}{2}$ 的瞬间为计时起点，则其初相为 $-\frac{\pi}{6}$，波形及瞬时值表达式如图 3-3(d) 所示。

对于正弦电压、正弦电动势或其他所有正弦量，都可以用完全相同的方法进行讨论并作出波形图。

## 3.1.3　正弦量的有效值

电路的一个主要作用是转换能量。周期量的瞬时值、最大值都不能确切反映它们在

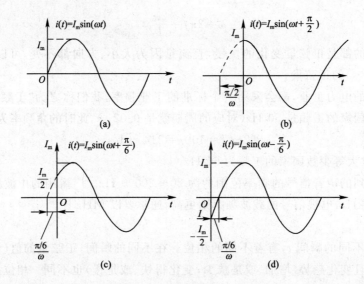

图 3-3　正弦量的波形与计时起点

转换能量方面的效果,这里所说的效果是指在一段较长时间内,从电功率、电能及热效应等方面来衡量一个周期量(如周期电流、周期电压等)的平均效果,为此我们引进有效值的概念。

周期量有效值的定义如下:一个周期量和一个直流量,分别作用于同一电阻,如果经过一个周期的时间产生相等的热量,则这个周期量的有效值就等于这个直流量的大小。

依照上述定义,通过数学推导可得到:一个周期量的有效值,等于其瞬时值的平方在一个周期内的平均值再开方,所以周期量的有效值,又称为它的方均根值。通过进一步的分析计算,又可以得出:正弦量的有效值,等于它的最大值除以 $\sqrt{2}$(即等于它的最大值乘以 0.707),这对于正弦电流、正弦电压、正弦电动势和正弦磁通等都是适用的。简单地说,就是最大值为 1 A 的正弦交流电流(或最大值为 1 V 的正弦交流电压、最大值为 1 V 的正弦交流电动势等),在电路中转换能量方面的实际效果,和 0.707 A 的直流电流(或 0.707 V 的直流电压、0.707 V 的直流电动势等)相当。

有效值均用大写字母表示,而最大值则是在相应大写字母上加下脚标 m,对应的数学表达式为

$$I=\frac{I_{\mathrm{m}}}{\sqrt{2}}\qquad U=\frac{U_{\mathrm{m}}}{\sqrt{2}}\qquad E=\frac{E_{\mathrm{m}}}{\sqrt{2}}\qquad \Phi=\frac{\Phi_{\mathrm{m}}}{\sqrt{2}} \tag{3-3}$$

通常我们所说工用及民用电(交流电网)中电流、电压的数值(如家用电器额定电压为 220 V 等),都是指其有效值。

**【例 3-1】** 已知某正弦交流电压的幅值为 $U_{\mathrm{m}}=311$ V,频率为工频(即 $f=50$ Hz),初相 $\psi=-60°$。(1)求出其周期和角频率;(2)求出它的有效值;(3)写出此正弦交流电压的瞬时值表达式,并画出其波形图。

**解**　(1)周期　　　　　　　　　　$T=\dfrac{1}{f}=0.02$ s

角频率
$$\omega = \frac{2\pi}{T} = 314 \text{ rad/s}$$

(2)根据式(3-3),此正弦交流电压的有效值为
$$U = \frac{U_m}{\sqrt{2}} = \frac{311}{\sqrt{2}} \approx 220 \text{ V}$$

(3)三要素都已经确定了,所以可直接写出它的瞬时值表达式
$$u = 311\sin(314t - 60°) \text{ V}$$

其波形图也可由已经确定的三要素画出,请同学们举一反三,自己完成。

**思考与练习**

3.1.1    正弦量的三要素是什么? 有效值与最大值的区别是什么?

3.1.2    在某一电路中 $u(t) = 141\sin(314t - 20°)$ V。(1)指出它的频率、周期、角频率、振幅、有效值及初相角各是多少;(2)画出波形图;(3)如果 $u(t)$ 的参考方向选相反方向,写出 $u(t)$ 的瞬时值表达式,画出波形图,并确定(1)中各项是否不变。

# 3.2    正弦量的相量表示法

## 3.2.1    复数的几种表示方法和基本运算

1.代数形式表示法

复数 $A$ 的代数形式为
$$A = a + jb \tag{3-4}$$

式中 $a$ 和 $b$ 都是实数,$a$ 叫做复数的实部,$b$ 叫做复数的虚部,j 称为虚数单位,由 j 与实数相乘而得的数叫做虚数,复数是由实数和虚数组合而成的数,而实数和虚数都是复数的特例。

在平面上的直角坐标系中,如果用横轴表示复数的实部(称为实轴),以 +1 为单位;用纵轴表示复数的虚部(称为虚轴),以 +j 为单位。这样由实轴和虚轴构成的平面称为复平面。

很显然,在复数 $A = a + jb$ 中,实数 $a$ 的点在实轴上,虚数 $jb$ 的点在虚轴上,于是,复数 $A$ 便在复平面上有一个确定的点,如图 3-4(a) 所示。

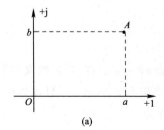

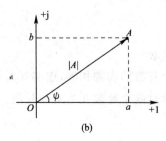

图 3-4    复平面上的点

**2. 三角形式表示法**

复数 $A$ 的三角形式为

$$A=|A|\cos\psi+\mathrm{j}|A|\sin\psi \tag{3-5}$$

与代数形式比较，显然有

$$a=|A|\cos\psi,b=|A|\sin\psi,|A|=\sqrt{a^2+b^2},\tan\psi=\frac{b}{a}$$

式中，$|A|$ 称为复数 $A$ 的模，恒为正值；$\psi$ 称为复数 $A$ 的辐角，如图 3-4(b)所示。

**3. 指数形式表示法**

复数 $A$ 的指数形式为

$$A=|A|\mathrm{e}^{\mathrm{j}\psi} \tag{3-6}$$

上式可从其三角形式、再由欧拉公式推导得到。

**4. 极坐标形式表示法**

复数 $A$ 的极坐标形式为

$$A=|A|\underline{/\psi} \tag{3-7}$$

复数的极坐标形式与指数形式，只是写法不同而已，其实它们的含义是完全等价的。今后为了运算方便，我们常需要在复数的这几种表示式之间进行相互转换。

**5. 复数的加减运算**

复数进行加减运算，应先把各复数都化为代数形式。

设有两个复数：$\quad A_1=a_1+\mathrm{j}b_1=|A_1|\mathrm{e}^{\mathrm{j}\psi_1}$

$$A_2=a_2+\mathrm{j}b_2=|A_2|\mathrm{e}^{\mathrm{j}\psi_2}$$

则有 $\quad A_1\pm A_2=(a_1+\mathrm{j}b_1)\pm(a_2+\mathrm{j}b_2)=(a_1\pm a_2)+\mathrm{j}(b_1\pm b_2)$

即复数相加（或相减）时，将实部与实部相加（或相减），虚部与虚部相加（或相减）。

**6. 复数的乘除运算**

复数在代数形式和指数形式（或极坐标形式）下，都可以进行乘除运算，但通常情况下，将它们都化为指数形式（或极坐标形式）来进行乘除运算（或乘方开方运算），将更加方便。下面以复数的指数形式为例进行说明。

复数的乘法

$$A_1A_2=|A_1|\mathrm{e}^{\mathrm{j}\psi_1}\cdot|A_2|\mathrm{e}^{\mathrm{j}\psi_2}=|A_1|\cdot|A_2|\mathrm{e}^{\mathrm{j}(\psi_1+\psi_2)}$$

同理除法的结果为

$$\frac{A_1}{A_2}=\frac{|A_1|}{|A_2|}\mathrm{e}^{\mathrm{j}(\psi_1-\psi_2)}$$

**7. 共轭复数**

如果两个复数的实部相等，虚部互为相反数（此时一定也有：它们的模相等，辐角互为相反数），则称这两个复数互为共轭复数。我们以字母右上角加"＊"号作为标记。

$$A=a+\mathrm{j}b=|A|\mathrm{e}^{\mathrm{j}\psi}$$

$$A^*=a-\mathrm{j}b=|A|\mathrm{e}^{-\mathrm{j}\psi} \tag{3-8}$$

上式中，复数 $A$ 与 $A^*$ 就是一对共轭复数。

### 3.2.2　正弦量的相量示法

相量其实就是用来表示正弦量的一种特殊复数。因为正弦交流电用三角函数及其波形来表示，虽然直观，但不便于计算；所以我们在求解正弦交流电路问题时，通常采用相量法，将复杂的三角函数运算，转化为简单的代数运算，并可以通过相量图，清晰地表明有关各量之间的大小及相位关系。此内容是本节乃至全章的重点，需要牢固掌握。

求解一个正弦量必须求得它的三要素，但在正弦交流电路中，由于所有的电流、电压都是同一频率的正弦量，而且它们的频率与正弦电源的频率相同，往往是已知的，因此只要分析另外两个要素——幅值（或有效值）及初相位即可。用复数表示正弦量时，也就是根据这一原理写出它们的相量形式的。

例如，对于一个正弦电压 $u=U_m\sin(\omega t+\psi_u)$，我们以这样一个复数：它的模为 $U_m$，辐角为 $\psi_u$，记做 $\dot U_m=U_m e^{j\psi_u}$

这就是用来表示这个正弦电压的振幅相量，上面所加的小圆点是用来与一般复数相区别的记号（这也是相量的专用标记），强调这种复数是与一个正弦量相联系的。

由于在实际工程应用中，广泛使用的是有效值，而且对于正弦量，其幅值与有效值之间有着固定的 $\sqrt 2$ 倍关系，所以我们更多采用的是有效值相量，它等于振幅相量除以 $\sqrt 2$，即

$$\dot U=\frac{\dot U_m}{\sqrt 2}=\frac{U_m}{\sqrt 2}e^{j\psi}\tag{3-9}$$

以上仅以一个正弦电压作为例子，对于其他正弦量（如正弦电流、正弦电动势等），它们相量的构成、含义以及书写原则等也是相同的。并且这里约定：以后若无特殊说明，我们所说某个正弦量的相量，都是指它的有效值相量。

### 3.2.3　相量的运算

由于相量本身就是复数，因此上述所有关于复数的运算规则，在相量运算中都是适用的。解题的关键环节，还是在于有关正弦量和它的相量之间的转换及相互关系上。一个正弦量与它的相量是一一对应的，这种对应关系也非常简单。我们要特别注意的是，正弦量与它的相量之间只是表示与被表示的关系，它们是完全不相等的两个量（一个是三角函数，一个是复数）。

下面，再通过例题来说明相量的一般应用和运算。

**【例 3-2】**　已知有两个同频率的正弦交流电流，$i_1=6\sqrt 2\sin(\omega t+60°)$ A，$i_2=8\sqrt 2\sin(\omega t-30°)$ A，试求它们相加后的总电流。

**解**　此题用相量法来解非常方便。先写出这两个正弦电流的相量

$$\dot I_1=6e^{j60°}\text{A},\dot I_2=8e^{-j30°}\text{A}$$

$$\dot I=\dot I_1+\dot I_2=6e^{j60°}+8e^{-j30°}$$
$$=3+j5.20+6.93-j4$$
$$=9.93+j1.2$$
$$=10e^{j6.9°}\text{A}$$

总电流　　　　　$i=i_1+i_2=10\sqrt 2\sin(\omega t+6.9°)$ A

### 3.2.4　相量图

相量既然是一种复数,就可以在复平面上将它表示出来。例如对于相量 $\dot{U}=Ue^{j\psi_u}$ 它在复平面上可以用长度为 $U$、方向与实轴正向夹角为 $\psi_u$ 的矢量来表示,这样用来表示相量的图就叫做相量图。通常为简便起见,实轴和虚轴也可省去不画。

利用相量图分析正弦交流电路,不仅可以非常直观、清晰地表明有关量之间大小及相位的关系,而且有时还能使一些计算变得十分方便。仍以上面的例 3-2 为例,我们利用相量图法重解此题。

【例 3-2】　(解法 2):先写出这两个正弦电流的相量。

$$\dot{I}_1=6e^{j60°}=6\ \underline{/60°}\ \text{A},\dot{I}_2=8e^{-j30°}=8\ \underline{/-30°}\ \text{A}$$

在复平面上作出这两个相量的相量图,如图 3-5 所示。

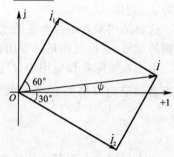

显然此题中两个电流的相位差正好等于 90°,即相量图上两个矢量是相互垂直的,则利用平行四边形法则直接求得

$$I=\sqrt{I_1^2+I_2^2}=\sqrt{6^2+8^2}=10\ \text{A}$$

$$\tan(\psi+30°)=6/8=0.75$$

$$\psi=36.9°-30°=6.9°$$

即

$$\dot{I}=10e^{j6.9°}\ \text{A}$$

图 3-5　相量图解题法

$$i=i_1+i_2=10\sqrt{2}\sin(\omega t+6.9°)\ \text{A}$$

上例告诉我们,将同频率的正弦量相加或相减时,只需将相应的相量相加或相减。所以用相量法解题比直接通过三角函数公式运算要方便得多,但参加讨论的量必须都是同频率的正弦量(否则上述的相量法就不成立,也就不存在相量图解题法)。而本章讨论的是正弦交流电路,它们都是在正弦激励作用下,经过一段时间(电路已进入稳定状态)以后,正好符合各电压、电流都是同频率正弦量的前提(并且计算结果也是同频率的正弦量),所以可以应用相量法解题。

**思考与练习**

3.2.1　已知复数 $F_1=-5+j2,F_2=3+j4$,试求 $F_1+F_2$、$F_1-F_2$、$F_1F_2$ 和 $F_1/F_2$。

3.2.2　已知 $\dot{I}_1=(3+j4)$ A,$\dot{I}_2=(3-j4)$ A,$\dot{I}_3=(-3+j4)$ A,$\dot{I}_4=(-3-j4)$ A,试把它们转化为极坐标形式,并写出对应的正弦量。

3.2.3　当 $i=i_1+i_2$ 时,一定有 $I=I_1+I_2$ 吗? 再思考 $\dot{I}=\dot{I}_1+\dot{I}_2$ 成立吗?

## 3.3　正弦电路中的电路元件

电阻元件、电感元件和电容元件都是组成电路模型的理想元件。电阻元件具有消耗电能的性质(电阻性),其他电磁性质均可忽略不计。同样,对电感元件,突出其中通过电流要产生磁场而储存磁场能量的性质(电感性);对电容元件,突出其上加了电压要产生电场而储存电场能量的性质(电容性)。电阻元件是耗能元件,电感元件和电容元件都是储能元件。

　　电路元件可由相应的参数来表征。当参数不同时,其性质就不同,这种不同也反映在电压与电流的关系上。因此,在分析各种具有不同参数元件的正弦交流电路之前,我们需要先讨论一下在不同参数的元件中,电压与电流的一般关系。这里首先必须掌握的是:单一参数(电阻、电感、电容)元件电路中电压与电流之间的关系,因为其他复杂电路是由这些单一参数元件组合而成的。以下逐一分析各单一参数元件的正弦交流电路。

## 3.3.1　电阻元件上的电压电流关系

　　图 3-6(a)是一个线性电阻元件的正弦交流电路。电压和电流的参考方向如图所示。两者的关系由欧姆定律确定,即

$$u = Ri \tag{3-10}$$

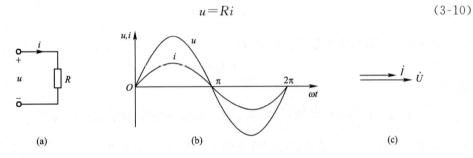

图 3-6　电阻元件的正弦交流电路

　　为了分析方便起见,选择电流经过零值并将向正值增加的瞬间作为计时起点($t=0$),即设正弦电流

$$i = I_{\mathrm{m}} \sin \omega t \tag{3-11}$$

为参考正弦量,则

$$u = Ri = RI_{\mathrm{m}} \sin \omega t = U_{\mathrm{m}} \sin \omega t \tag{3-12}$$

　　显然,它们都是同频率的正弦量。表示电压和电流的正弦波形如图 3-6(b) 所示。比较上面两式即可看出,在电阻元件的交流电路中,电流和电压是同相的(相位差 $\varphi = 0$)。并且电压和电流的量值关系为

$$U_{\mathrm{m}} = RI_{\mathrm{m}} \quad \text{或} \quad U = RI \tag{3-13}$$

　　由上面分析可以进一步导出电压和电流的相量关系式

$$\dot{U} = R\dot{I} \tag{3-14}$$

　　电压和电流的相量图如图 3-6(c) 所示。

## 3.3.2　电感元件的电压电流关系

　　下面接着来分析非铁芯线圈与正弦电源连接时的电路(假定这个线圈只具有电感 $L$,而电阻 $R$ 极小,可忽略不计,即这是个理想的线性电感元件)。图 3-7(a)是这个线性电感

元件正弦交流电路的示意图,我们先来分析这个元件在电路中电压与电流之间的瞬时关系。

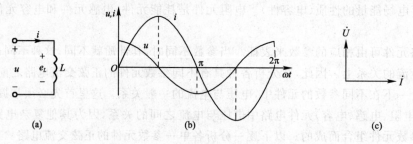

图 3-7  电感元件的正弦交流电路

当电感线圈中通过正弦电流 $i$ 时,其中产生自感电动势 $e_L$。设电流 $i$、电动势 $e_L$ 和电压 $u$ 的参考方向如图 3-7(a)所示。

由法拉第电磁感应定律和基尔霍夫电压定律得出式(3-15),即

$$u = -e_L = L\frac{\mathrm{d}i}{\mathrm{d}t} \tag{3-15}$$

此处仍设正弦电流为参考正弦量,即

$$i = I_\mathrm{m}\sin\omega t$$

则

$$u = L\frac{\mathrm{d}i}{\mathrm{d}t} = L\frac{\mathrm{d}(I_\mathrm{m}\sin\omega t)}{\mathrm{d}t} = \omega L I_\mathrm{m}\sin(\omega t + 90°) = U_\mathrm{m}\sin(\omega t + 90°) \tag{3-16}$$

比较后可看出,它们虽然都是同频率的正弦量,但二者的相位不同,即在电感元件的正弦交流电路中,电压超前于电流 90°(相位差 $\varphi = 90°$),表示电压和电流的正弦波形如图 3-7(b)所示。并且电压和电流的量值关系为

$$U_\mathrm{m} = \omega L I_\mathrm{m} \quad 或 \quad U = \omega L I \tag{3-17}$$

在电感元件的电路中,电压的幅值(或有效值)与电流的幅值(或有效值)之比为 $\omega L$,可见 $\omega L$ 的单位也为欧姆,与频率成正比,由于它具有对电流起阻碍作用的物理性质,所以我们把它称为感抗,用 $X_L$ 表示,即

$$X_L = \omega L \tag{3-18}$$

由上面的分析可以导出电压和电流的相量关系式

$$\dot{U} = \mathrm{j}\omega L\dot{I} \tag{3-19}$$

电压和电流的相量图如图 3-7(c) 所示。

### 3.3.3  电容元件上的电压电流关系

我们再来看一下线性电容元件与正弦电源连接时的电路。电路中的电流和电容器两端电压的参考方向如图 3-8(a)所示,我们也先分析其中电压与电流之间的瞬时关系。当电压发生变化时,电容器极板上的电荷量也要随着发生变化,在电路中就会引起电流。

$$i = \frac{\mathrm{d}q}{\mathrm{d}t} = C\frac{\mathrm{d}u}{\mathrm{d}t} \tag{3-20}$$

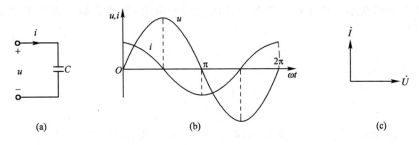

图 3-8　电容元件的正弦交流电路

此处设正弦电压为参考正弦量,即

$$u = U_\mathrm{m}\sin\omega t \tag{3-21}$$

则

$$i = C\frac{\mathrm{d}u}{\mathrm{d}t} = C\frac{\mathrm{d}(U_\mathrm{m}\sin\omega t)}{\mathrm{d}t} = \omega C U_\mathrm{m}\sin(\omega t + 90°) = I_\mathrm{m}\sin(\omega t + 90°) \tag{3-22}$$

类似对电感元件的讨论,可看出这里电压和电流也是同频率的正弦量,但在电容元件的交流电路中,电压滞后于电流 $90°$(相位差 $\varphi = -90°$),表示电压和电流的正弦波形如图 3-8(b)所示。并且电压和电流的量值关系为

$$\frac{U_\mathrm{m}}{I_\mathrm{m}} = \frac{U}{I} = \frac{1}{\omega C} \tag{3-23}$$

在电容元件的正弦交流电路中,电压的幅值(或有效值)与电流的幅值(或有效值)之比为 $\dfrac{1}{\omega C}$,显然 $\dfrac{1}{\omega C}$ 的单位也是欧姆,且其大小与频率成反比,它也具有对电流起阻碍作用的物理性质,所以我们把它称为容抗,用 $X_C$ 表示,即

$$X_C = \frac{1}{\omega C} \tag{3-24}$$

同样可以导出电压与电流的相量关系式

$$\dot{U} = -\mathrm{j}\frac{1}{\omega C}\dot{I} = \frac{\dot{I}}{\mathrm{j}\omega C} \tag{3-25}$$

电压和电流的相量图如图 3-8(c)所示。

**思考与练习**

3.3.1　电流相量 $(30-\mathrm{j}10)$ mA 流过 $40\ \Omega$ 电阻,求:(1)电阻两端的电压有效值;(2)此电阻两端电压的瞬时值表达式(设电压与电流为关联参考方向)。

3.3.2　有一个 $RLC$ 串联的交流电路,已知 $R = X_L = X_C = 3\ \Omega$,且电流有效值 $I = 2$ A,求电路两端的电压有效值 $U$。

# 3.4　正弦交流电路的相量法分析

## 3.4.1　电阻、电感与电容元件串联的交流电路

我们先来看个典型电路: $R$、$L$、$C$ 串联的正弦交流电路。各元件上电流与电压的参考

方向如图 3-9(a)所示。由于电路中各元件流过同一电流,所以我们设此正弦电流为参考正弦量,即

$$i = I_m \sin\omega t$$

其相量表达式为

$$\dot{I} = \frac{I_m}{\sqrt{2}} \underline{/0°} = I \underline{/0°} \tag{3-26}$$

以下的分析将应用上一节有关内容,即式(3-14)、式(3-19)和式(3-25)所示的结论。由基尔霍夫电压定律可列出

$$u = u_R + u_L + u_C \tag{3-27}$$

则对应的相量表达式为

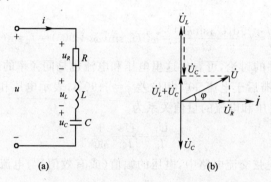

图 3-9　电阻、电感与电容串联的交流电路

$$\dot{U} = \dot{U}_R + \dot{U}_L + \dot{U}_C = R\dot{I} + j\omega L\dot{I} - j\frac{1}{\omega C}\dot{I} = R\dot{I} + jX_L\dot{I} - jX_C\dot{I} \tag{3-28}$$

显然,电阻、电感与电容元件上,各电压与公共电流的相位关系分别为:与电流同相、超前于电流 90°、滞后于电流 90°,此串联电路中电压、电流的相量图如图 3-9(b)所示。由式(3-28)可得出

$$\frac{\dot{U}}{\dot{I}} = R + jX_L - jX_C = R + j(X_L - X_C) \tag{3-29}$$

上式等号右边为电路中电压相量与电流相量的比值,我们将其称为电路的阻抗,用大写字母 $Z$ 表示,即

$$Z = R + j(X_L - X_C) = R + jX = |Z| e^{j\varphi} = |Z| \underline{/\varphi} \tag{3-30}$$

### 3.4.2　相量形式的欧姆定律

引入阻抗 $Z$ 后,式(3-29)实际就是相量形式下的欧姆定律,但注意此定律并不是仅对于串联电路才适用,而是对任何正弦交流电路用相量法解题时都适用。下面我们来分析普遍的情况,对任意一个正弦交流电路中的无源二端网络(图 3-10),若电压和电流取关联参考方向,此网络的等效阻抗同样用大写字母 $Z$ 表示,则具有普遍意义的相量形式的欧姆定律可表示为

$$\frac{\dot{U}}{\dot{I}}=Z=R+\mathrm{j}X=|Z|\,\mathrm{e}^{\mathrm{j}\varphi}=|Z|\,\underline{/\varphi} \tag{3-31}$$

图 3-10　正弦电路中对任意无源二端网络的分析

显然阻抗 $Z$ 是一个复数,它的全称是复数阻抗。式(3-31)中写出了这种复数的代数形式和指数形式。其中,$R$ 是复数阻抗的实部,称为电阻;$X$ 是其虚部,称为电抗;$|Z|$ 是这个复数阻抗的模;$\varphi$ 称为复数阻抗的阻抗角。$\varphi$ 角同时也是网络中电压超前于电流的相位角,电流与电压的相量图如图 3-10(b)所示。从 $\varphi$(或 $X$)的正负等情况,便可直接判断出这个网络是呈感性、容性还是纯电阻性的电路:对于感性电路,$\varphi$(或 $X$)为正;对于容性电路,$\varphi$(或 $X$)为负;对于纯电阻性电路,$\varphi$(或 $X$)则等于零。

类似电阻电路中电阻与电导的关系,此处也引进复数导纳的概念。对于同一个网络,它的复数导纳与复数阻抗也互为倒数关系,即

$$Y=\frac{1}{Z}=G+\mathrm{j}B=|Y|\,\mathrm{e}^{\mathrm{j}\varphi'}=|Y|\,\underline{/\varphi'} \tag{3-32}$$

式中,$G$ 是复数导纳的实部,称为电导;$B$ 是复数导纳的虚部,称为电纳;$|Y|$ 是这个复数导纳的模;$\varphi'$ 称为复数导纳的导纳角。

则相量形式的欧姆定律又可以表示成

$$\frac{\dot{I}}{\dot{U}}=Y=G+\mathrm{j}B=|Y|\,\mathrm{e}^{\mathrm{j}\varphi'}=|Y|\,\underline{/\varphi'} \quad 或 \quad \dot{I}=Y\dot{U} \tag{3-33}$$

式(3-31)和式(3-33)都是相量形式下欧姆定律的数学表达式。

### 3.4.3　正弦交流电路的相量法分析

在前面我们引入了复数阻抗和复数导纳及相量形式的欧姆定律等概念,其实非常类似于电阻电路,在正弦交流电路的分析中不仅有欧姆定律,而且有 KCL、KVL 以及分压公式、分流公式、叠加定理和戴维南定理等内容,各公式和定理的形式及应用方法都与前两章中的相应内容极其相似,我们在直流电阻电路中学习过的各种公式和定理,在换成相量形式后都可继续适用,只是要特别注意其中各量间的对应关系(见表 3-1)。

表 3-1　　　　　　　　　　交、直流电路公式中各物理量的对应关系

| 直流电阻电路 | $R$ | $G$ | $I$ | $U$ | $V$ | $E$ |
|---|---|---|---|---|---|---|
| 正弦交流电路 | $Z$ | $Y$ | $\dot{I}$ | $\dot{U}$ | $\dot{V}$ | $\dot{E}$ |

以下我们就通过例题来学习正弦交流电路中的相量法解题。

【例 3-3】　一个 $RL$ 串联电路如图 3-11 所示,已知 $u=220\sqrt{2}\sin(\omega t+50°)$ V,$R=18$ Ω,

$X_L=24\ \Omega$，求电路中电流 $i$ 和电阻、电感元件上的电压 $u_R$、$u_L$。

**解**　依题意写出端口电压的相量式和等效阻抗分别为

$$\dot{U}=\frac{220\sqrt{2}}{\sqrt{2}}\underline{/50^\circ}=220\ \underline{/50^\circ}\ \text{V}$$

$$Z=R+jX_L=(18+j24)=30\ \underline{/53.1^\circ}\ \Omega$$

由欧姆定律的相量形式(3-31)得出

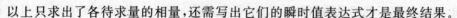

图 3-11　$RL$ 串联电路

$$\dot{I}=\frac{\dot{U}}{Z}=\frac{220\ \underline{/50^\circ}}{30\ \underline{/53.1^\circ}}=\frac{22}{3}\ \underline{/-3.1^\circ}=7.33\ \underline{/-3.1^\circ}\ \text{A}$$

$$\dot{U}_R=R\dot{I}=18\times\frac{22}{3}\ \underline{/-3.1^\circ}=132\ \underline{/-3.1^\circ}\ \text{V}$$

$$\dot{U}_L=jX_L\cdot\dot{I}=j24\times\frac{22}{3}\ \underline{/-3.1^\circ}=176\ \underline{/86.9^\circ}\ \text{V}$$

以上只求出了各待求量的相量，还需写出它们的瞬时值表达式才是最终结果。

$$i=7.33\sqrt{2}\sin(\omega t-3.1^\circ)\ \text{A}$$

$$u_R=132\sqrt{2}\sin(\omega t-3.1^\circ)\ \text{V}$$

$$u_L=176\sqrt{2}\sin(\omega t+86.9^\circ)\ \text{V}$$

**【例 3-4】**　一个正弦交流电路如图 3-12 所示，已知 $\dot{U}_S=10\ \underline{/0^\circ}\ \text{V}$，$\dot{I}_S=5\ \underline{/90^\circ}\ \text{A}$，$Z_1=3\ \underline{/90^\circ}\ \Omega$，$Z_2=2\ \underline{/90^\circ}\ \Omega$，$Z_3=2\ \underline{/-90^\circ}\ \Omega$，$Z_4=1\ \Omega$。试求电路中流过 $Z_2$ 的电流 $\dot{I}_2$。

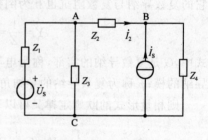

图 3-12　例 3-4 电路图

解法一：应用叠加定理

为方便计算，先写出以上各复数阻抗的代数形式：$Z_1=j3\ \Omega$，$Z_2=j2\ \Omega$，$Z_3=-j2\ \Omega$，$Z_4=1\ \Omega$。

（1）先假设电压源单独作用（将电流源支路断开，如图 3-13(a)所示），带入数据求出等效阻抗为

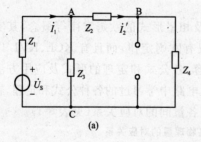

(a)

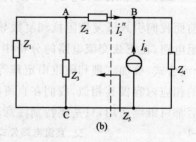

(b)

图 3-13　相量形式的叠加定理

$$Z'=Z_1+\frac{(Z_2+Z_4)Z_3}{Z_2+Z_3+Z_4}=(4+j1)\ \Omega$$

$$\dot{I}_1'=\frac{\dot{U}_S}{Z'}=\frac{10\ \underline{/0^\circ}}{4+j1}=2.43\ \underline{/-140^\circ}\ \text{A}$$

由分流公式得

$$\dot{I}_2' = \frac{Z_3}{Z_2 + Z_3 + Z_4} \cdot \dot{I}_1' = \frac{-20 - j80}{17}\ \text{A}$$

（2）再设电流源单独作用（将电压源短路，如图 3-13(b) 所示），则其等效阻抗为

$$Z_5 = Z_2 + \frac{Z_1 \cdot Z_3}{Z_1 + Z_3} = -j4\ \Omega$$

由分流公式得

$$\dot{I}_2'' = -\frac{Z_4}{Z_4 + Z_5} \cdot \dot{I}_S = \frac{20 - j5}{17}\ \text{A}$$

（3）叠加得出最后结果

$$\dot{I}_2 = \dot{I}_2' + \dot{I}_2'' = \frac{-20 - j80}{17} + \frac{20 - j5}{17} = \frac{-j85}{17} = -j5 = 5\ \underline{/-90^\circ}\ \text{A}$$

解法二：应用戴维南定理

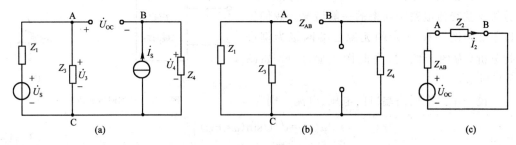

图 3-14　相量形式的戴维南定理

（1）求开路电压（将 A、B 处断开，如图 3-14(a) 所示）

先求出两个小回路中 $Z_3$、$Z_4$ 上的电压

$$\dot{U}_3 = \frac{Z_3}{Z_1 + Z_3}\dot{U}_S = \frac{-j2}{j3 - j2} \cdot 10\ \underline{/0^\circ} = 20\ \underline{/180^\circ} = -20\ \text{V}$$

$$\dot{U}_4 = Z_4\dot{I}_S = 1 \times 5\ \underline{/90^\circ} = 5\ \underline{/90^\circ} = j5\ \text{V}$$

开路电压

$$\dot{U}_{OC} = \dot{U}_3 - \dot{U}_4 = -20 - j5 = 20.6\ \underline{/-166^\circ}\ \text{V}$$

（2）求网络内独立电源置零时的入端阻抗（图 3-14(b)）

$$Z_{AB} = Z_4 + \frac{Z_1 \cdot Z_3}{Z_1 + Z_3} = (1 - j6)\ \Omega$$

（3）画出等效电路图（图 3-14(c)）

$$\dot{I}_2 = \frac{\dot{U}_{OC}}{Z_{AB} + Z_2} = \frac{20.6\ \underline{/-166^\circ}}{1 - j6 + j2} = \frac{20.6\ \underline{/-166^\circ}}{4.12\ \underline{/-76^\circ}} = 5\ \underline{/-90^\circ}\ \text{A}$$

显然，这与解法一所得结果是相同的。

**思考与练习**

3.4.1　在某一频率下，测得若干元件（线性时参数均不变）组成的无源网络复数阻抗如下：$RC$ 电路：$Z = (5 + j2)\ \Omega$；$RL$ 电路：$Z = (5 - j7)\ \Omega$；$RLC$ 电路：$Z = (2 - j3)\ \Omega$；$LC$ 电路：$Z = (2 + j3)\ \Omega$。请问这些结果合理吗？

3.4.2　试求 200 $\mu$F 电容在 50 Hz 及 1 kHz 时的复数阻抗；1.4 H 电感在 50 kHz 时的复数阻抗和感抗。

3.4.3　(1)若某电路的复数阻抗 $Z=(3+j4)$ Ω，则其复数导纳为 $Y=(13+j14)$ S，对吗？为什么？(2)若某串联电路为电容性的，则其并联等效电路也一定是电容性的，对吗？为什么？

# 3.5　正弦交流电路的功率

## 3.5.1　瞬时功率

以正弦交流电路中一个二端网络为对象，分析正弦交流电路中功率的一般情况。我们仍以上文中图 3-10 所示的无源二端网络为例进行分析（为便于阅读，将此图重画于下，如图 3-15所示）。

(a)　　　　　　(b)

图 3-15　二端网络的功率

设一个二端网络端口的电压、电流分别为

$$u(t)=\sqrt{2}U\sin(\omega t+\varphi)\ \Big\}$$
$$i(t)=\sqrt{2}I\sin\omega t \qquad\qquad (3-34)$$

其中 $\varphi$ 为电压超前电流的相位角，它与电压、电流参考方向的选择有关。则该网络的瞬时功率为

$$p(t)=u(t)\cdot i(t) \qquad\qquad (3-35)$$

$u$、$i$ 的参考方向选择一致（即为关联参考方向）时，$p(t)$ 应看成网络接收的功率（当电压、电流为非关联参考方向时，$p(t)$ 就应看成网络发出的功率）。以下的叙述中，若无特殊说明，我们均将电压、电流选为关联参考方向，即把 $p(t)$ 看成二端网络接收（或吸收）的瞬时功率。

将式(3-34)代入式(3-35)中，并通过简单的三角函数运算得出

$$p(t)=u(t)\cdot i(t)=\sqrt{2}U\sin(\omega t+\varphi)\cdot\sqrt{2}I\sin\omega t=UI\cos\varphi-UI\cos(2\omega t+\varphi) \quad (3-36)$$

在式(3-36)中，第一项是不随时间变化的，而第二项却是以两倍于电流的频率周期性地变化着，并且它在一个周期内的平均值正好为零。显然这个瞬时功率在一个周期内的平均值就等于式(3-36)中的第一项，即平均功率

$$P=UI\cos\varphi$$

## 3.5.2　有功功率、无功功率、视在功率

### 1.有功功率

式(3-36)表明，瞬时功率是由两个分量组成的，总瞬时功率 $p(t)$ 也是以两倍于电流的频率周期性地变化着，其波形如图 3-16 所示。

由于储能元件的存在，电压与电流不同相，瞬时功率有时为正值，有时为负值，表示网络有时从外部电路接收能量，有时向外部电路发出能量。

瞬时功率在一个周期内的平均值，表明了此网络从外部电路吸收并消耗能量的平均速率，我们又称之为网络的有功功率。其数学表达式为

$$P = UI\cos\varphi \tag{3-37}$$

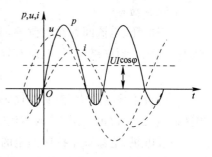

图 3-16　正弦交流电路的功率

因为有功功率代表了这个网络从外部电路实际吸收电能的快慢情况，所以其单位与直流电路中的功率单位一样，国际单位制主单位是瓦特，简称为瓦，符号是 W。

**2. 无功功率**

由于交流电路中，除了消耗能量外还有着能量的交换。为了衡量交换能量的规模，定义网络与外部电路交换能量的最大速率，叫做网络接收的无功功率，用 $Q$ 表示。其数学表达式为

$$Q = UI\sin\varphi \tag{3-38}$$

无功功率和有功功率具有相同的量纲（都是电压与电流的乘积），但它不代表实际接收能量的速率，为了与有功功率相区别，无功功率的单位不用瓦，而用乏，乏的符号是 var。

无功功率反映了具有储能元件的网络与其外部交换能量的规模，"无功"意味着"交换而不消耗"，不能理解为"无用"。显然对于纯电阻网络，由于其中没有储能元件，所以其中的无功功率一定为零。

从式(3-38)可以看出，由于电压、电流的相位差 $\varphi$ 值有正有负，所以 $Q$ 是有正、有负的代数量。不含独立电源的感性网络，在电压、电流参考方向一致情况下的 $\varphi$ 为正值，根据式(3-38)所定义的，它所接收的无功功率为正值；而不含独立电源的容性网络，在电压、电流参考方向一致情况下的 $\varphi$ 为负值，则按定义它所接收的无功功率为负值。所以我们把网络接收的正的无功功率称为感性无功功率；而相对于感性无功功率，负的无功功率就称为容性无功功率。一个网络接收容性无功功率，等于发出感性无功功率。无功功率的接收或发出，习惯上都是相对感性无功功率而言的（这里的正、负号，只是为了代表感性和容性无功功率之间相互补偿的性质，并没有其他方面的实际意义）。

*【补充】　为了引入无功功率，我们又可将式(3-36)变形为

$$p(t) = UI\cos\varphi - UI\cos(2\omega t + \varphi) = UI\cos\varphi(1 - \cos2\omega t) + UI\sin\varphi\sin2\omega t \tag{3-39}$$

显然式(3-39)中第二项也是以两倍于电流的频率周期性地变化着，它代表了网络与其外部交换能量的瞬时功率分量，且它在一个周期内的平均值也为零，而它的最大值为 $Q$（此分量用 $P_r$ 表示，其波形如图 3-17 所示）。因此我们就定义这个网络与外部交换能量的最大速率为该网络接收的无功功率，用式(3-38)表示。

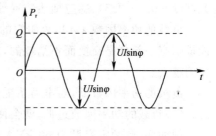

图 3-17　网络与外部交换能量的速率

3.视在功率

由于电压、电流间存在相位差,正弦交流电路中的平均功率一般不等于电压、电流有效值的乘积。而网络电压、电流有效值的乘积可表示为

$$S = UI = \sqrt{P^2 + Q^2} \tag{3-40}$$

这个看来像是功率,而又不代表实际功率的物理量叫做视在功率。为了与有功功率相区别,它的单位也不用瓦,而用伏安,符号为 VA。

一般电机、电器都是按照额定的电压、电流设计和使用的,用视在功率表示设备的容量是比较方便的。通常我们所说某设备(如变压器)的容量,就是指着它的视在功率而言的。

### 3.5.3　功率因数

1.功率因数的定义

对照式(3-37)与式(3-40),我们写出有功功率与视在功率的比值

$$\lambda = \frac{P}{S} = \cos\varphi \tag{3-41}$$

我们将此比值定义为网络的功率因数。它等于此网络中电压超前于电流的相位差的余弦。

显然 $P \leqslant S$(任何角的余弦总是小于等于 1 的),所以功率因数总是一个小于等于 1 的量,并且它是一个量纲为 1 的纯数。

对于图 3-15 所示的无源二端网络(即网络内不含独立电源时),$\varphi$ 角就是该网络等效阻抗的阻抗角。若网络的复数阻抗为

$$Z = R + jX = |Z| \underline{/\varphi}$$

则网络的功率因数又可写为

$$\lambda = \cos\varphi = \frac{R}{|Z|} \tag{3-42}$$

可见功率因数由网络本身及电源的频率决定。

2.提高功率因数的意义

实际电力电路中,电阻负载(如白炽灯、电炉)的 $\lambda \approx 1$,而对于纯电阻负载的功率因数就等于 1。但电阻负载只占实际电力负载中的一小部分;大部分电力负载如变压器或作动力用的异步电动机等,都是感性的,其功率因数较低,一般在 0.7~0.85 左右;其他如日光灯($\lambda \approx 0.3 \sim 0.5$)、感应加热装置等,也都是功率因数较低的感性负载。

负载的功率因数 $\lambda \neq 1$,表明它的无功功率就不等于零,也就意味着它从电源接收的能量中有一部分是交换而不消耗的,并且功率因数 $\lambda$ 越低,意味着交换部分的能量所占的比例越大。

负载的功率因数低,对电力系统十分不利,主要表现在:

(1)负载的功率因数过低,就会使电源设备的容量不能充分利用。

例如,一台额定容量为 60 kVA 的单相变压器,设它在额定电压、额定电流下运行。在负载的 $\lambda = 1$ 时,它传输的有功功率为 60 kW,它的容量得到充分的利用;而负载的 $\lambda =$

0.8 时,它传输的有功功率降低为 48 kW,容量的利用率就降低了;而当负载的 λ=0.6 时,传输的有功功率就降成了 36 kW,容量利用率也就降得更低了。

(2)负载的功率因数过低,会造成线路上有过大的功率损耗和电压损失。

在一定的电压下,向负载输送一定的有功功率时,负载的功率因数 λ 越低,通过输电线的电流就会越大,导线电阻的能量损耗和导线阻抗上的电压降落都会随之增大,从而不仅浪费了能源,而且容易导致其他用电设备因电压不足而不能正常运转。所以功率因数是电力经济中衡量电力设备是否正常、良性运行的一个重要指标。

### 3. 提高功率因数的方法

因为大部分实际电力电路中的负载都是呈感性的。所以与感性负载并联容性设备(如电容器、同步补偿机等),是提高功率因数的最常见方法。

为使感性负载正常运行,必须供应它们建立磁场所需的能量,这就出现了电源与负载之间的能量交换,也即表现为电源要向负载供应无功功率。若与感性负载并联容性设备(如电容器、同步补偿机等),让它们之间就地进行一部分的能量交换,便能减少电源与负载之间的能量交换,即减少了电源供应的无功功率,从而就能提高功率因数。

在实践中要提高功率因数时,可直接采用如下公式对所需并联的电容进行计算

$$C=\frac{P}{\omega U^2}(\tan\varphi_1-\tan\varphi_2) \tag{3-43}$$

因为在并联电容前后,网络(负载)所消耗的有功功率是不变的,所以上式中的 $P$ 即为该网络消耗的有功功率,$U$ 是所加于网络上正弦电压的有效值,$\omega$ 是该正弦电压的角频率,$\varphi_1$、$\varphi_2$ 则分别是该网络在并联电容前、后之等效阻抗的阻抗角。式(3-43)所示的公式,可由所需要补偿的无功功率和电容 $C$ 的关系推导得出,在生产实践中也可通过查阅有关手册得到此公式。

## 3.5.4　单一参数元件的功率

以上对于普遍情况的讨论(即对任意无源二端网络的分析)所得出的结论和有关公式,如式(3-37)、式(3-38)和式(3-40)等,对于单一参数的元件(电阻、电感、电容)的电路来说,当然也是完全适用的。根据各元件的特性,可以很清楚地得到表 3-2 所示的结论。

**表 3-2　　　　　　　　　正弦交流电路中单一参数元件上的功率**

| 元件 | $\varphi=\psi_u-\psi_i$（相位差） | 有功功率 | 无功功率 | 视在功率 | 功率因数 |
|---|---|---|---|---|---|
| 电阻 | $\varphi=0$ | $P=UI\cos\varphi=UI$ | 0 | $S=UI$ | $\cos\varphi=1$ |
| 电感 | $\varphi=90°$ | 0 | $Q=UI\sin\varphi=UI$ | $S=UI$ | $\cos\varphi=0$ |
| 电容 | $\varphi=-90°$ | 0 | $Q=UI\sin\varphi=-UI$ | $S=UI$ | $\cos\varphi=0$ |

说明:表 3-2 中的相位差 $\varphi$,也就是该网络等效阻抗的阻抗角,正因为电阻、电感、电容这三种典型的单一参数元件上电压、电流相位关系的不同,才使得各元件上的功率有了表 3-2 所示的不同情况。因而这个 $\varphi$ 角又称为该网络的功率因数角。

## 3.5.5　复功率

为了分析和计算上的方便,我们在此引进这样一个复数:把有功功率 $P$ 作为它的实部,把无功功率 $Q$ 作为它的虚部(此时这个复数的模就是网络的视在功率,而它的辐角也

就正好等于功率因数角),我们就将此复数定义为该网络的复功率,数学表达式为

$$\widetilde{S} = P + jQ = S \underline{/\varphi} = \dot{U}\overset{*}{I} \tag{3-44}$$

复功率与复数阻抗相似,它们都是为计算用的复数,并不代表正弦函数,因此不能把它们作为相量对待。

电路中的复功率具有守恒性,也称为复功率守恒定理(证明从略)。它指出:电路中某些支路吸收的复功率要等于其余支路发出的复功率,即电路中所有支路接收的复功率的总代数和为零。

显然由复功率守恒定理可推出,整个电路的有功功率是守恒的,整个电路的无功功率也是守恒的。此结论可用来校验电路计算的结果。

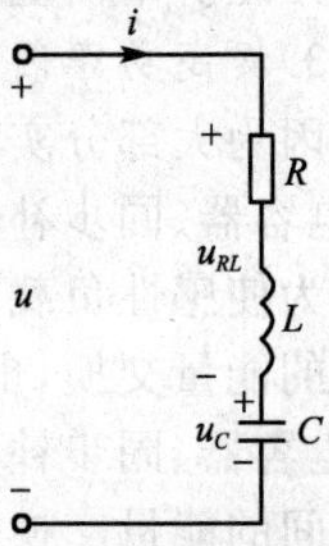

【例 3-5】 一个 $RLC$ 串联电路如图 3-18 所示,接于 220 V 工频正弦交流电源上,已知各参数为:$R = 8\ \Omega$、$L = 150\ \text{mH}$、$C = 80\ \mu\text{F}$。

(1)试求电路中的电流和该网络总的有功功率、无功功率、视在功率和功率因数;

图 3-18 串联电路的功率

(2)一个实际线圈,常以两个理想元件即 $R$、$L$ 的串联来作为它的电路模型,试求本题中这个实际线圈(即 $RL$ 串联部分)的端电压和其有功功率、无功功率、视在功率和功率因数。

**解** (1)设端口加的正弦电压为参考正弦量,即

$$\dot{U} = 220\ \underline{/0°}\ \text{V}$$

而

$$X_L = \omega L = 100\pi \times 150 \times 10^{-3} = 47.1\ \Omega$$

$$X_C = \frac{1}{\omega C} = \frac{1}{100\pi \times 80 \times 10^{-6}} = 39.8\ \Omega$$

$$X = X_L - X_C = 47.1 - 39.8 = 7.3\ \Omega$$

$$Z = R + jX = 8 + j7.3 = 10.83\ \underline{/42.38°}\ \Omega$$

$$\dot{I} = \frac{\dot{U}}{Z} = \frac{220\ \underline{/0°}}{10.83\ \underline{/42.38°}} = 20.31\ \underline{/-42.38°}\ \text{A}$$

相位差

$$\varphi = \psi_u - \psi_i = 42.38°$$

$$P = UI\cos(42.38°) = 220 \times 20.31 \times 0.74 = 3306.5\ \text{W}$$

$$Q = UI\sin(42.38°) = 220 \times 20.31 \times 0.67 = 2993.7\ \text{var}$$

$$S = UI = 220 \times 20.31 = 4468.2\ \text{VA}$$

$$\lambda = \cos 42.38° = 0.74$$

(2)对于实际线圈(即 $RL$ 串联部分),其复数阻抗为

$$Z_{RL} = R + jX_L = 8 + j47.1 = 47.77\ \underline{/80.36°}\ \Omega$$

$$\dot{U}_{RL} = Z_{RL} \cdot \dot{I} = 47.77\ \underline{/80.36°} \times 20.31\ \underline{/-42.38°} = 970.21\ \underline{/37.98°}\ \text{V}$$

而相位差

$$\varphi_{RL} = 80.36°$$

此实际线圈吸收的有功功率、无功功率、视在功率和功率因数分别是

$$P_{RL} = U_{RL} I \cos(80.36°) = 970.21 \times 20.31 \times 0.17 = 3349.8 \text{ W}$$
$$Q_{RL} = U_{RL} I \sin(80.36°) = 970.21 \times 20.31 \times 0.99 = 19.5 \text{ kvar}$$
$$S_{RL} = U_{RL} I = 19.7 \text{ kVA}$$
$$\lambda_{RL} = \cos(80.36°) = 0.17$$

由此例可看出，一个实际线圈的功率因数很低，串联电容可提高其功率因数，但端电压也随之发生了改变；所以我们提高功率因数的一般方法是与感性负载并联电容，这样可以使感性负载的端电压基本保持稳定，而不影响其正常工作。

**【例 3-6】** 一个 220 V、40 W 的日光灯，功率因数是 0.5，接于正常的 220 V 工频正弦电压上；若要将其功率因数提高到 0.95，试求：

(1)所需并联电容的电容 $C$；

(2)比较并联电容前后供电线路的电流的大小。

**解** (1)此感性负载的端电压 $U = 220$ V，有功功率 $P = 40$ W，工频正弦电压的角频率为

$$\omega = 2 \times 3.14 \times 50 = 314 \text{ rad/s}$$

又因为 $\qquad \cos\varphi_1 = 0.5, \cos\varphi_2 = 0.95$

所以 $\qquad \tan\varphi_1 = 1.732, \tan\varphi_2 = 0.329$

将以上数据代入式(3-43)得到

$$C = \frac{P}{\omega U^2}(\tan\varphi_1 - \tan\varphi_2) = \frac{40}{314 \times 220^2}(1.732 - 0.329) = 3.69 \times 10^{-6} \text{ F} = 3.69 \ \mu\text{F}$$

(2)并联电容前

$$P = U I_1 \cos\varphi_1 = 220 \times I_1 \times 0.5 = 40 \text{ W}$$

故 $\qquad I_1 = 0.36 \text{ A}$

而并联电容后

$$P = U I_2 \cos\varphi_2 = 220 \times I_2 \times 0.95 = 40 \text{ W}$$

故 $\qquad I_2 = 0.19 \text{ A}$

显然提高功率因数之后，供电线路的电流会大大减小，通过输电线电阻的能量损耗自然也就大大减小，此题也从一个方面验证了在实践中提高功率因数的意义。

**思考与练习**

3.5.1 提高功率因数的意义是什么？负载不论并联多大电容，其功率因数就一定会提高吗？为什么？

3.5.2 某端口网络电压与电流采用关联参考方向，其电压与电流瞬时值表达式为：$u(t) = 141\sin(314t + 30°)$ V，$i(t) = 2\sin(314t - 30°)$ A。试求该端口吸收的有功功率、无功功率、视在功率和功率因数。

# 3.6 谐振电路

## 3.6.1 串联谐振

### 1.谐振的产生

谐振是交流电路中出现的一种特殊现象。电路发生谐振时，其入端电流和电压将会

同相位,电路呈电阻性,此时电路的电抗 $X=0$,功率因数 $\lambda=1$,并很有可能在电路的某些地方出现特别高的电压或特别大的电流,因此我们不能忽视,应对这种现象进行专门分析。

此处先以一个 $RLC$ 串联电路为例进行说明(图 3-19)。由正弦交流电路中的相量分析法可知,图中所示 $RLC$ 串联电路的等效复数阻抗为

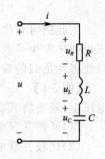

$$Z=R+\mathrm{j}(X_L-X_C)=R+\mathrm{j}X=|Z|\,\mathrm{e}^{\mathrm{j}\varphi}$$

式中当 $X_L=X_C$ 时,则电路的电抗 $X=X_L-X_C=0$,此电路的复数阻抗为 $Z=R$,阻抗角 $\varphi=0$,即此时端电流和端电压的相位相同,电路呈电阻性,正如上所述,即在电路中产生了谐振。当此现象发生在串联电路中,就称之为串联谐振。

图 3-19 $RLC$ 串联电路

2.谐振频率与谐振角频率

由上述的 $X_L=X_C$,我们进一步导出

$$X_L-X_C=\omega_0 L-\frac{1}{\omega_0 C}=0$$

谐振角频率
$$\omega_0=\frac{1}{\sqrt{LC}} \tag{3-45}$$

谐振频率
$$f_0=\frac{\omega_0}{2\pi}=\frac{1}{2\pi\sqrt{LC}} \tag{3-46}$$

3.谐振时的电压与电流

对于图 3-19 所示的 $RLC$ 串联电路

$$\frac{\dot{U}}{\dot{I}}=Z=R+\mathrm{j}(X_L-X_C)=R+\mathrm{j}X=|Z|\,\mathrm{e}^{\mathrm{j}\varphi}$$

谐振时电路的复数阻抗

$$Z=R+\mathrm{j}(X_L-X_C)=R$$

即此时的阻抗模

$$|Z|=\sqrt{R^2+(X_L-X_C)^3}=R$$

为最小值,而电路上又加以一定的电压,则电路中电流有效值

$$I=I_0=U/R$$

就达到最大值。不仅如此,通常由于这种串联电路中 $L$、$C$ 元件上的感抗或容抗都比电阻 $R$ 大得多(谐振时感抗与容抗相等),则可以证明谐振时在电感与电容上将会出现比端口总电压要高许多倍的电压,即串联谐振会在一些元件上产生过电压。

### 3.6.2 并联谐振

完全类似于对串联谐振的讨论,在有 $L$、$C$ 元件并联的电路中,若出现电路复数阻抗的阻抗角 $\varphi=0$,即端电流和端电压也是同相位,电路呈电阻性,则我们也称此电路中产生了谐振。而这次该现象是发生在并联电路中,因此就称为并联谐振。

可以证明,在并联谐振电路中,其谐振频率与谐振角频率的公式与在串联谐振电路中推导出来的公式相同,即式(3-45)与式(3-46)所表示的。相对应的是,在并联谐振电路中的 $L$、$C$ 元件上,可能会出现比端口电流要高许多的电流,因而对于电力工程而言,也可能会造成很大的危害。

### 3.6.3　对谐振电路中功率和能量的分析

前面已经提到,不论哪一种谐振,都是电路的阻抗角 $\varphi=0$,即端电压和端电流同相位,电路呈电阻性。由计算有功功率的式(3-37)和无功功率的式(3-38)告诉我们,此时电路的有功功率会较大,功率因数达到最高($\lambda=1$),而无功功率却等于 0。这说明在谐振时,电源不向电路输送无功功率,此时电感中的无功功率与电容中的无功功率完全相互补偿,电感和电容相互进行着能量交换而不再与电源交换能量(无功功率反映的是具有储能元件的网络与电源交换能量的规模)。

综上所述,电路发生谐振时具有以下主要特点:

(1)电路的阻抗角 $\varphi=0$(即端电压和端电流同相位);

(2)电路呈电阻性,即电路的电抗 $X=X_L-X_C=0$,电路的复数阻抗 $Z=R$;

(3)串联谐振与并联谐振的谐振频率公式均为

$$f_0=\frac{\omega_0}{2\pi}=\frac{1}{2\pi\sqrt{LC}}$$

(4)电路的功率因数为最高($\lambda=1$),无功功率却等于零($Q=0$)。

式(3-46)是由谐振条件推导出来的谐振频率公式,由此式可以看出,谐振频率只与电路中 $L$、$C$ 元件的参数有关。要达到谐振,可通过调节 $L$ 或 $C$ 的大小来实现。通讯系统就是常常利用谐振选频来接收信号(如收音机收听电台的节目等),但在电力系统中,因为谐振或接近谐振时,可能会在电路的局部产生特别高的电压或电流,而造成设备的损坏,所以要避免这类情况的发生。

**思考与练习**

3.6.1　为什么把串联谐振叫电压谐振,把并联谐振叫电流谐振呢?

3.6.2　试分析谐振时能量的消耗和互换情况。

3.6.3　一个线圈和电容器串联发生谐振时,线圈上电压为 18 V,电容上电压为 12 V,线圈等效电阻为 2 Ω,问电源电压是多少? 电路电流又为多少?

# 3.7　互感和互感电压

我们已经知道,当交流铁芯线圈中通入正弦交流电时,会发生自感现象,在线圈两端产生自感电动势。如果该铁芯上还绕有其他线圈,情况又会如何? 下面分析这个问题。

### 3.7.1　互感现象

如图 3-20 所示的实验电路,交流铁芯线圈的绕组Ⅰ接到正弦交流电源上,绕组Ⅱ接交流电压表。我们发现,当绕组 Ⅰ 中有电流 $i_1$ 流过时,绕组 Ⅱ 上连接的电压表指针发生了偏转。实验表明,绕组 Ⅱ 上虽然没有直接连接电源,但当绕组 Ⅰ 中的电流发生变化时,会在绕组 Ⅱ 上感应出一个电压。这种由于一个线圈中的电流发生变化,而在另一个线圈中产生感应电压的现象就叫做互感现象,相应地,产生的感应电压叫做互感电压。

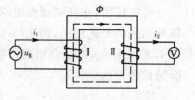

图 3-20 互感现象实验电路

为什么会产生互感现象呢? 我们知道,当线圈 Ⅰ 接入电源时,回路中会有交变的电流 $i_1$ 产生,引发的磁通势 $i_1 N_1$ 将在铁芯中产生交变的磁通 $\Phi$,该磁通既穿过了线圈 Ⅰ,又穿过了线圈 Ⅱ,根据电磁感应原理,它要在线圈 Ⅰ 和 Ⅱ 中分别感应出频率相同的感应电动势 $e_1$ 和 $e_2$,前者称为自感电动势,后者就是我们要研究的互感电动势。其大小可由图 3-20 所示电路测得。

### 3.7.2 互感系数和互感电压

#### 1.互感系数

当电路中发生互感现象时,我们引入互感系数的概念用来表示两个具有互感关系的线圈之间的相互影响。

仍以图 3-20 所示电路为例,如果用 $N_1$ 和 $N_2$ 分别表示线圈 Ⅰ 和线圈 Ⅱ 的匝数,以 $\Phi$ 表示电流 $i_1$ 在铁芯中产生的磁通,忽略漏磁通,则线圈 Ⅰ 中的自感磁链 $\Psi_1 = N_1 \Phi$,线圈 Ⅰ 对线圈 Ⅱ 的互感磁链 $\Psi_2 = N_2 \Phi$,于是,互感系数为

$$M = \frac{\Psi_2}{i_1} = \frac{N_2 \Phi}{i_1}$$

可以证明,如果在线圈 Ⅱ 中通入电流 $i_2$,线圈 Ⅱ 对线圈 Ⅰ 的影响也可以用互感系数 $M$ 来表示,并且有

$$M = \frac{\Psi_2}{i_1} = \frac{N_2 \Phi}{i_1} = \frac{\Psi_1}{i_2} = \frac{N_1 \Phi}{i_2} \tag{3-47}$$

一般地,我们将互感线圈的电路模型称为互感元件,其电路符号如图 3-21 所示,由图可见,互感元件为四端元件,$L_1$、$L_2$ 及 $M$ 都是它的参数。当线圈周围的介质为非铁磁性材料时,它是线性元件。其互感系数 $M$ 的大小可以反映两互感线圈间的磁耦合程度。如果 $M$ 越大,说明两线圈间的耦合越紧,即由一个线圈产生且穿过另一线圈的磁通越多;反之,$M$ 越小,说明两线圈的耦合越松;当

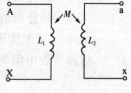

图 3-21 互感元件

$M = 0$ 时,两线圈之间就不存在耦合关系了。这里需要说明的是,$M$ 的大小不仅与磁通量的多少有关,而且与两线圈的匝数、几何尺寸、相对位置和磁介质等有关。当采用铁磁性材料作耦合磁路时,$M$ 将不是常数。

两线圈的耦合程度可由耦合系数 $K$ 来表示,它的定义为

$$K = \frac{M}{\sqrt{L_1 L_2}} \tag{3-48}$$

$K$ 的取值范围是：$0 \leqslant K \leqslant 1$，其中，$K = 0$ 时，表明两线圈没有磁耦合；$K = 1$ 时，一个线圈产生的磁通将全部穿过另一个线圈，这种情况称为全耦合。

**【例 3-7】** 两互感耦合线圈，已知 $L_1 = 16\ \text{mH}$，$L_2 = 4\ \text{mH}$。(1)若 $K = 0.5$，求互感系数 $M$；(2)若 $M = 6\ \text{mH}$，求耦合系数 $K$；(3)若两线圈为全耦合，求互感系数 $M$。

**解** 由式(3-48)有

(1) $M = K\sqrt{L_1 L_2} = 0.5 \times \sqrt{16 \times 10^{-3} \times 4 \times 10^{-3}} = 0.5 \times 8 \times 10^{-3} = 4\ \text{mH}$

(2) $K = \dfrac{M}{\sqrt{L_1 L_2}} = \dfrac{6 \times 10^{-3}}{\sqrt{16 \times 10^{-3} \times 4 \times 10^{-3}}} = \dfrac{6 \times 10^{-3}}{8 \times 10^{-3}} = 0.75$

(3)两线圈全耦合时，$K = 1$，所以

$$M = \sqrt{L_1 L_2} = \sqrt{16 \times 10^{-3} \times 4 \times 10^{-3}} = 8\ \text{mH}$$

**2. 互感电压**

如图 3-22 所示电路，当线圈 Ⅰ 中通入交流电流 $i_1$ 时，由电磁感应原理在线圈 Ⅰ 中要产生自感电压 $u_{11}$，同时还要在线圈 Ⅱ 中产生互感电压 $u_{21}$，参考方向如图 3-22 所示。其中自感电压 $u_{11}$ 的大小和方向在前面已介绍，为

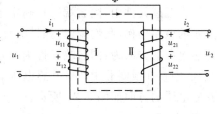

图 3-22　互感电压

$$u_{11} = L_1 \frac{\mathrm{d}i_1}{\mathrm{d}t}$$

而互感电压 $u_{21}$ 的大小可由下式确定

$$|u_{21}| = M \left| \frac{\mathrm{d}i_1}{\mathrm{d}t} \right| \tag{3-49}$$

假设电压方向如图 3-22 所示，其真实方向暂不讨论。

同理，若线圈 Ⅱ 中通入交流电流 $i_2$，则它在线圈 Ⅱ 中产生自感电压 $u_{22}$ 的同时，也会在线圈 Ⅰ 中产生互感电压 $u_{12}$，且有

$$u_{22} = L_2 \frac{\mathrm{d}i_2}{\mathrm{d}t}$$

$$|u_{12}| = M \left| \frac{\mathrm{d}i_2}{\mathrm{d}t} \right| \tag{3-50}$$

不难看出，当线圈中出现互感现象时，每个线圈两端的电压将由自感电压和互感电压两部分组成，为它们的代数和。即

$$u_1 = u_{11} + u_{12} \tag{3-51}$$

$$u_2 = u_{21} + u_{22} \tag{3-52}$$

其中，$u_{11}$、$u_{12}$、$u_{21}$、$u_{22}$ 的方向与线圈绕向和电流方向有关，均为代数量。

### 3.7.3　同名端

在图 3-21 所示的互感元件中，共有两组端钮：A 和 X，a 和 x。当互感现象发生时，两组线圈上分别会有电压产生。因此，在每组端钮中必然要有一个瞬时极性为正的端钮和一个瞬时极性为负的端钮。我们规定：在这四个接线端钮中，瞬时极性始终相同的端钮叫

做同极性端,又称同名端。四个端钮中必有两组同名端。例如,在某一瞬间,端钮 A 和 a 上的极性同为正,则 A 和 a 就是一对同名端,同时 x 和 X 也是一对同名端。同理,瞬时极性不相同的端钮叫做异名端,例如,上例中的 A 和 x,X 和 a 就是两组异名端。

对于同名端,我们通常用标记"·"或者"＊"将其标明,如图 3-23 所示。该图实际上也给出了一种测定同名端的方法。在闭合开关 K 的瞬间,电压表指针正向偏转,说明 A 和 a 是一对同名端;如果指针反向偏转,则 A 和 x 是一对同名端。这是因为在闭合 K 的瞬间,线圈Ⅰ中的电流 $i_1$ 增大,在线圈Ⅰ中产

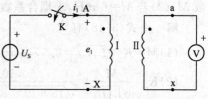

图 3-23　同名端的测定

生感应电动势的方向如图 3-23 所示,A 端为正,X 端为负。如果这时电压表指针正向偏转,说明在另一线圈Ⅱ中产生的互感电动势使 a 端为正,x 端为负,则 A 和 a 同为正极性端,X 和 x 同为负极性端,所以 A 和 a,X 和 x 为两组同名端。

在互感元件中,同名端一旦确定下来,互感电压的方向也就随之确定了。以图 3-24 所示的电路为例,我们规定:如果电流从一个线圈的同名端流入,则它在另一线圈中产生互感电压的方向为:同名端极性为正,异名端极性为负。当电流 $i_1$ 从线圈Ⅰ的同名端 A 流入,则它在线圈Ⅱ中产生互感电压 $u_{21}$ 时,同名端 a 的极性为正,异名端 x 的极性为负,互感电压的方向如图 3-24 所示。

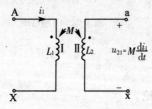

图 3-24　互感电压的方向

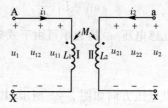

图 3-25　互感电压与电流

这样,在图 3-25 所示的电路中,电压 $u_1$、$u_2$ 可表示为

$$u_1 = u_{11} + u_{12}$$
$$u_2 = u_{21} + u_{22}$$

式中,$u_{11}$ 和 $u_{22}$ 分别为线圈Ⅰ和线圈Ⅱ中的自感电压;$u_{21}$ 是电流 $i_1$ 在线圈Ⅱ中产生的互感电压;$u_{12}$ 是电流 $i_2$ 在线圈Ⅰ中产生的互感电压。在图 3-25 所示参考方向下,有

$$u_{11} = L_1 \frac{di_1}{dt}, u_{22} = L_2 \frac{di_2}{dt}$$

$$u_{21} = M \frac{di_1}{dt}, u_{12} = M \frac{di_2}{dt}$$

于是有

$$u_1 = u_{11} + u_{12} = L_1 \frac{di_1}{dt} + M \frac{di_2}{dt} \tag{3-53}$$

$$u_2 = u_{22} + u_{21} = L_2 \frac{di_2}{dt} + M \frac{di_1}{dt} \tag{3-54}$$

当电流为正弦电流时,上式可写为相量形式,即

$$\dot{U}_1 = \dot{U}_{11} + \dot{U}_{12} = j\omega L_1 \dot{I}_1 + j\omega M \dot{I}_2 \qquad (3-55)$$

$$\dot{U}_2 = \dot{U}_{22} + \dot{U}_{21} = j\omega L_2 \dot{I}_2 + j\omega M \dot{I}_1 \qquad (3-56)$$

其中 $\dot{U}_{12} = j\omega M \dot{I}_2$，$\dot{U}_{21} = j\omega M \dot{I}_1$，$\omega M = X_M$ 称为互感抗，单位为欧姆($\Omega$)。

通过以上分析，我们看到：当互感现象存在时，一个线圈的电压不仅与流过线圈本身的电流有关(存在自感电压)，而且与相邻线圈中的电流有关(存在互感电压)。

需要指出的是，以上公式均是针对图 3-20 所示的参考方向给定的，一旦电流 $i_1$ 或 $i_2$ 方向变化，或同名端发生变化，公式中的符号也要随之变化，具体情况请读者自行分析。

**【例 3-8】** 如图 3-20 所示的互感现象实验电路，如果已知 $u_S$ 频率为 500 Hz 时，测得电流 $I_1 = 1$ A，电压表读数为 31.4 V，试求两线圈的互感系数 $M$。

**解** 电压表读数由互感现象引起，互感电压

$$\dot{U}_2 = j\omega M \dot{I}_1$$

于是

$$U_2 = \omega M I_1$$

所以

$$M = \frac{U_2}{\omega I_1} = \frac{U_2}{2\pi f I_1} = \frac{31.4}{2\pi f \times 1} = \frac{31.4}{3140} = 0.01 \text{ H}$$

**【例 3-9】** 如图 3-24 所示电路，同名端已标在电路中，若 $M = 0.2$ H，$i_1 = 5\sqrt{2}\sin(314t)$ A，求互感电压 $u_{21}$。

**解** $u_{21}$ 方向如图 3-24 所示，先将 $i_1$ 写成相量形式，为

$$\dot{I}_1 = 5 \underline{/0°} \text{ A}$$

于是

$$\dot{U}_{21} = j\omega M \dot{I}_1 = j \times 314 \times 0.2 \times 5 \underline{/0°} = 314 \underline{/90°} \text{ V}$$

故

$$u_{21} = 314\sqrt{2}\sin(314t + 90°) \text{ V}$$

**思考与练习**

3.7.1 耦合系数 $K$ 的物理意义是什么？什么叫全耦合？为什么收音机的电源变压器与输出变压器往往尽量远离并相互垂直放置？

3.7.2 线圈中产生的互感电压与哪些因素有关？当流过线圈的电流方向发生变化，而其他条件不变时，互感电压的大小是否变化？其方向变化吗？

3.7.3 什么是同名端？在图 3-23 所示电路中，如果 X 与 a 是一对同名端，K 闭合瞬间电压表指针如何偏转？

# 3.8 互感线圈的连接

## 3.8.1 互感线圈的串联

两个互感线圈串联时，因同名端的位置不同而分为两种情况：第一，两线圈的异名端连接在一起，如图 3-26(a)所示，这种连接方式称为顺向串联，简称顺联；第二，两线圈的

同名端连接在一起,如图 3-26(b)所示,这种连接方式称为逆向串联,简称逆联。下面分别作介绍。

**1.互感线圈的顺联**

顺联时,电流分别从两互感线圈的同名端流入,因此,当它们各自在对方线圈两端产生互感电压时,同名端极性为正,如图 3-26(a)中 $\dot{U}_{12}$ 和 $\dot{U}_{21}$ 所示。

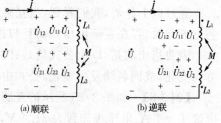

图 3-26 互感线圈的串联

根据 KVL 及互感元件的伏安关系,可写出在正弦交流情况下,$\dot{U}_1$、$\dot{U}_2$ 及 $\dot{U}$ 的相量表达式为

$$\dot{U}_1 = \dot{U}_{11} + \dot{U}_{12} = j\omega L_1 \dot{I} + j\omega M \dot{I}$$

$$\dot{U}_2 = \dot{U}_{22} + \dot{U}_{21} = j\omega L_2 \dot{I} + j\omega M \dot{I}$$

于是

$$\dot{U} = \dot{U}_1 + \dot{U}_2 = (j\omega L_1 \dot{I} + j\omega M \dot{I}) + (j\omega L_2 \dot{I} + j\omega M \dot{I})$$

故
$$\dot{U} = j\omega L_{顺} \dot{I} \tag{3-57}$$

式中,$L_{顺} = L_1 + L_2 + 2M$ 为顺联时的等效电感。

**2.互感线圈的逆联**

逆联时,电流顺次从第一个线圈的同名端和第二个线圈的异名端流入,这样,它在线路中产生的互感电压 $\dot{U}_{21}$ 和 $\dot{U}_{12}$ 都为负,其方向如图3-26(b)所示。当输入电流为正弦量时,$\dot{U}_1$、$\dot{U}_2$ 及 $\dot{U}$ 的相量表达式分别为

$$\dot{U}_1 = \dot{U}_{11} - \dot{U}_{12} = j\omega L_1 \dot{I} - j\omega M \dot{I}$$

$$\dot{U}_2 = \dot{U}_{22} - \dot{U}_{21} = j\omega L_2 \dot{I} - j\omega M \dot{I}$$

于是

$$\dot{U} = \dot{U}_1 + \dot{U}_2 = (j\omega L_1 \dot{I} - j\omega M \dot{I}) + (j\omega L_2 \dot{I} - j\omega M \dot{I}) = j\omega L_{逆} \dot{I} \tag{3-58}$$

式中,$L_{逆} = L_1 + L_2 - 2M$ 为逆联时的等效电感。

由于互感线圈在顺联和逆联时的等效电感不同,因此,在相同电压作用下,流过它们的电流也不会相等。当两线圈顺联时,其等效电感 $L_{顺}$ 较大,流过的电流较小。这样,只要测得两次连接情况下的电流值,就可以判断出互感线圈的同名端。如图 3-26(b)所示,电流测量值较大那一次两线圈的公共端即为同名端。这实际上为我们提供了一种测定同名端的方法。

除此之外,利用互感线圈的串联,还可以测量互感系数 $M$,其原理如下:

根据等效电感 $L_{顺}$ 和 $L_{逆}$ 的表达式有

$$L_{顺} - L_{逆} = (L_1 + L_2 + 2M) - (L_1 + L_2 - 2M) = 4M$$

于是
$$M = \frac{L_{顺} - L_{逆}}{4}$$

这样，在图 3-26(a)和(b)中，只要测量 $\dot{U}$ 和 $\dot{I}$，再分别利用式(3-57)和式(3-58)就可以计算出 $L_{顺}$ 和 $L_{逆}$，从而得出互感系数 $M$ 的值。

【例 3-10】 电路如图 3-27 所示，A、B 间接有 $U_1 = 10$ V 的交流电源，$\omega L_1 = \omega L_2 = 4$ $\Omega$，$\omega M = 2$ $\Omega$，试求 C、D 间开路电压 $\dot{U}_2$。

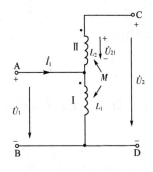

图 3-27　例 3-10 电路图

**解**　C、D 间开路时，线圈 II 中无电流流过，所以线圈 I 中无互感电动势，此时令 $\dot{U}_1 = 10\underline{/0°}$ V，则线圈 I 中电流表达式为

$$\dot{I}_1 = \frac{\dot{U}_1}{j\omega L_1} = \frac{10\underline{/0°}}{4\underline{/90°}} = 2.5\underline{/-90°} \text{ A}$$

线圈 II 中互感电压 $\dot{U}_{21}$ 方向如图所示，于是

$$\dot{U}_{21} = j\omega M \dot{I}_1 = j \times 2 \times 2.5\underline{/-90°} = 5\underline{/0°} \text{ V}$$

故 C、D 间开路电压 $\dot{U}_2 = \dot{U}_1 + \dot{U}_{21} = 10\underline{/0°} + 5\underline{/0°} = 15\underline{/0°}$ V

【例 3-11】 电路如图 3-28 所示，已知 $R_1 = 4$ $\Omega$，$R_2 = 6$ $\Omega$，$\omega L_1 = 6.5$ $\Omega$，$\omega L_2 = 9.5$ $\Omega$，$\omega M = 2$ $\Omega$，电压 $U = 45$ V，求电路中电流 $I$。

**解**　首先选定电流和电压的参考方向如图所示，由于两线圈顺联，故

$$\begin{aligned}\omega L_{顺} &= \omega(L_1 + L_2 + 2M)\\ &= 6.5 + 9.5 + 2 \times 2\\ &= 20 \text{ } \Omega\end{aligned}$$

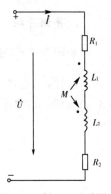

串联总电阻　　　$R = R_1 + R_2 = 4 + 6 = 10$ $\Omega$
则串联电路总的等效阻抗为

$$|Z| = \sqrt{R^2 + (\omega L_{顺})^2} = \sqrt{10^2 + 20^2} \approx 22.4 \text{ } \Omega$$

故电流

$$I = \frac{U}{|Z|} = \frac{45}{22.4} \approx 2 \text{ A}$$

图 3-28　例 3-11 电路图

## *3.8.2　互感线圈的并联

互感线圈的并联也有两种形式：如图 3-29(a)所示，如果两线圈的同名端连接在一起，称为同侧并联；如图 3-30(a)所示，如果两线圈的异名端连接在一起，称为异侧并联。

### 1. 同侧并联

如图 3-29(a)所示，当两线圈同侧并联时，支路电流 $\dot{I}_1$、$\dot{U}_2$ 分别从两线圈的同名端流入。这样，当电路中产生自感电压 $\dot{U}_{11}$ 和 $\dot{U}_{22}$ 以及互感电压 $\dot{U}_{12}$ 和 $\dot{U}_{21}$ 时，其方向分别如图所示，根据 KVL 和 KCL，有

$$\begin{cases} \dot{I} = \dot{I}_1 + \dot{I}_2 & ① \\ \dot{U} = \dot{U}_{11} + \dot{U}_{12} = j\omega L_1 \dot{I}_1 + j\omega M \dot{I}_2 & ② \\ \dot{U} = \dot{U}_{22} + \dot{U}_{21} = j\omega L_2 \dot{I}_2 + j\omega M \dot{I}_1 & ③ \end{cases}$$

将式①分别代入式②、式③,有

$$\begin{cases} \dot{U} = j\omega(L_1 - M)\dot{I}_1 + j\omega M \dot{I} & ④ \\ \dot{U} = j\omega(L_2 - M)\dot{I}_2 + j\omega M \dot{I} & ⑤ \end{cases}$$

根据式④和式⑤,可以画出图 3-29(a)所示电路的等效电路,如图 3-29(b)所示。在该电路中各等效电感都是自感,相互之间已无互感存在,故称这种电路为去耦等效电路。利用去耦等效电路分析问题,由于不必再考虑互感的影响,因而简便易行。

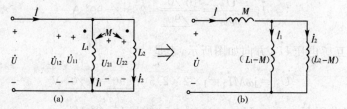

图 3-29 同侧并联的去耦等效电路

## 2. 异侧并联

如图 3-30(a)所示,当两线圈异侧并联时,支路电流 $\dot{I}_1$、$\dot{I}_2$ 分别从两线圈的异名端流入。这样,当电路中产生自感电压 $\dot{U}_{11}$ 和 $\dot{U}_{22}$ 以及互感电压 $\dot{U}_{12}$ 和 $\dot{U}_{21}$ 时,其方向分别如图 3-30(a)所示,根据 KCL 和 KVL 定律列方程

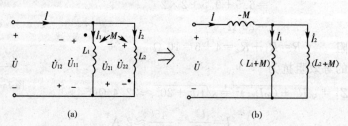

图 3-30 异侧并联的去耦等效电路

$$\dot{I} = \dot{I}_1 + \dot{I}_2$$

$$\dot{U} = \dot{U}_{11} - \dot{U}_{12} = j\omega L_1 \dot{I}_1 - j\omega M \dot{I}_2 = j\omega L_1 \dot{I}_1 - j\omega M(\dot{I} - \dot{I}_1)$$

$$= j\omega(L_1 + M)\dot{I}_1 - j\omega M \dot{I}$$

$$\dot{U} = \dot{U}_{22} - \dot{U}_{21} = j\omega L_2 \dot{I}_2 - j\omega M \dot{I}_1$$

$$= j\omega L_2 \dot{I}_2 - j\omega M(\dot{I} - \dot{I}_2)$$

$$= j\omega(L_2 + M)\dot{I}_2 - j\omega M \dot{I}$$

需要指出,在图 3-30(b)所示的等效电路中,等效电感(−M)是一个负值,这只是计算上的需要,并无实际意义。

**思考与练习**

3.8.1　无互感的两线圈串联时,若各线圈的自感分别为 $L_1$ 与 $L_2$,其等效电感是多少?

3.8.2　利用两互感线圈串联连接测互感系数时,已知交流电源频率 $f=50$ Hz,顺联时等效电感 $L_{顺}=16$ H,逆联时等效电感 $L_{逆}=8$ H,求互感系数 $M$。

# 本 章 小 结

1.因为关于正弦量(此处以正弦电流为例),在规定了它的参考方向之后,其数学表达式为

$$i(t)=I_m\sin(\omega t+\psi)$$

式中,$I_m$ 是它的最大值,也叫振幅;$\omega$ 称为角频率,它与频率 $f$ 和周期 $T$ 的关系是:$\omega=2\pi f=\dfrac{2\pi}{T}$;$\psi$ 是计时起点(即 $t=0$)时正弦量的相位角,叫做正弦量的初相位。振幅、角频率和初相位是确定正弦量的三要素。

2.因为正弦交流电路中所有正弦量均有相同的频率,可用相量(复数)来表示。相量的模代表正弦量的有效值,并且在复平面中,相量和正实轴的夹角表示其初相位;所以相量运算也可以采用相量图法来进行。

3.对于一段无源电路(即无源二端网络),若其上端电压、端电流的有效值相量分别为:$\dot{U}=Ue^{j\psi_u}$,$\dot{I}=Ie^{j\psi_i}$,且二者取关联参考方向,则

$$Z=\frac{\dot{U}}{\dot{I}}=\frac{U}{I}e^{j(\psi_u-\psi_i)}=|Z|e^{j\varphi}=|Z|\underline{/\varphi}=R+jX$$

上式称为欧姆定律的相量形式。其中 $Z$ 称为复数阻抗;$|Z|$ 是这个复数阻抗的模;$\varphi$ 称为复数阻抗的阻抗角,$\varphi$ 角同时也就是网络中电压超前于电流的相位角。

4.对于 $R$、$L$、$C$ 串联的正弦交流电路,其复数阻抗为

$$Z=R+j(X_L-X_C)=R+jX$$

式中,$X$ 称为电路的电抗,即复数阻抗的虚部;对于理想电感元件 $L$ 和理想电容元件 $C$,$X_L=\omega L$ 称为感抗,而 $X_C=\dfrac{1}{\omega C}$ 称为容抗。当 $L$、$C$ 串联时,它的电抗等于此感抗与容抗之差,即 $X=X_L-X_C$。

5.基尔霍夫电流定律(KCL)和基尔霍夫电压定律(KVL)的相量形式是

$$\sum\dot{I}=0(对于节点)$$

$$\sum\dot{U}=0(对于回路)$$

其中各项符号与其参考方向的关系均与直流电路中的规定一样。

6.复数阻抗的倒数称为复数导纳,即

$$Y = \frac{1}{Z} = G + jB = |Y| e^{j\varphi'} = |Y| \underline{/\varphi'}$$

对于 $n$ 个阻抗串联的等效阻抗等于各分阻抗之和,即

$$Z = Z_1 + Z_2 + \cdots + Z_n$$

而 $n$ 个阻抗并联的电路则用复数导纳计算更为方便,即

$$Y = Y_1 + Y_2 + \cdots + Y_n$$

7.若某无源二端网络的端电压、端电流分别为(参考方向如图 3-31 所示)

(a)　　　　　　　　　　　　　(b)

图 3-31　无源二端网络的功率

$$u(t) = U_m \sin(\omega t + \psi)$$
$$i(t) = I_m \sin(\omega t + \psi - \varphi)$$

则电路吸收的瞬时功率和有功功率、无功功率、视在功率分别是

$$p(t) = u(t) \cdot i(t), P = UI\cos\varphi, Q = UI\sin\varphi, S = UI = \sqrt{P^2 + Q^2}$$

而

$$\lambda = \frac{P}{S} = \cos\varphi$$

又称为该网络的功率因数。

8.在电力工程中,大部分实际电力负载都是呈感性的,而且功率因数较低,一般在 $0.7 \sim 0.85$ 左右。负载的功率因数低会造成线路上过大的功率损耗和电压损失,对电力系统的运行十分不利,所以我们通常采用与感性负载并联电容的方法来提高功率因数。对于所需并联电容的电容量可采用如下公式进行计算

$$C = \frac{P}{\omega U^2}(\tan\varphi_1 - \tan\varphi_2)$$

9.当正弦交流电路中各正弦量均用相量表示,各电路参数也都用复数阻抗和复数导纳表示后,则我们在直流电阻电路中学习过的各种公式和定理(如欧姆定律、KCL、KVL 以及分压公式、分流公式、叠加定理和戴维南定理等内容),在换成相量形式后都可继续适用,只是一般运算过程都成了复数运算而已。

10.含有电感元件和电容元件的无源二端网络中,当入端电流和电压同相位时,电路呈电阻性,此时有:$X = 0, \lambda = 1$,则这时电路中这种特殊的工作状态称为谐振。根据电路连接方式的不同,谐振又可分为串联谐振和并联谐振等。谐振状态是电路中出现的一种特殊状态,在通信和其他无线电技术领域被广泛应用,而在电力系统中,却要尽量避免这种情况的发生,以免造成危害。

11.互感线圈实现了电路间的磁耦合。其中互感系数 $M$ 是与自感系数 $L$ 相对应的重要参数,再结合同名端这一重要概念,含有互感电路的分析计算与一般正弦交流电路基本相同。

12.有两互感线圈串联时的等效电感为

$$L = L_1 + L_2 \pm 2M$$

顺向串联时式中末项取正号,逆向串联(反向串联)时式中末项取负号。

# 习题 3

3-1 试说明什么是正弦量的三要素(要求简述各要素分别描述了正弦量的哪一个特点)。

3-2 试说明什么是正弦量的有效值(请从其物理意义以及它与振幅相互关系的表达式两个方面来说明)。

3-3 已知一正弦电流波形如图 3-32 所示,试根据此波形图上所标出的数据,写出它的振幅、有效值、周期、频率、角频率和它的初相位。

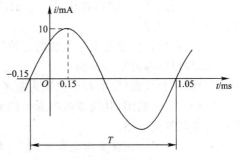

图 3-32　习题 3-3 图

3-4 已知正弦电流瞬时值表达式为 $i = 10\sqrt{2}\sin(628t + 49°)$ A,试求:

(1)它的振幅、频率、周期、角频率和初相位;

(2)分别计算 $t = 0.025$ s 和 $t = 0.01$ s 时的瞬时值。

3-5 设有两个同频率的正弦电压:$u_1 = 311.1\sin(\omega t + 19°)$ V,$u_2 = 155.6\sin(\omega t - 51°)$ V。试问:

(1)其中哪一个电压超前? 超前的角度是多少?

(2)两个正弦电压的有效值各为多少?

3-6 试在同一个坐标系中,画出两个同频率的正弦电流 $i_1$ 与 $i_2$ 的波形。要求:

(1)$i_1$ 振幅是 $i_2$ 振幅的两倍,并且 $i_1$ 比 $i_2$ 超前 90°;

(2)$i_1$ 振幅是 $i_2$ 振幅的三倍,并且 $i_1$ 比 $i_2$ 滞后 120°(其余条件不限,分两次画出)。

3-7 将下列复数极坐标形式的转化为代数形式,代数形式的转化为极坐标形式。

$25\angle{-36.87°} = $ _____ ;$104\angle{9.57°} = $ _____ ;

$3.2 + j7.5 = $ _____ ;$4 - j3 = $ _____ 。

3-8 有两个复数:$A = 104\angle{9.57°}$ ;$B = 9.2 + j3.5$。试分别求出:

(1)$A - B$;(2)$AB$;(3)$A/B$;(4)$1/AB$。

3-9 某交流负载上的正弦电流和正弦电压分别为:$i = 14.14\sin(\omega t - 9°)$ A,$u = 311.1\sin(\omega t + 71°)$ V。试用相量表示上述电流、电压,并作出它们的相量图。

3-10 有两个正弦电流:$i_1(t) = 10\sin(314t + 10°)$ A;$i_2(t) = 5\sin(314t - 50°)$ A。

(1)试写出它们的相量表达式;

(2)用相量法求出 $i_1 + i_2$,并作出有关相量图;

(3)用相量法求出 $i_1 - i_2$,并作出有关相量图。

3-11 在工频正弦交流电路中,有几个正弦量的相量分别为:$\dot{I}_1 = 18e^{j60°}$ A,$\dot{I}_2 = 24e^{-j30°}$ A,$\dot{U}_R = 80e^{-j108°}$ V,$\dot{U}_L = 100e^{-j67°}$ V;$\dot{U} = 112$ V,试画出它们的相量图,并写出各相

量的瞬时值表示式。

3-12 有一电感线圈,其电感 $L=300$ mH,绕线的电阻 $R=20$ Ω,将此线圈与 $C=250$ $\mu$F 的电容串联后,接到 220 V 的工频正弦交流电压上,试求电路中电流的有效值和各元件上电压的有效值。

3-13 有一 $RLC$ 并联电路,已知 $R=25$ Ω,$L=2$ mH,$C=5$ $\mu$F,总电流的有效值为 0.34 A,并且电源角频率为 $\omega=5000$ rad/s。

(1)试求电路中电压有效值和 $R$、$L$、$C$ 上的电流有效值。

(2)若取电路中总电流为参考正弦量,试作出此电路中各电压、电流相量的相量图。

3-14 在 $RLC$ 并联电路中,$R=10$ Ω,$X_L=15$ Ω,$X_C=8$ Ω,电路中电压 $U=120$ V,频率为 50 Hz。试求:

(1)电路中各分电流及总电流的有效值;

(2)端口的等效复数导纳;

(3)画出相量图(以电路中电压为参考正弦量)。

3-15 有一线圈,其绕线电阻 $R=13$ Ω,$L=150$ mH,试求此线圈在工频正弦交流电路中的并联等效电路。

3-16 在工频正弦交流电路中,有一 $RLC$ 串联电路,已知 $R=20$ Ω,$L=40$ mH,$C=100$ $\mu$F,试分别求出构成其串联、并联等效电路的元件的参数。

3-17 在图 3-33 所示电路中,$Z_1=(2+j5)$ Ω,$Z_2=(3-j4)$ Ω,$\dot{U}_{DB}=110$ V,$\dot{I}=15e^{-j30°}$ A,试求端口电压 $\dot{U}$。

3-18 在图 3-34 所示电路中,$Z_1=(1+j3)$ Ω,$Z_2=(3+j2)$ Ω,$\dot{I}=0.84$ A,试求其他电流和电压。

3-19 图 3-35 所示的是工频正弦交流电路,设其中电感与电容元件的感抗和容抗分别为 $X_L$、$X_C$;已知 $R_1=\sqrt{3}X_L$,$R_2=\sqrt{3}X_C$,$\dot{U}=100\ \underline{/0°}$ V,试用相量图法求出电压 $\dot{U}_{ab}$。

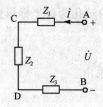

图 3-33 习题 3-17 图

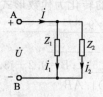

图 3-34 习题 3-18 图

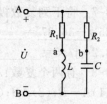

图 3-35 习题 3-19 图

3-20 电压为 220 V 的线路上接有功率因数为 0.5、功率为 800 W 的日光灯和功率因数为 0.65、功率为 500 W 的电风扇。试求线路的总有功功率、无功功率、视在功率、功率因数以及总电流。

3-21 某一线圈具有电阻 20 Ω、电感 0.2 H,加 100 V 正弦电压(频率为 50 Hz),求线圈的视在功率、有功功率、无功功率和功率因数。

3-22 在工频正弦交流电路中,有一台单相电动机,输入功率为 1.75 kW,电流为 10 A,电压为 220 V。试问:

（1）此电动机的功率因数为多少？

（2）若要将其功率因数提高到 0.94，应当并联多大的电容？

3-23　如图 3-36 所示电路中，$R_1 = 40\ \Omega$，$R_2 = 60\ \Omega$，$X_L = 30\ \Omega$，$X_C = 60\ \Omega$，接到 220 V 电源上，试求出各支路及总的有功功率、无功功率、视在功率和功率因数。

3-24　如图 3-37 所示，$\dot{U}_S = 10\ \underline{/0°}$ V，$\dot{I}_S = 5\ \underline{/90°}$ A，$Z_1 = 3\ \underline{/90°}\ \Omega$，$Z_2 = j2\ \Omega$，$Z_3 = -j2\ \Omega$，$Z_4 = 1\ \Omega$。试选用（1）叠加定理；（2）电源等效变换；（3）戴维南定理；（4）节点法；（5）网孔法五种方法中的任意两种，计算电流 $\dot{I}_2$。

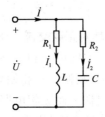

图 3-36　习题 3-23 图

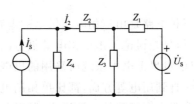

图 3-37　习题 3-24 图

3-25　日光灯管与镇流器串联接到交流电压上，可看做 $RL$ 串联电路。如果已知某灯管的等效电阻 $R_1 = 280\ \Omega$，镇流器的电阻和电感分别为 $R_2 = 20\ \Omega$ 和 $L = 1.65$ H，电源电压 $U = 220$ V，试求电路中的电流和灯管两端与镇流器两端的电压分别为多少，这两个电压加起来为何不等于 220 V？

3-26　有两个互感线圈，已知 $L_1 = 0.4$ H，$K = 0.5$，互感系数 $M = 0.1$ H，试求 $L_2$ 为多少，如果两线圈处于全耦合状态，互感系数 $M$ 又为多少？

3-27　如图 3-38 所示电路，已知 $R_1 = 3\ \Omega$，$R_2 = 7\ \Omega$，$\omega L_1 = 9.5\ \Omega$，$\omega L_2 = 10.5\ \Omega$，$\omega M = 5\ \Omega$，若电流 $\dot{I} = 2\ \underline{/0°}$ A，求外加电压为多少。

3-28　如图 3-39 所示，已知 $R_1 = 5\ \Omega$，$L_1 = 0.01$ H，$R_2 = 10\ \Omega$，$L_2 = 0.02$ H，$C = 20\ \mu$F，$M = 0.01$ H，试分别求顺联和逆联时电路的谐振角频率。

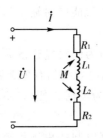

图 3-38　习题 3-27 图

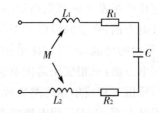

图 3-39　习题 3-28 图

# 三相正弦交流电路

三相电路是由三相电源供电的电路。上一章我们虽然对正弦交流电路进行了分析和学习,但只是讨论了由单相电源供电的单相电路。在生产实践中三相电路的应用最为广泛,目前世界上电力系统所采用的供电方式,绝大多数是三相制。三相制电路从发电、输配电一直到用电等方面,都比单相制电路具有明显的优越性。而三相电路又可以看成是单相电路中多回路的一种形式,所以前章所述正弦交流电路的基本规律和基本分析方法,都可应用于本章,但三相电路又有其本身一些特殊的规律性,抓住这些要点去分析,就比仅仅采用对单相电路进行分析的一般方法要简便和快捷得多。

## 4.1 对称三相正弦量

### 4.1.1 三相电路的优越性

目前世界各国电力系统的供电方式,之所以都采用三相制,是因为三相电路从发电、输配电一直到用电等方面,都比单相供电体系具有明显的优越性。为了使大家更好地认识学习三相电路的重要性,现将其优越性简述如下:

(1)发电方面:对于相同尺寸的发电机,三相发电机因为能同时输出对称的三相电动势,所以它比单相发电机可提高功率约50%,且运转稳定;

(2)输电方面:在相同输电的条件下,三相输电线路因为同时输送的是相当于三条供电线路所供给的电能,所以它比单相输电线路节省用于输电导线的有色金属25%;

(3)配电方面:三相变压器比单相变压器更经济也更为灵活方便,在不增加任何设备的情况下,可供三相或单相两类负载共同使用;

(4)用电方面:由于三相电流能产生旋转磁场,从而可以制造出结构简单、性能良好、运行稳定、维护方便的三相异步电动机等三相用电设备;又可以从输出端较方便地得到几种不同等级的电压,以供具有不同电压等级的用电设备使用。

### 4.1.2 对称三相正弦量

#### 1.三相交流发电机的绕组结构

三相正弦交流电动势是由三相交流发电机产生的。三相交流发电机主要由电枢磁极所组成。图 4-1 所示为一对磁极的三相交流发电机原理示意图。

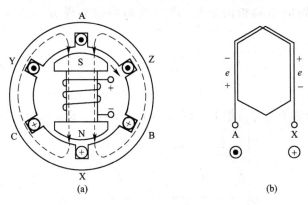

图 4-1 一对磁极的三相交流发电机原理示意图

其中电枢是固定的,亦称为定子,由定子铁芯和三相绕组组成。定子铁芯是用内圆表面冲有凹槽的硅钢片叠成。如图 4-1(a)所示,在槽内放置三相匝数相等、相互独立的对称绕组,称为三相绕组,它们分别称为 AX、BY、CZ 线圈,其中 A、B、C 是各线圈的始端,X、Y、Z 是各线圈的末端,三相绕组的三个始端(或末端)在空间彼此相隔 120°。其中一相绕组的示意图如图 4-1(b)所示。电机的磁极是旋转的,亦称为转子。转子铁芯上绕有励磁绕组,通以直流电励磁。合理选择极面的形状和励磁绕组的分布,可以使气隙中的磁感应强度沿圆周作正弦分布。当转子(磁极)以匀角速度 $\omega$ 旋转时,每相绕组将依次切割磁力线而在各自的线圈中产生感应电动势。

2. 对称三相正弦量

我们先来看看对称三相电压:对称三相电压是指具有相同频率、波形和振幅,且在相位上彼此相差 1/3 周期的三个交流电压所组成的集合。而能提供这种对称三相电压的电源系统就是对称三相电压源。

一般三相电压源所产生的一组交流电压,是由频率相同、振幅相等、相位上互差 120°电角度的三个正弦交流电压所组成的对称三相正弦电压。我们今后所讨论的都是正弦波形的三相交流电,而这里所说的三相电源通常就是指三相交流发电机。

而在三相电路中由频率相同、振幅相等、相位上互差 120°电角度的三个正弦电流所组成的一组交流电流,又称为对称三相正弦电流。同理,满足以上三个条件的三个正弦量所组成的都称为对称三相正弦量。

3. 对称三相交流电动势的产生

当图 4-1 所示的三相交流发电机的转子由原动机带动,并按顺时针方向作匀速旋转时,每相绕组都将依次切割磁力线而产生频率相同、振幅相等的正弦电动势。我们按图 4-1(b)所示的方法设定各相绕组中感应电动势的参考方向(即电动势的参考方向均由各线圈的末端指向始端),并以 AX 线圈中的电动势 $e_A$ 为参考正弦量,则绕组中所产生的对称三相电动势可表示为

$$e_A = E_m \sin\omega t$$
$$e_B = E_m \sin(\omega t - 120°)$$
$$e_C = E_m \sin(\omega t + 120°)$$

若用三个电压源的电压分别表示三相交流发电机中三相绕组中的电压,并设其参考方向均为由各线圈的始端指向末端(即与电动势的参考方向相反),而在量值上取 $U_m = E_m$,则有

$$u_A = U_m \sin \omega t$$
$$u_B = U_m \sin(\omega t - 120°)$$
$$u_C = U_m \sin(\omega t + 120°)$$

(4-1)

这组电压源就称为对称三相电压源,此对称三相电压的波形如图 4-2 所示。

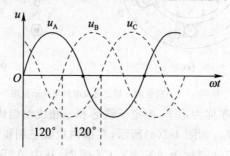

图 4-2 对称三相电压的波形

### 4.1.3 相序和对称三相正弦量的相量表示

**1. 关于相序**

三相电源中,每相电压依次达到同一值(例如正的最大值)的先后次序称为三相电源的相序。式(4-1)表示的三相电源的相序为 A→B→C→A,即 B 相比 A 相滞后,C 相又比 B 相滞后,称为正相序(也叫顺序或正序);反之,C→B→A→C 的相序则称为逆相序(也叫逆序或负序)。工程上通用的都是正序。

A 相可以任意指定,但 A 相一经确定,那么比 A 相滞后 120° 的就是 B 相,而比 A 相超前 120° 的就是 C 相,这是不可以混淆的。工程实践中通常在交流发电机出线的三相母线上涂以黄、绿、红三种颜色来区分 A、B、C 三相。

**2. 对称三相正弦量的相量表示**

由上一章所学知识,我们很容易地写出式(4-1)所示对称三相电压的相量表达式

$$\dot{U}_A = U \underline{/0°}$$
$$\dot{U}_B = U \underline{/-120°}$$
$$\dot{U}_C = U \underline{/120°}$$

(4-2)

由相量式(4-2)可以很直观地看出这组对称三相电压之间量值和相位上的关系,当然它们首先都必须是同频率的正弦量。

类似以上表示,我们也可以方便地写出对称三相电流的相量表达式

$$\dot{I}_A = I \underline{/0°}$$
$$\dot{I}_B = I \underline{/-120°}$$
$$\dot{I}_C = I \underline{/120°}$$

以及对称三相电动势的相量表达式

$$\dot{E}_A = E \underline{/0°}$$

$$\dot{E}_B = E \underline{/-120°}$$

$$\dot{E}_C = E \underline{/120°}$$

说明:关于三相电路分析中,三根相线端子(或三个相)的标号,所有采用本章中 A、B、C 三个字母来表示的地方,也均可以采用 U、V、W 三个字母来对应地表示三个相,其他分析和计算过程完全相同,特此说明。

**思考与练习**

4.1.1 某对称三相电路中,若 A 相的相电压为:$u_A = 311\sin(\omega t + 19°)$ V,试写出其余两相相电压的瞬时值表达式(未特别说明时均指正序)。

4.1.2 对称三相电压源的每相电压为 220 V,若将其 A、B 两相电压源的负极性端 X、Y 相连,则 $\dot{U}_{AB}$ 的有效值为多少?若将 Y、C 相连,则 $\dot{U}_{BZ}$ 的有效值又为多少(X、Y、Z 分别为三相电压源的负极性端)?

# 4.2 三相电源和三相负载的连接

## 4.2.1 三相电源的连接

三相电源有星(Y)形连接和三角(△)形连接两种典型的连接方式,以构成一定的供电体系向负载供电。

**1. 三相电源的星形连接**

如图 4-3 所示,将三相电源的三个负极性端连接在一起,形成一个节点 N,称为中性点。再由三个正极性端 A、B、C 分别引出三根输出线,称为相线(俗称火线)。这样就构成了三相电源的星形连接。

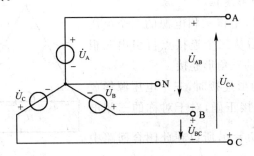

图 4-3 三相电源的星形连接

从中性点 N 也可以引出一根线,这根线称为中性线(俗称零线),简称为中线。当三相电路系统有中性线时,称为三相四线制电路,无中性线时,就称为三相三线制电路。

相线和中性线之间的电压称为相电压,而每两根相线之间的电压则称为线电压。线电压的参考方向分别用双下标 AB、BC、CA 来表示,例如,$\dot{U}_{AB}$ 说明其参考方向从相线 A 指向相线 B。

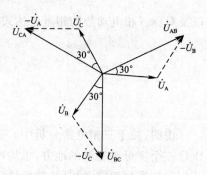

图 4-4 三相电源星形连接时的相量图

若三相电源相电压是对称的,则由上一节对称三相电压的相量表达式(4-2),可作出它们在星形连接时的相量图,如图 4-4 所示。

根据基尔霍夫电压定律(KVL)的相量形式,图 4-3 所示电路中各线电压相量与相电压相量之间的基本关系为

$$\dot{U}_{AB} = \dot{U}_{A} - \dot{U}_{B}$$

$$\dot{U}_{BC} = \dot{U}_{B} - \dot{U}_{C}$$

$$\dot{U}_{CA} = \dot{U}_{C} - \dot{U}_{A}$$

所以,再由图 4-4 所示的相量图可以看出(即在相量图上通过平行四边形法则得到)

$$\dot{U}_{AB} = \sqrt{3}\dot{U}_{A}\underline{/30°}$$

$$\dot{U}_{BC} = \sqrt{3}\dot{U}_{B}\underline{/30°} \qquad (4-3)$$

$$\dot{U}_{CA} = \sqrt{3}\dot{U}_{C}\underline{/30°}$$

由式(4-3)可得出如下结论:三相电源作星形连接时,若相电压是对称的,那么线电压也一定是对称的,并且线电压有效值是相电压有效值的 $\sqrt{3}$ 倍,记做 $U_L = \sqrt{3}U_P$,在相位上线电压超前于相应两个相电压中的先行相 30°。

我们把流过电源每一相的电流称为相电流,而称在每一根相线(即火线)上流过的电流为线电流,在中性线上流过的电流称为中性线电流。显然在三相电源作星形连接时,线电流就等于对应的相电流。

2. 三相电源的三角形连接

如图 4-5 所示电路,是将三相电源的三个电压源正、负极相连接,然后从三个连接点再引出三根相线,这就是三相电源的三角形连接。

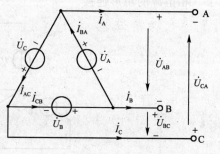

图 4-5 三相电源的三角形连接

三相电源形成三角形连接时,三个电压源形成一个闭合回路,只要连接正确,对于对称的三相电路,由于有 $\dot{U}_A + \dot{U}_B + \dot{U}_C = 0$,所以在此闭合回路中不会产生环流。

在三相电源的三角形连接电路中,有关线电压、相电压、线电流、相电流的概念和定义都与在星形连接电路中所引出的一样。所不同的是,有关量之间的相互关系都不一样了。完全类似于对三相电源星形连接电路的讨论(即可以通过相量图法)得到结论:对称三相

电源作三角形连接时,其线电流有效值是相电流有效值的 $\sqrt{3}$ 倍,记做 $I_L = \sqrt{3}\,I_P$,而其线电压就等于对应的相电压。

显然对于三角形连接的三相电路,没有中性线,因此它只能是三相三线制电路。

## 4.2.2 三相负载的连接

完全类似于三相电源的两种连接方式,三相负载也可以有星(Y)形连接和三角(△)形连接两种方式,并且对于其中各线电压、相电压、线电流、相电流等概念的引出和讨论以及所得到关于各量之间相互关系的结论,都与前面的一样。这里只将在对称三相电路中得出的重要结论,归纳成下表以供查用。

表 4-1      对称三相电路中线电压(流)与相电压(流)之间的关系

| 连接方式 | 线电压与相电压<br>(量值关系) | 线电流与相电流<br>(量值关系) | 相量关系<br>(以一相为例) |
|---|---|---|---|
| 星(Y)形连接 | $U_L = \sqrt{3}\,U_P$ | $I_L = I_P$ | $\dot{U}_{AB} = \sqrt{3}\,\dot{U}_A \underline{/30°}$ |
| 三角(△)形连接 | $U_L = U_P$ | $I_L = \sqrt{3}\,I_P$ | $\dot{I}_A = \sqrt{3}\,\dot{I}_{BA} \underline{/-30°}$ |

注意:其中相量关系式与参考方向的选择有关,此表格中公式设线电流的参考方向为由电源端流出。

以上表格适用于对称三相电路。只要电路对称,则无论是对于三相电源的连接还是三相负载的连接,表 4-1 中的结论都成立。

**思考与练习**

4.2.1   在三相交流电路中,其电源端或负载端只要有一边是三角形连接,就不可能组成三相四线制电路,这话对吗? 为什么?

4.2.2   在不对称的三相交流电路中,各线电压与相电压、线电流与相电流的量值之间还存不存在如上表 4-1 中所示的关系? 请说明理由。

# 4.3   对称三相电路的计算

## 4.3.1   对称三相星形连接电路的分析和计算

前面已经提到,对于三角形连接的电路,没有中性点,因此也不会有中性线,所以必须所有的三相电源和三相负载都是星形连接时,才可能组成三相四线制电路。如图 4-6(a)所示,将星形连接负载的三根相线与星形连接的三相电源的三根相线连接起来,同时将负载的中性点也连接到三相电源的中性点上。这种用四根导线把电源和负载连接起来的三相电路就称为三相四线制电路。如果电路系统中的电源和负载都是对称的,则它就是一个对称三相四线制电路。

引用前面得出的结论,我们很容易得出中性线电流

$$\dot{I}_N = \dot{I}_A + \dot{I}_B + \dot{I}_C = 0 \tag{4-4}$$

这是因为在对称三相电路中,三相电流也是对称的,它们的相量之和必定等于零。如

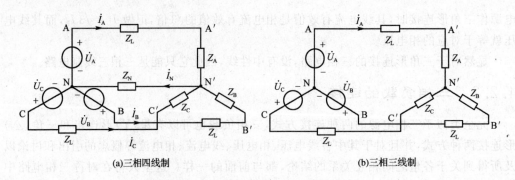

(a)三相四线制　　　　　　　　(b)三相三线制

图 4-6　对称三相四线制和三线制电路

果一些实际情况中,三相电流虽不完全对称却非常地接近于对称,此时中性线电流也非常小,所以有时我们可以省去中性线,如图 4-6(b)所示,这时电路就成了三相三线制电路。

　　上一章讨论的有关正弦交流电路的基本理论、基本定律和分析方法对三相正弦交流电路是完全适用的。但在分析对称三相电路时,要利用对称三相电路的一些特点来简化有关的分析计算。以图 4-6(a)所示的三相四线制电路为例,其中电源或负载都只有一组,电源内阻抗、线路阻抗和负载阻抗均三相相等,整个电路只有两个节点,因而可以用弥尔曼定理首先进行计算。此处以电源中性点 N 为参考节点,以负载中性点 N′为独立节点,则由弥尔曼定理可以得到这两个中性点之间的电压

$$\dot{U}_{N'N}=0 \tag{4-5}$$

　　以上讨论要用到对称三相电路中的结论:$\dot{U}_A+\dot{U}_B+\dot{U}_C=0$,此不予以详述。

　　式(4-5)告诉我们,上图电路中的两个中性点互为等位点,所以可以利用作等效电路的方法,用一条无电阻的导线,将这两个中性点连接起来(即使中性线上的中线阻抗 $Z_N\neq0$,也可以这样做)。则我们可得到如图 4-7 所示的单相计算电路(此处以 A 相为例)。由此电路,可以应用全电路欧姆定律的相量形式,先求出 A 相的电流(即线电流)

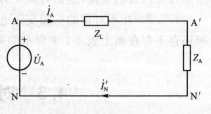

图 4-7　单相计算电路

$$\dot{I}_A=\frac{\dot{U}_A}{Z_A+Z_L} \tag{4-6}$$

　　再由式(4-6),并根据对称三相电路的对称特点,可很快求出其他各相的电流相量:

$$\dot{I}_B=\dot{I}_A\underline{/-120°},\ \dot{I}_C=\dot{I}_A\underline{/120°}$$

并且各相的电压相量

$$\dot{U}_{A'N'}=Z\dot{I}_A$$

$$\dot{U}_{B'N'}=\dot{U}_{A'N'}\underline{/-120°},\dot{U}_{C'N'}=\dot{U}_{A'N'}\underline{/120°}$$

　　注意在上述的分析讨论中,均考虑了对称三相电路中各相阻抗相等的条件,即 $Z_A=Z_B=Z_C=Z$。

## 4.3.2 对称三相三角形连接电路的分析和计算

在生产实践中,有些三相负载为要得到更合适的工作电流,常常需要将它们的三相绕组用三角形连接的方式接入电路。自然这时的电路是三相三线制的,但在对称情况下,我们可利用第二章中有关星(Y)形连接和三角(△)形连接负载进行等效变换的方法,得出等效的星形连接的电路。由于电路是对称的,所以可以证明各中性点的电位仍然都是相等的(包括等效中性点),则我们又可以用假想的无电阻的导线,将中性点连接起来,之后就完全可以采用刚刚学习过的作单相计算电路的方法进行有关的分析和计算了。

关于对称三相电路中星形连接电路与三角形连接电路在一些具体情况下的分析运算,还可参见以下例题及其相关说明。

【例 4-1】 已知某对称三相正弦交流电源的线电压为 381 V,其与一组对称星形连接负载接成三相四线制电路,负载每相阻抗为 $Z=(11+\mathrm{j}14)\ \Omega$,端线阻抗为 $Z_L=(0.2+\mathrm{j}0.1)\ \Omega$,并且中线阻抗为 $Z_N=(0.15+\mathrm{j}0.1)\ \Omega$。试求负载的相电流和相电压。

**解** 依题意可作出这个三相四线制电路示意图,如图 4-8(a)所示。

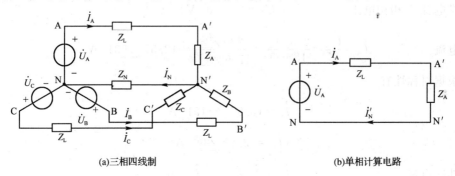

(a)三相四线制                  (b)单相计算电路

图 4-8 对称三相电路的计算

由于 $U_L=\sqrt{3}U_P=381$ V,所以电源相电压为:$U_P=220$ V

此处设 A 相电源电压为参考正弦量,即

$$\dot{U}_A=220\ \underline{/0°}\ \text{V}$$

又因为此题是对称三相电路,故中性点电压为 $\dot{U}_{N'N}=0$,可得到单相计算电路如图 4-8(b)所示(此处以先讨论 A 相为例),由此可计算出负载 A 相的电流为

$$\dot{I}_A=\frac{\dot{U}_A}{Z_A+Z_L}=\frac{220\ \underline{/0°}}{11+\mathrm{j}14+0.2+\mathrm{j}0.1}=\frac{220\ \underline{/0°}}{18\ \underline{/51.5°}}=12.22\ \underline{/-51.5°}\ \text{A}$$

按推算对称量的方法可得出 B、C 两相的电流相量

$$\dot{I}_B=\dot{I}_A\underline{/-120°}=12.22\ \underline{/-171.5°}\ \text{A}$$

$$\dot{I}_C=\dot{I}_A\underline{/120°}=12.22\ \underline{/68.5°}\ \text{A}$$

又由相量形式的欧姆定律求得 A 相负载的相电压为

$$\dot{U}_{A'N'}=Z_A\dot{I}_A=(11+j14)\times12.22\underline{/-51.5^\circ}$$
$$=17.8\underline{/51.8^\circ}\times12.22\underline{/-51.5^\circ}$$
$$=217.5\underline{/0.3^\circ}\ V$$

同理写出另两相负载的相电压相量

$$\dot{U}_{B'N'}=217.5\underline{/-119.7^\circ}\ V$$

$$\dot{U}_{C'N'}=217.5\underline{/120.3^\circ}\ V$$

显然,由于对称三相电路中 $\dot{U}_{N'N}=0$,所以中性线不起作用,因此题目所给的条件: $Z_N=(0.15+j0.1)\ \Omega$ 也就没有用上。

【例 4-2】 星形连接的对称三相负载 $Z=(15+j9)\ \Omega$,接到线电压为 381 V 的三相四线制供电系统上,求各相电流和中性线电流。

**解** 由已知条件得每相负载电压

$$U_P=U_L/\sqrt{3}=381/\sqrt{3}=220\ V$$

设电源 A 相相电压 $\qquad\dot{U}_A=220\underline{/0^\circ}\ V$

则相电流 $\qquad\dot{I}_A=\dfrac{\dot{U}_A}{Z}=\dfrac{220\underline{/0^\circ}}{15+j9}=\dfrac{220\underline{/0^\circ}}{17.5\underline{/31^\circ}}=12.57\underline{/-31^\circ}\ A$

根据对称性有

$$\dot{I}_B=12.57\underline{/-151^\circ}\ A$$

$$\dot{I}_C=12.57\underline{/89^\circ}\ A$$

且中性线电流 $\qquad\dot{I}_N=\dot{I}_A+\dot{I}_B+\dot{I}_C=0$

【例 4-3】 如将例 4-2 中的负载连接成三角形,接到三相三线制电源上,线电压仍为 381 V,求相电流和线电流。

**解** 每相负载电压为 $\qquad U_P=U_L=381\ V$

设 A 相电源相电压为参考正弦量,则

$$\dot{U}_A=220\underline{/0^\circ}\ V$$

各个线电压即为负载的相电压,于是有

$$\dot{U}_{AB}=381\underline{/30^\circ}\ V$$

$$\dot{U}_{BC}=381\underline{/-90^\circ}\ V$$

$$\dot{U}_{CA}=381\underline{/150^\circ}\ V$$

则各相负载相电流

$$\dot{I}_{AB}=\dfrac{\dot{U}_{AB}}{Z}=\dfrac{318\underline{/30^\circ}}{15+j9}=\dfrac{381\underline{/30^\circ}}{17.5\underline{/31^\circ}}=21.77\underline{/-1^\circ}\ A$$

根据对称性又有 $\qquad \dot{I}_{BC} = 21.77 \; \underline{/-121°} \; A$

$$\dot{I}_{CA} = 21.77 \; \underline{/119°} \; A$$

而各线电流 $\qquad \dot{I}_A = \sqrt{3} \; \dot{I}_{AB} \underline{/-30°} = 37.71 \; \underline{/-31°} \; A$

（设线电流 $\dot{I}_A$ 的参考方向为由电源端流向负载端,注意此处 $\dot{I}_{AB}$ 是负载的相电流）

同理又由对称性得出

$$\dot{I}_B = 37.71 \; \underline{/-151°} \; A$$

$$\dot{I}_C = 37.71 \; \underline{/89°} \; A$$

对比思考:以上例 4-2 与例 4-3 中只是负载的连接方式不同,其他数据均完全一样,而得出的线电流有效值相差很大($12.57 \times 3 = 37.71$ A),这说明了什么?

**思考与练习**

4.3.1 有同学说:"只要是对称三相电路,不论其负载是星形连接还是三角形连接,其对应的三相电压或三相电流的相量和就一定为零。"这句话正确吗? 试对你的观点加以证明。

4.3.2 只要是对称三相四线制的电路,则不论其中性线负载阻抗为多大,其中性线电流总是等于零的,请你来证明这一结论。

4.3.3 某对称三相电路中,如果仅仅将三相电源由原来的星形连接改为三角形连接,而负载端的情况完全不变,则负载中的各相电流将会有怎样的变化? 为什么?

4.3.4 为什么在对称三相电路的计算中,中线阻抗 $Z_N$ 可以不考虑,而且可用无阻抗的导线来连接各中性点?

# *4.4　不对称三相电路

在生产实践中,三相电源一般可以保证对称,但三相负载是不可能保证完全对称的。而且不对称的三相负载往往出现在低压配电网中,这种负载多采用星形连接的方式。本节只简单讨论不对称负载星形连接的情况。

## 4.4.1　中性点电压法

对于不对称星形连接的负载,我们采用中性点电压法进行分析和计算较为方便。

所谓中性点电压法,就是先运用弥尔曼定理计算出中性点之间的电压,然后再运用第三章对正弦交流电路进行分析和计算的有关方法,求出负载各相的电压和电流。

仍以上一节中图 4-8(a)所示的三相四线制电路为例,只是此时的三相负载不再是对称的(即 $Z_A = Z_B = Z_C = Z$ 的条件已不能再用)。所以由弥尔曼定理得出

$$\dot{U}_{N'N} = \frac{Y_A\dot{U}_A + Y_B\dot{U}_B + Y_C\dot{U}_C}{Y_A + Y_B + Y_C + Y_N} \qquad (4\text{-}7)$$

上式中 $Y_A$、$Y_B$、$Y_C$、$Y_N$ 分别是三根相线与一根中性线上的复数导纳,对应于图4-8(a)所示的电路,它们分别为

$$Y_A = \frac{1}{Z_A + Z_L}, Y_B = \frac{1}{Z_B + Z_L}$$

$$Y_C = \frac{1}{Z_C + Z_L}, Y_N = \frac{1}{Z_N}$$

将它们代入式(4-7),就可求出中性点 N′ 和 N 之间的电压,显然它一般不会为零。进而便可得出各相负载的相电压

$$\dot{U}_{A'N'} = \dot{U}_A - \dot{U}_{N'N}$$

$$\dot{U}_{B'N'} = \dot{U}_B - \dot{U}_{N'N} \tag{4-8}$$

$$\dot{U}_{C'N'} = \dot{U}_C - \dot{U}_{N'N}$$

并且各相负载的相电流

$$\dot{I}_A = Y_A \dot{U}_{A'N'}$$

$$\dot{I}_B = Y_B \dot{U}_{B'N'} \tag{4-9}$$

$$\dot{I}_C = Y_C \dot{U}_{C'N'}$$

还有中性线上的电流相量

$$\dot{I}_N = Y_N \dot{U}_{N'N} = \frac{\dot{U}_{N'N}}{Z_N} \tag{4-10}$$

由式(4-10)可看出:如果没有中性线,即 $Y_N = 0$,则 $\dot{I}_N = 0$;如果中线阻抗为零,即 $Z_N = 0$,则 $\dot{U}_{N'N} = 0$,如图4-8(b)所示。这都是不对称三相电路中的特殊情况,有时也会遇到。

### 4.4.2　中性点位移

从以上讨论我们知道,如果星形连接负载是对称的,则不管有没有中性线,都有中性点电压 $\dot{U}_{N'N} = 0$,此时各相的相电压也都是对称的;但对于三相星形连接负载不对称时,如果没有中性线,或是中性线上阻抗较大,就会出现中性点电压不为零的情况,现在用图4-9所示的相量图进一步对此问题进行分析。

图4-9(a)所示的是不对称星形连接负载,在一般情况下的相量图。先作出了对称星形连接电压源的相电压(相位差均为120°),在算出了中性点电压 $\dot{U}_{N'N}$ 后,就可得出负载各相的相电压,并作出它们的相量图。

从此相量图中可以明显看出,由于负载不对称使得中性点 N 和 N′ 之间出现了中性点电压($\dot{U}_{N'N} \neq 0$),即 N′ 点的电位不等于 N 点电位,所以这种现象就称为中性点位移。

中性点位移使负载电压不对称,有的负载相电压低于电压源电压,而有的负载相电压

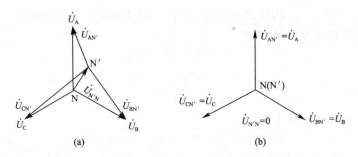

图 4-9　讨论中性点位移的相量图

又高于电压源电压,甚至可能高过电压源的线电压。负载变化,中性点电压也会随着变化,各相负载电压也都会跟着变化。

　　三相电路中,如果三相负载对称,由于中性线不起作用,那么就也可以不装设,但在实际的电力线路中,这种情况是很少的。对于不对称的星形连接负载,如果装设了中性线,而且中线阻抗很小,就能迫使中性点电压很小(缓解中性点位移),从而使负载电压近似等于电源相电压,并且几乎不随负载的变化而变化。所以三相星形连接照明负载都装设了中性线。照明负载虽然不对称,但比较接近对称,中性线电流虽不为零,但非常小。所以中性线一般比相线细。但如果中性线断开,电路便不能稳定地工作在正常电压下,有时可能会造成很大的危害(因为有的负载相可能会出现很高的电压)。所以三相四线制电路中,中性线要有足够的机械强度,同时中性线上不能装设熔断器和开关。

　　不对称三相负载原则上也可作三角形连接,端线阻抗较小时,负载电压接近电源线电压。但现在电灯、电视机、电风扇等用电设备的额定电压都为 220 V,而电源线电压又都为 380 V,所以不对称三相负载都是以三相四线制星形连接方式接入电路的。

　　至于三相电动机、大功率三相空调机等设备,因为内部的三相绕组都是对称的,所以也可以不接中性线。

　　**思考与练习**

　　4.4.1　试证明在三相三线制电路中,不论负载是否对称,都有 $u_{AB}+u_{BC}+u_{CA}=0$,并且 $i_A+i_B+i_C=0$。

　　4.4.2　试用相量图法来直观地说明:在实际的三相电路中没有接中性线(或中性线断开)时,若有一相发生故障(比如出现开路或短路的情况),可能对另外两相造成的影响。

# 4.5　三相电路的功率

　　因为三相电路可以看成是正弦交流电路中多回路的一种形式,所以上一章的各种分析方法和概念在本章都继续适用,对于交流电路功率的讨论也不例外。

## 4.5.1　三相有功功率、无功功率和视在功率

　　对于三相功率的计算,不管负载如何连接,总功率必等于各相功率之和。先以我们应用得最多的有功功率的计算为例来说明。

$$P = P_A + P_B + P_C = U_A I_A \cos\varphi_A + U_B I_B \cos\varphi_B + U_C I_C \cos\varphi_C \qquad (4\text{-}11)$$

而如果是对称三相电路,则有

$$U_A = U_B = U_C = U_P$$

$$I_A = I_B = I_C = I_P$$

$$\varphi_A = \varphi_B = \varphi_C = \varphi_P$$

此时的三相总有功功率为

$$P = P_A + P_B + P_C = 3P_P = 3U_P I_P \cos\varphi_P \qquad (4\text{-}12)$$

在生产实践中,大部分电气设备的铭牌数据上,所给出的额定电压或额定电流所指的都是额定线电压和额定线电流,而且在实际线路上测量线电压和线电流,也要比测量相电压、相电流方便,因此以下给出用线电压和线电流来表示功率的公式。

1. 当负载为星形连接时

由 4.2 节中的表 4-1 可知

$$I_L = I_P, \quad U_L = \sqrt{3} U_P$$

得出三相总有功功率为

$$P = \sqrt{3} U_L I_L \cos\varphi_P \qquad (4\text{-}13)$$

2. 当负载为三角形连接时

同理可以由

$$I_L = \sqrt{3} I_P, \quad U_L = U_P$$

得到

$$P = \sqrt{3} U_L I_L \cos\varphi_P$$

所以得出结论:只要是对称三相电路,无论负载为星形连接还是三角形连接,都可以由式(4-13)来计算三相总有功功率。此公式在实际应用上很有价值。

对于三相电路中无功功率和视在功率也可以进行类似地分析得出。

$$Q = \sqrt{3} U_L I_L \sin\varphi_P \qquad (4\text{-}14)$$

$$S = \sqrt{3} U_L I_L = \sqrt{P^2 + Q^2} \qquad (4\text{-}15)$$

注意,以上几个公式都是在三相电路对称的前提下推导得出的;如果是不对称的三相电路,则要分别计算各相功率,然后加在一起的总和才是三相总功率。

**【例 4-4】**　一台连接方式上可以进行 Y-△变换的三相异步电动机,当其三相绕组以 Y 形连接方式接到 380 V 的对称三相交流电源上时,其总功率和线电流分别为 3.3 kW、6.1 A,试问:(1)此负载的功率因数和每相阻抗各为多少?(2)当其绕组以△形连接方式接到 380 V 三相电源上时,它吸收的总有功功率和电路的线电流又为多少?

**解**　(1)第一个问题是先已知了线电压和线电流的情况,由前面分析我们知道只要是对称三相电路,无论负载为 Y 形连接或是△形连接均可采用式(4-13)来分析。

由　　　　　　　　　　$$P = \sqrt{3} U_L I_L \cos\varphi_P$$

得　　　　$$\lambda = \cos\varphi_P = \frac{P}{\sqrt{3} U_L I_L} = \frac{3.3 \times 10^3}{\sqrt{3} \times 380 \times 6.1} = 0.82$$

故其功率因数角(即阻抗角)

$$\varphi_P = \arccos 0.82 = 34.7°$$

所以
$$Z = |Z| e^{j\varphi_P} = \frac{U_P}{I_P} \angle \varphi_P = \frac{\dfrac{U_L}{\sqrt{3}}}{I_P} \angle \varphi_P = \frac{\dfrac{380}{\sqrt{3}}}{6.1} \angle 34.7° = 36 \angle 34.7° \ \Omega$$

(2)当负载以△形连接方式接到 380 V 三相电源上时,负载相电流为

$$I_{P2} = \frac{U_{P2}}{|Z|} = \frac{380}{36} = 10.56 \ A$$

而此时其线电流为

$$I_{L2} = \sqrt{3} I_{P2} = 10.56\sqrt{3} = 18.3 \ A$$

故
$$P_2 = \sqrt{3} U_{L2} I_{L2} \cos\varphi_P = \sqrt{3} \times 380 \times 18.3 \times 0.82 \approx 9.9 \times 10^3 \ W$$

仔细观察可以看出,相同的三相绕组接到相同的三相电源上,△形连接方式下的总有功功率和线电流都为 Y 形连接方式下的 3 倍。这正是生产实践中三相电动机经常采用 Y-△换接启动的原因之一,即在电动机启动时三相绕组接成 Y 形,以减小启动电流,当转速接近额定值时,再换接成△形,使其正常运行时能获得正常的、较大的工作电流和功率。

**思考与练习**

4.5.1　为什么对称三相电路中,不论星形连接或三角形连接的负载,都可以采用公式 $P = \sqrt{3} U_L I_L \cos\varphi_P$ 来计算三相总有功功率,而不对称的三相电路则不能如此应用?

4.5.2　一台 Y 形连接、功率为 125 kW 的电动机的电压为 13.8 kV、功率因数为 0.8,试求它的电流、无功功率和视在功率。

# 本 章 小 结

1. 对称三相交流电压是指频率、波形和振幅都相同,且在相位上彼此相差 1/3 周期的三个交流电压所组成的集合。当它们的波形都为正弦波时就称为对称三相正弦交流电压,其数学表达式是

$$u_A = U_m \sin\omega t$$
$$u_B = U_m \sin(\omega t - 120°)$$
$$u_C = U_m \sin(\omega t + 120°)$$

而能提供这种对称三相电压的电源系统就是对称三相电压源。

2. 三相电源的连接方式

三相电源可以有星(Y)形连接和三角(△)形连接两种典型的连接方式。

(1)三相电源的星形连接

如图 4-10 所示,将三相电源的三个负极性端点连接在一起,形成一个节点 N,称为中性点。再由三个正极性端 A、B、C 引出三根端线,称为相线(俗称火线)。这样就构成了三相电源的星形连接。

若从中性点 N 也引出一根线,称为中性线(俗称零线)。当三相电路系统有中性线时,称为三相四线制电路,无中性线时,就称为三相三线制电路。

（2）三相电源的三角形连接

如图 4-11 所示，将三相电源中三个电压源的正、负极依次相连接，然后从三个连接点再引出三根相线，这就是三相电源的三角形连接。

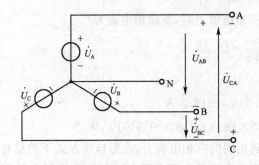

图 4-10　三相电源的星形连接　　　　　图 4-11　三相电源的三角形连接

3.在三相制供电体系中，不论是 Y 形连接或△形连接，相线与相线之间的电压称为线电压；在每相上的电压称为相电压；而把流过电源每一相的电流称为相电流；在每一根相线（即火线）上流过的电流称为线电流；在中性线上流过的电流称为中性线电流。

在对称三相电路中各线电压与相电压、线电流与相电流之间的关系可由表 4-2 直观地给出。

表 4-2　　　　　对称三相电路中各线电压与相电压、线电流与相电流之间的关系

| 连接方式 | 线电压与相电压<br>（量值关系） | 线电流与相电流<br>（量值关系） | 相量关系<br>（以一相为例） |
|---|---|---|---|
| 星（Y）形连接 | $U_L = \sqrt{3} U_P$ | $I_L = I_P$ | $\dot{U}_{AB} = \sqrt{3}\, \dot{U}_A \underline{/30°}$ |
| 三角（△）形连接 | $U_L = U_P$ | $I_L = \sqrt{3} I_P$ | $\dot{I}_A = \sqrt{3}\, \dot{I}_{BA} \underline{/-30°}$ |

注：其中相量关系式与参考方向的选取有关。

4.三相负载的连接方式

与三相电源的两种连接方式非常相似，三相负载也可以有星（Y）形连接和三角（△）形连接两种方式，并且对于其中各线电压、相电压、线电流、相电流等量概念的引出及其在对称情况下各量之间相互关系的讨论，也都与上述分析一样（有关结论也可见上表）。

5.对称三相电路的分析和计算

对于 Y-Y 连接的对称三相电路，负载中性点 N′ 对电源中性点 N 的电压 $\dot{U}_{N'N} = 0$，中性线可用无电阻的导线代替，各相彼此独立，因而可以作出单相计算电路，先计算出某一相的有关量，再按对称三相电路中推算对称量的方法求出另外两相的有关量；对于其他非 Y-Y 连接的对称电路，一般可化为 Y-Y 连接的等效电路，得到假想中性点和假想中性线，再按以上方法进行计算。

6.对于含有不对称三相星形连接负载的电路，可采用中性点电压法来进行分析和计算。即先用弥尔曼定理计算出中性点之间的电压 $\dot{U}_{N'N}$，然后再求出负载各相的电压和电流。

7.三相电路的总功率即为三相的功率之和。而在对称三相电路中,其总功率可表示为

$$P=P_A+P_B+P_C=3P_P=3U_PI_P\cos\varphi_P$$

式中 $\varphi_P$ 为对称三相负载中一相负载的阻抗角。

为了便于在实际中的应用,我们常常给出以线电压和线电流计算功率的公式

$$P=\sqrt{3}U_LI_L\cos\varphi_P$$

# 习题 4

4-1 若一个对称三相电路中的 B 相电流相量为 $\dot{I}_B=I\underline{/50°}$,试写出其余两相电流的相量表达式(未特别说明时均指正序)。

4-2 若三相电源 Y 形连接,已知相电压 $\dot{U}_A=220\underline{/30°}$ V,那么 $\dot{U}_B$、$\dot{U}_C$ 的初相位是多少? 而线电压 $\dot{U}_{AB}$、$\dot{U}_{BC}$、$\dot{U}_{CA}$ 的表达式又是怎样的?

4-3 已知对称三相星形连接电源中 A 相的相电压为:$u_A=220\sqrt{2}\sin(\omega t-30°)$ V,试写出电路中各线电压的瞬时值表达式。

4-4 同上题条件,试写出各相电压和各线电压的相量表达式,并作出它们的相量图。

4-5 某对称三相四线制电路,如图 4-12 所示,端线阻抗可忽略不计,电源相电压为 $U_P=100$ V,每相负载阻抗是 $Z=(7.07+j7.07)$ Ω。试求:各相负载的相电流和相电压,并作出它们的相量图。

4-6 某对称三相正弦电路,电源电压为 380 V,星形连接负载每相阻抗 $Z=(15+j12.5)$ Ω,端线阻抗为 $Z_L=(1-j0.5)$ Ω,中线阻抗为 $Z_N=(0.5+j0.3)$ Ω,试求:(1)中性线电流;(2)各相负载的相电流和相电压,并作出相应的相量图。

4-7 有一对称三相四线制电路,如图 4-13 所示,端线阻抗为 $Z_L=(0.4+j0.1)$ Ω,中线阻抗为 $Z_N=0.5$ Ω,电源相电压为 100 V,每相负载阻抗是 $Z_A=Z_B=Z_C=(0.307+j0.607)$ Ω。试求:(1)各相负载的相电流、相电压有效值;(2)若以 A 相电压源电压为参考正弦量,试作出各相负载相电流及相电压的相量图。

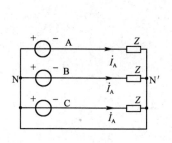

图 4-12　习题 4-5 图

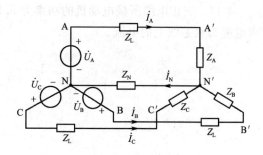

图 4-13　习题 4-7 图

4-8　三相电路在什么情况下不会产生中性点位移？中性点位移对负载的相电压有什么影响？

4-9　有一个三相对称正弦交流电路,在正常运行时各相的相电流均为 1 A,已知负载为 Y 形连接。试讨论在下列情况下,各相的相电流及中性线电流的有效值各为多少？

(1)有中线,但中线阻抗可以忽略不计时,A 相断线；

(2)有中线,但中线阻抗可以忽略不计时,A、B 两相同时断线；

(3)有中线,但中线阻抗可以忽略不计时,C 相短路；

(4)无中线,A 相断线；

(5)无中线,C 相短路。

4-10　试用几何办法证明对称三相星形连接电源中线电压与对应相电压之间的相位和量值间的关系。

4-11　有一对称三相电路,电源线电压为 380 V,而三角形连接的感性负载每相阻抗是 $Z=(18+j24)$ Ω,则负载的每相功率和三相总功率各为多少？

4-12　某一对称三角形连接的负载与一对称三相正弦电源通过三根线路连接。已知负载每相的阻抗为 $(9-j6)$ Ω,线路阻抗为 j2 Ω,电源线电压为 380 V,试求负载的相电流。

4-13　有一对称三相电路的每相负载阻抗是 $Z=(22+j15)$ Ω,接于 380 V 的对称三相电源上。试求：

(1)负载作星形连接时,负载的线电流和三相总功率。

(2)负载作三角形连接时,负载的线电流和三相总功率。

4-14　对称三相电路各相电源电压有效值为 220 V,每相负载阻抗是 $Z=(12+j16)$ Ω,试求：

(1)负载作星形连接时的线电流及吸收的有功功率；

(2)负载作三角形连接时的线电流及吸收的有功功率。

4-15　已知某不对称三相负载的各相阻抗（均呈电阻性）分别为：$Z_A=Z_B=5$ Ω,$Z_C=35$ Ω,将它们 Y 形连接（采用三相四线制,且中线阻抗可忽略不计）,接到线电压为 380 V 的对称三相电源上,试求各相的相电流和相电压。

4-16　同上题条件,试分别计算 A、B、C 三相的有功功率和无功功率（提示：本题的三相负载阻抗均呈电阻性）。

4-17　三相电缆所接电动机的功率为 5.5 kW,电压为 380 V,功率因数为 0.88。试求电缆每根芯线上的电流。

# 5 二端口网络

## 5.1 端口网络及其端口条件

对于线性一端口网络,就其外部性能来说可以用戴维宁和诺顿等效电路代替。但在电力和通信工程的实际应用中,当研究信号及能量的传输和信号变换时,经常会遇到多种形式的电路,如图 5-1 所示。这些二端口电路实例可以用图 5-2 表示,称为二端口网络。

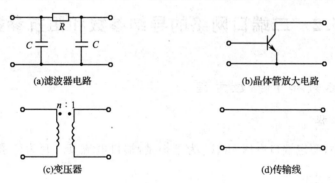

(a)滤波器电路      (b)晶体管放大电路

(c)变压器      (d)传输线

图 5-1 二端口电路实例

将具体电路内部用一方框代替,与外界用四个端钮连接,当任意时刻从一端钮流入的电流等于从另一端钮流出的电流,这个条件称为端口条件,满足端口条件的两端钮称为一个端口。通常遇见的二端口网络在一端口加输入信号,称为输入端口;在另一端口得输出信号,称为输出端口。注意,一般的四端网络不一定都满足端口条件,因而也不一定都是二端口网络。

二端口网络在实际工程中有着广泛的应用。当面对一个庞大的电气系统时,其电路模型可能十分复杂,而我们要研究两端口的电压、电流关系时,若采用电路的基本分析方法进行分析,将会十分繁琐,甚至无法完成。此时可将系统看成二端口网络,就像只"黑匣子",只要搞清楚它们的输入一输出关系,整个系统的工作状态便可分析清楚。这就是二端口网络理论应用的作用和价值。

本章研究线性二端口网络,它可能包含电阻、电感、电容、受控源等线性元件,但不含独立电源,也没有与外界发生耦合的互感或受控电源。二端口网络的分析可以采用相量法,也可以采用运算法。本书采用相量法分析。

用二端口网络分析电路时,其中一个很重要的内容就是要找出端口处的电压、电流之间的相互关系。两个端口共有四个变量:$\dot{U}_1$、$\dot{U}_2$和 $\dot{I}_1$、$\dot{I}_2$。每个端口有一个由外电路决定的约束关系。所以二端口网络内部有两个约束关系,也就可以确定二端口网络的所有四个变量。两个约束关系中,可以把 $\dot{U}_1$、$\dot{U}_2$、$\dot{I}_1$、$\dot{I}_2$ 变量中任意两个作为自变量(已知量),而另两个作为因变量(待求量),用两个自变量表示两个因变量的方程就是二端口网络的外特性方程,也称为二端口网络方程。根据自变量和因变量不同,组合的方式有六种,相应的网络方程参数也有六种,本章主要介绍导纳参数、阻抗参数、传输参数和混合参数。

**思考与练习**

5.1.1 端口与端钮有何不同,图 5-1(b)所示电路中有几个端口?几个端钮?

5.1.2 什么是端口条件?四端网络与二端口网络有何区别?

5.1.3 图 5-1(a)中,若 1 与 1′端钮满足端口条件,那么 2 与 2′也一定满足端口条件。为什么?

# 5.2　二端口网络的导纳参数和阻抗参数

## 5.2.1　$Y$ 参数和 $Y$ 参数方程

### 1. $Y$ 参数方程

在图 5-2 中,假定端口电压 $\dot{U}_1$、$\dot{U}_2$ 为已知量,端口电流 $\dot{I}_1$、$\dot{I}_2$ 为待求量,求用 $\dot{U}_1$、$\dot{U}_2$ 表示 $\dot{I}_1$、$\dot{I}_2$ 的方程组。

图 5-2　无源线性二端口网络

根据叠加定理,可得二端口网络的方程为

$$\left.\begin{array}{l} \dot{I}_1 = Y_{11}\dot{U}_1 + Y_{12}\dot{U}_2 \\ \dot{I}_2 = Y_{21}\dot{U}_1 + Y_{22}\dot{U}_2 \end{array}\right\} \tag{5-1}$$

式中 $Y_{11}$、$Y_{12}$、$Y_{21}$、$Y_{22}$ 具有导纳性质,称为二端口网络的导纳参数,简称参数。它们仅与网络内部元件的参数、结构及激励电源的频率有关,而与激励电源电压量值无关,因而可以用这些参数描述网络的特性。式(5-1)称为二端口网络的导纳参数方程。

导纳参数方程可以用矩阵表示为

$$\begin{bmatrix} \dot{I}_1 \\ \dot{I}_2 \end{bmatrix} = \begin{bmatrix} Y_{11} & Y_{12} \\ Y_{21} & Y_{22} \end{bmatrix} \begin{bmatrix} \dot{U}_1 \\ \dot{U}_2 \end{bmatrix} \tag{5-2}$$

或写成

$$\dot{I} = Y\dot{U} \tag{5-3}$$

式中的电压相量

$$\dot{U} = \begin{bmatrix} \dot{U}_1 \\ \dot{U}_2 \end{bmatrix}$$

电流相量

$$\dot{I} = \begin{bmatrix} \dot{I}_1 \\ \dot{I}_2 \end{bmatrix}$$

2.Y 参数的物理意义及其计算和测定

导纳参数矩阵,简称 Y 矩阵。

$$Y = \begin{bmatrix} Y_{11} & Y_{12} \\ Y_{21} & Y_{22} \end{bmatrix}$$

对于一个给定的二端口网络,如何确定它的 Y 参数呢? 由式(5-1)不难得出

$$\left. \begin{array}{ll} Y_{11} = \dfrac{\dot{I}_1}{\dot{U}_1}\bigg|_{\dot{U}_2=0} & Y_{12} = \dfrac{\dot{I}_1}{\dot{U}_2}\bigg|_{\dot{U}_1=0} \\[3mm] Y_{21} = \dfrac{\dot{I}_2}{\dot{U}_1}\bigg|_{\dot{U}_2=0} & Y_{22} = \dfrac{\dot{I}_2}{\dot{U}_2}\bigg|_{\dot{U}_1=0} \end{array} \right\} \tag{5-4}$$

式中　$Y_{11}$——2 端口短路时,1 端口的输入导纳或驱动点导纳;

$Y_{22}$——1 端口短路时,2 端口的输入导纳或驱动点导纳;

$Y_{12}$——1 端口短路时,2 端口对 1 端口的转移导纳;

$Y_{21}$——2 端口短路时,1 端口对 2 端口的转移导纳。

根据式(5-4),可通过计算或测量获得 Y 参数。

每一个 Y 参数都是在一个端口短路情况下,通过计算或测量得到,因此也将 Y 参数称为短路导纳参数。

可以证明,对于不含受控电源的线性二端口网络,当 $Y_{12}=Y_{21}$,这时的网络具有互易性,称为互易二端口网络。此时 Y 的 4 个参数中,只有 3 个是独立的。

如果上述互易网络的参数中还存在 $Y_{11}=Y_{22}$ 关系,这样的网络称为对称二端口网络。对称二端口网络只有 2 个独立参数,这种网络从每个端口向网络内部看到的电气情况都是一样的。

【例 5-1】　求图 5-3(a)所示的二端口网络的导纳矩阵,图中 $Y_a$、$Y_b$、$Y_c$ 为已知。

**解**　对图 5-3(a)所示的网络,利用式(5-4),推导如下:

将端口 2 短路,如图 5-3(b)所示,$Y_c$ 被短路

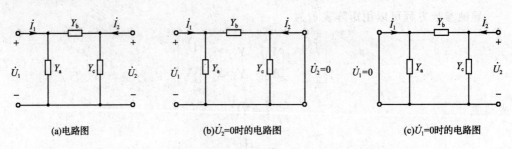

(a)电路图          (b)$\dot{U}_2=0$时的电路图          (c)$\dot{U}_1=0$时的电路图

图 5-3   例 5-1 电路图

$$Y_{11}=\left.\frac{\dot{I}_1}{\dot{U}_1}\right|_{\dot{U}_2=0}=Y_a+Y_b \qquad Y_{21}=\left.\frac{\dot{I}_2}{\dot{U}_1}\right|_{\dot{U}_2=0}=-Y_b$$

将端口 1 短路，如图 5-3(c)所示，$Y_a$ 被短路

$$Y_{22}=\left.\frac{\dot{I}_2}{\dot{U}_2}\right|_{\dot{U}_1=0}=Y_b+Y_c \qquad Y_{12}=\left.\frac{\dot{I}_1}{\dot{U}_2}\right|_{\dot{U}_1=0}=-Y_b$$

二端口网络的 $Y$ 矩阵为

$$Y=\begin{bmatrix} Y_a+Y_b & -Y_b \\ -Y_b & Y_b+Y_c \end{bmatrix}$$

显然 $Y_{21}=Y_{12}$，这是个互易二端口网络，但 $Y_{11}\neq Y_{22}$，所以网络不对称。若 $Y_a=Y_c$，则此网络为对称二端口网络，只有 2 个参数。

【例 5-2】   电路如图 5-4 所示，求该二端口网络的导纳参数。

解   直接列 KCL 方程

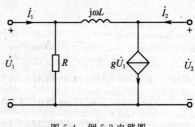

图 5-4   例 5-2 电路图

$$\dot{I}_1=\frac{\dot{U}_1}{R}+\frac{\dot{U}_1-\dot{U}_2}{j\omega L}=(\frac{1}{R}+\frac{1}{j\omega L})\dot{U}_1-\frac{1}{j\omega L}\dot{U}_2$$

$$\dot{I}_2=g\dot{U}_1+\frac{\dot{U}_2-\dot{U}_1}{j\omega L}=(g-\frac{1}{j\omega L})\dot{U}_1+\frac{1}{j\omega L}\dot{U}_2$$

得到 $Y$ 参数矩阵 $\begin{bmatrix} \dfrac{1}{R}+\dfrac{1}{j\omega L} & -\dfrac{1}{j\omega L} \\ g-\dfrac{1}{j\omega L} & \dfrac{1}{j\omega L} \end{bmatrix}$

若 $g=0$，$Y_{12}=Y_{21}=-\dfrac{1}{j\omega L}$，则为互易二端口网络。

## 5.2.2   $Z$ 参数和 $Z$ 参数方程

### 1.$Z$ 参数方程

在图 5-2 中，假定 $\dot{I}_1$、$\dot{I}_2$ 已知，根据叠加定理，可以得到二端口网络的方程

$$\left.\begin{array}{l} \dot{U}_1 = Z_{11}\dot{I}_1 + Z_{12}\dot{I}_2 \\ \dot{U}_2 = Z_{21}\dot{I}_1 + Z_{22}\dot{I}_2 \end{array}\right\} \tag{5-5}$$

和导纳参数方程一样，$Z_{11}$、$Z_{12}$、$Z_{21}$、$Z_{22}$ 具有阻抗性质，称为二端口网络的阻抗参数，简称 $Z$ 参数。

阻抗参数方程的矩阵表示为

$$\begin{bmatrix} \dot{U}_1 \\ \dot{U}_2 \end{bmatrix} = \begin{bmatrix} Z_{11} & Z_{12} \\ Z_{12} & Z_{22} \end{bmatrix} \begin{bmatrix} \dot{I}_1 \\ \dot{I}_2 \end{bmatrix} \tag{5-6}$$

或写成

$$\dot{U} = Z\dot{I} \tag{5-7}$$

2. $Z$ 参数的物理意义及其计算和测定

阻抗参数矩阵，简称 $Z$ 矩阵。

$$Z = \begin{bmatrix} Z_{11} & Z_{12} \\ Z_{21} & Z_{22} \end{bmatrix}$$

不难得到

$$\left.\begin{array}{ll} Z_{11} = \dfrac{\dot{U}_1}{\dot{I}_1}\bigg|_{\dot{I}_2=0} & Z_{21} = \dfrac{\dot{U}_2}{\dot{I}_1}\bigg|_{\dot{I}_2=0} \\[4mm] Z_{12} = \dfrac{\dot{U}_1}{\dot{I}_2}\bigg|_{\dot{I}_1=0} & Z_{22} = \dfrac{\dot{U}_2}{\dot{I}_2}\bigg|_{\dot{I}_1=0} \end{array}\right\} \tag{5-8}$$

式中　　$Z_{11}$——2 端口开路时，1 端口的输入阻抗或驱动点阻抗；

$Z_{22}$——1 端口开路时，2 端口的输入阻抗或驱动点阻抗；

$Z_{12}$——1 端口开路时，2 端口对 1 端口的转移阻抗；

$Z_{21}$——2 端口开路时，1 端口对 2 端口的转移阻抗。

$Z$ 参数是在某个端口开路时计算或测量出来的，所以 $Z$ 参数也称开路阻抗参数。

同样地，当 $Z_{12} = Z_{21}$ 的网络，称为互易二端口网络。如果有 $Z_{11} = Z_{22}$，则网络是对称二端口网络。

【例 5-3】　电路 5-5 所示，(1)求该二端口网络的 $Z$ 参数；(2)当 $Z_a = 15\ \Omega$，$Z_b = 30\ \Omega$，$Z_c = 15\ \Omega$，$U_1 = 110\ \text{V}$，$I_1 = 10\ \text{A}$ 时，$U_2$ 和 $I_2$ 各是多少。

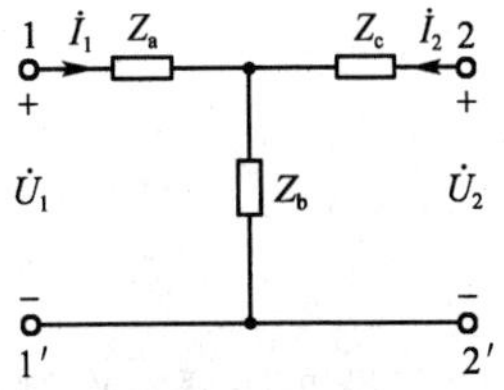

**解**　(1)方法一

$$\dot{U}_1 = Z_{11}\dot{I}_1 + Z_{12}\dot{I}_2$$

$$\dot{U}_2 = Z_{21}\dot{I}_1 + Z_{22}\dot{I}_2$$

利用式(5-8)计算

图 5-5　例 5-3 电路图

$$Z_{11}=\frac{\dot{U}_1}{\dot{I}_1}\bigg|_{\dot{I}_2=0}=Z_a+Z_b \qquad Z_{21}=\frac{\dot{U}_2}{\dot{I}_1}\bigg|_{\dot{I}_2=0}=Z_b$$

$$Z_{12}=\frac{\dot{U}_1}{\dot{I}_2}\bigg|_{\dot{I}_1=0}=Z_b \qquad Z_{22}=\frac{\dot{U}_2}{\dot{I}_2}\bigg|_{\dot{I}_1=0}=Z_b+Z_c$$

方法二

由电路图直接列出 KVL 方程,得到

$$\dot{U}_1=Z_a\dot{I}_1+Z_b(\dot{I}_1+\dot{I}_2)=(Z_a+Z_b)\dot{I}_1+Z_b\dot{I}_2$$

$$\dot{U}_2=Z_c\dot{I}_2+Z_b(\dot{I}_1+\dot{I}_2)=Z_b\dot{I}_1+(Z_b+Z_c)\dot{I}_2$$

$Z$ 参数矩阵

$$Z=\begin{bmatrix} Z_a+Z_b & Z_b \\ Z_b & Z_b+Z_c \end{bmatrix}$$

(2)将 $Z_a=15\ \Omega,Z_b=30\ \Omega,Z_c=15\ \Omega,U_1=110\ \text{V},I_1=10\ \text{A}$ 代入式(5-8),得阻抗参数

$$Z_{11}=45\ \Omega,Z_{12}=Z_{21}=30\ \Omega,Z_{22}=45\ \Omega$$

得输出端口的电压和电流值

$$I_2=\frac{4}{3}\ \text{A},U_2=360\ \text{V}$$

【例 5-4】 求图 5-6 所示空心变压器的 $Z$ 参数。

解　方法一:利用式(5-6),设变压器二次侧开路,
$\dot{I}_2=0$,一次侧加电压 $\dot{U}_1$,则有

$$\dot{U}_1=(R_1+\mathrm{j}\omega L_1)\dot{I}_1$$

$$\dot{U}_2=\mathrm{j}\omega M\dot{I}_1$$

将上式与式(5-5)对应可得

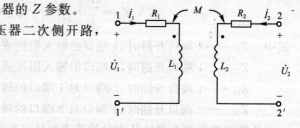

图 5-6　例 5-4 电路图

$$Z_{11}=\frac{\dot{U}_1}{\dot{I}_1}\bigg|_{\dot{I}_2=0}=R_1+\mathrm{j}\omega L_1$$

$$Z_{21}=\frac{\dot{U}_2}{\dot{I}_1}\bigg|_{\dot{I}_2=0}=\mathrm{j}\omega M$$

设变压器一次侧开路,$\dot{I}_1=0$,二次侧加电压 $\dot{U}_2$,列出一次侧和二次侧 KVL 方程,则有

$$\dot{U}_1=\mathrm{j}\omega M\dot{I}_2$$

$$\dot{U}_2=(R_2+\mathrm{j}\omega L_2)\dot{I}_2$$

可得

$$Z_{12} = \frac{\dot{U}_1}{\dot{I}_2}\bigg|_{\dot{I}_1=0} = j\omega M$$

$$Z_{22} = \frac{\dot{U}_2}{\dot{I}_2}\bigg|_{\dot{I}_1=0} = R_2 + j\omega L_2$$

方法二：直接根据 KVL 列一次侧和二次侧方程

$$\dot{U}_1 = (R_1 + j\omega L_1)\dot{I}_1 + j\omega M \dot{I}_2$$

$$\dot{U}_2 = j\omega M \dot{I}_1 + (R_2 + j\omega L_2)\dot{I}_2$$

将上式与式(5-5)比较,得到 $Z$ 参数

$$Z_{11} = R_1 + j\omega L_1$$

$$Z_{12} = Z_{21} = j\omega M$$

$$Z_{22} = R_2 + j\omega L_2$$

可见,该二端口网络为互易二端口网络。

**思考与练习**

5.2.1  已知二端口网络的导纳参数矩阵为 $Y = \begin{bmatrix} 0.2 & 0.4 \\ 0.4 & 0.8 \end{bmatrix}$,试写出其导纳参数方程。

5.2.2  二端口网络的阻抗参数 $Z_{11}$、$Z_{12}$、$Z_{21}$、$Z_{22}$ 与导纳参数 $Y_{11}$、$Y_{12}$、$Y_{21}$、$Y_{22}$ 是否对应为倒数关系?

# 5.3  二端口网络的传输参数和混合参数

## 5.3.1  $T$ 参数和 $T$ 参数方程

### 1. $T$ 参数方程

在许多工程中,往往希望找到一个端口的电压、电流与另一个端口的电压、电流之间的直接关系。例如,放大器、滤波器输入和输出之间的关系,传输线的始端和终端之间的关系。

另外,有些二端口网络并不同时存在阻抗参数和导纳参数。因此可以采用 $T$ 参数来表示二端口网络的输入和输出或始端和终端的关系。

如图 5-2 中,假定 $\dot{U}_2$ 和 $\dot{I}_2$ 是已知量,$\dot{U}_1$、$\dot{I}_1$ 为待求量,列出网络方程

$$\left.\begin{array}{l} \dot{U}_1 = A\dot{U}_2 + B(-\dot{I}_2) \\ \dot{I}_1 = C\dot{U}_2 + D(-\dot{I}_2) \end{array}\right\} \tag{5-9}$$

$A$、$B$、$C$、$D$ 称为二端口网络的传输参数,简称为 $T$ 参数,式(5-9)称为传输参数方程,传输参数方程中输出端口用($-\dot{I}_2$)表示电流,是为了使它与负载电压的参考方向相

关联。

传输参数方程用矩阵表示为

$$\begin{bmatrix} \dot{U}_1 \\ \dot{I}_1 \end{bmatrix} = \begin{bmatrix} A & B \\ C & D \end{bmatrix} \begin{bmatrix} \dot{U}_2 \\ -\dot{I}_2 \end{bmatrix} = T \begin{bmatrix} \dot{U}_2 \\ -\dot{I}_2 \end{bmatrix} \tag{5-10}$$

式中,$T = \begin{bmatrix} A & B \\ C & D \end{bmatrix}$ 为传输参数矩阵,简称 $T$ 矩阵。

2. $T$ 参数的物理意义及其计算和测定

传输参数可以由下列各式求得

$$\left. \begin{array}{ll} A = \dfrac{\dot{U}_1}{\dot{U}_2} \bigg|_{\dot{I}_2=0} & B = \dfrac{\dot{U}_1}{-\dot{I}_2} \bigg|_{\dot{U}_2=0} \\[4mm] C = \dfrac{\dot{I}_1}{\dot{U}_2} \bigg|_{\dot{I}_2=0} & D = \dfrac{\dot{I}_1}{-\dot{I}_2} \bigg|_{\dot{U}_2=0} \end{array} \right\} \tag{5-11}$$

式中　$A$——端口 2 开路时两端口电压之比,称为转移电压比,量纲为一;

　　　$B$——端口 2 短路时转移阻抗;

　　　$C$——端口 2 开路时转移导纳;

　　　$D$——端口 2 短路时两端口转移电流比,量纲为一。

对于互易二端口网络,有 $AD - BC = 1$。对于对称二端口网络,还有 $A = D$ 的关系。

【例 5-5】　求图 5-7 所示二端口网络的 $T$ 参数。

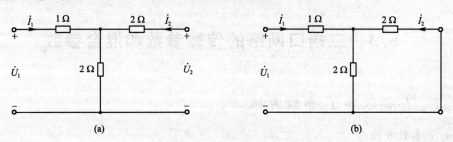

图 5-7　例 5-5 电路图

**解**　根据 $T$ 参数方程

$$\left. \begin{array}{l} \dot{U}_1 = A\dot{U}_2 + B(-\dot{I}_2) \\ \dot{I}_1 = C\dot{U}_2 + D(-\dot{I}_2) \end{array} \right\}$$

则由状态法求出

$$A = \frac{\dot{U}_1}{\dot{U}_2} = \bigg|_{\dot{I}_2=0} = \frac{(1+2)\dot{I}_1}{2\dot{I}_1} = 1.5$$

$$C = \frac{\dot{I}_1}{\dot{U}_2} \bigg|_{\dot{I}_2=0} = 0.5 \text{ S}$$

又由图 5-7(b)，当 $\dot{U}_2 = 0$ 时求得

$$B = \frac{\dot{U}_1}{-\dot{I}_2}\bigg|_{\dot{U}_2=0} = \frac{\dot{I}_1[1+(\frac{2}{2})]}{0.5\dot{I}_1} = 4\ \Omega$$

$$D = \frac{\dot{I}_1}{-\dot{I}_2}\bigg|_{\dot{U}_2=0} = \frac{\dot{I}_1}{0.5\dot{I}_1} = 2$$

【例 5-6】 求图 5-8(a)、(b)所示二端口网络的传输参数矩阵。

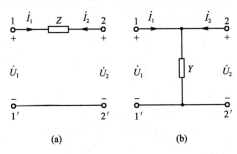

图 5-8　例 5-6 电路图

**解**　(1)对图 5-8(a)列 KVL 和 KCL 方程得

$$\dot{U}_1 = \dot{U}_2 - Z\dot{I}_2$$

$$\dot{I}_1 = -\dot{I}_2$$

即

$$\begin{bmatrix} \dot{U}_1 \\ \dot{I}_1 \end{bmatrix} = \begin{bmatrix} 1 & Z \\ 0 & 1 \end{bmatrix} \begin{bmatrix} \dot{U}_2 \\ -\dot{I}_2 \end{bmatrix}$$

得传输参数矩阵

$$T = \begin{bmatrix} 1 & Z \\ 0 & 1 \end{bmatrix}$$

对图 5-8(b)列 KVL 和 KCL 方程得

$$\dot{U}_1 = \dot{U}_2$$

$$\dot{I}_1 = Y\dot{U}_2 - \dot{I}_2$$

即

$$\begin{bmatrix} \dot{U}_1 \\ \dot{I}_1 \end{bmatrix} = \begin{bmatrix} 1 & 0 \\ Y & 1 \end{bmatrix} \begin{bmatrix} \dot{U}_2 \\ -\dot{I}_2 \end{bmatrix}$$

得传输参数矩阵

$$T = \begin{bmatrix} 1 & 0 \\ Y & 1 \end{bmatrix}$$

## *5.3.2 $H$ 参数和 $H$ 参数方程

### 1. $H$ 参数方程

低频电子线路中,常将 $\dot{I}_1$ 和 $\dot{U}_2$ 作为已知量, $\dot{U}_1$ 和 $\dot{I}_2$ 作为待求量,对图 5-2 可列出网络方程

$$\left.\begin{array}{l} \dot{U}_1 = H_{11}\dot{I}_1 + H_{12}\dot{U}_2 \\ \dot{I}_2 = H_{21}\dot{I}_1 + H_{22}\dot{U}_2 \end{array}\right\} \tag{5-12}$$

其矩阵形式为

$$\begin{bmatrix} \dot{U}_1 \\ \dot{I}_2 \end{bmatrix} = H \begin{bmatrix} \dot{I}_1 \\ \dot{U}_2 \end{bmatrix}$$

式中

$$H = \begin{bmatrix} H_{11} & H_{12} \\ H_{21} & H_{22} \end{bmatrix} \tag{5-13}$$

$H$ 称为混合参数矩阵。$H_{11}$、$H_{12}$、$H_{21}$、$H_{22}$ 称为混合参数或 $H$ 参数。式(5-12)称为混合参数方程。

### 2. $H$ 参数的物理意义及其计算和测定

混合参数由下式求得

$$\left.\begin{array}{ll} H_{11} = \dfrac{\dot{U}_1}{\dot{I}_1}\bigg|_{\dot{U}_2=0} & H_{12} = \dfrac{\dot{U}_1}{\dot{U}_2}\bigg|_{\dot{I}_1=0} \\[4mm] H_{21} = \dfrac{\dot{I}_2}{\dot{I}_1}\bigg|_{\dot{U}_2=0} & H_{22} = \dfrac{\dot{I}_2}{\dot{U}_2}\bigg|_{\dot{I}_1=0} \end{array}\right\} \tag{5-14}$$

式中　　$H_{11}$——2 端口短路时 1 端口的输入阻抗;

　　　　$H_{12}$——1 端口开路时两端口电压之比,量纲为一;

　　　　$H_{21}$——2 端口短路时两端口电流之比,量纲为一;

　　　　$H_{22}$——1 端口开路时 2 端口的输入导纳。

对于互易二端口网络可以证明 $H_{12} = -H_{21}$;对于对称二端口网络,满足 $H_{11}H_{22} - H_{12}H_{21} = 1$。

**【例 5-7】** 图 5-9 所示电路为晶体管在小信号工作条件下的简化等效电路,求:(1)此电路的混合参数;(2)若 $R_1 = 500\ \Omega$,$\beta = 100$,$R_2 = 10\ \Omega$,当 $I_1 = 0.1\ \text{mA}$,$U_2 = 0.5\ \text{V}$ 时,求 $U_1$ 和 $I_2$。

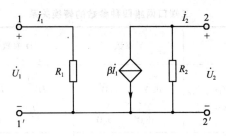

图 5-9　例 5-7 电路图

**解**　(1)将 2 端口短路，$\dot{U}_2=0$，在 1 端口加上电压 $\dot{U}_1$，如图 5-10(a)所示，得

$$H_{11}=\frac{\dot{U}_1}{\dot{I}_1}\Bigg|_{\dot{U}_2=0}=R_1$$

$$H_{21}=\frac{\dot{I}_2}{\dot{I}_1}\Bigg|_{\dot{U}_2=0}=\beta$$

将 1 端口开路，2 端口加电压 $\dot{U}_2$，如图 5-10(b)所示，得

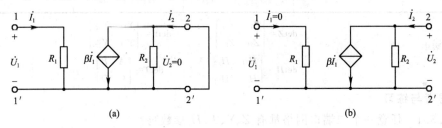

(a)　　　　　　　　　　　　　　　(b)

图 5-10　例 5-7 电路图

$$H_{12}=\frac{\dot{U}_1}{\dot{U}_2}\Bigg|_{\dot{I}_1=0}=0$$

$$H_{22}=\frac{\dot{I}_2}{\dot{U}_2}\Bigg|_{\dot{I}_1=0}=\frac{1}{R_2}$$

(2)由于该网络为纯电阻性网络，将已知条件代入式(5-12)，得到

$$U_1=H_{11}I_1+H_{12}U_2=500\times0.1\times10^{-3}=0.05\text{ V}$$

$$I_2=H_{21}I_1+H_{22}U_2=100\times0.1\times10^{-3}+\frac{1}{10}\times0.5=0.06\text{ A}$$

　　上面四组参数方程以及与之对应的四种参数，均可以表示同一个二端口网络的电气性能。实际工程中根据不同的要求有不同的应用。就一个具体网络而言，某一种参数可能比较容易测定，而在网络分析中，采用另一种参数有时较为方便，对同一个二端口网络，不难用参数方程由一组参数求出其他三组参数。表 5-1 列出了它们之间的转换关系。但要注意，并不是所有的二端口网络都同时存在四种参数，有的网络无 $Y$ 参数、有的网络无 $Z$ 参数，有的网络既无 $Y$ 参数又无 $Z$ 参数。例如，图 5-8(a)所示网络不存在 $Z$ 参数，图 5-8(b)所示网络不存在 $Y$ 参数。

表 5-1　　　　　　　　　　　　二端口网络四种参数的转换关系

| 已知＼未知 | Z 参数 | Y 参数 | H 参数 | T 参数 |
|---|---|---|---|---|
| Z 参数 | $Z_{11}\quad Z_{12}$<br>$Z_{21}\quad Z_{22}$ | $\dfrac{Y_{22}}{\det\boldsymbol{Y}}\quad \dfrac{-Y_{12}}{\det\boldsymbol{Y}}$<br>$-\dfrac{Y_{21}}{\det\boldsymbol{Y}}\quad \dfrac{Y_{11}}{\det\boldsymbol{Y}}$ | $\dfrac{\det\boldsymbol{H}}{H_{22}}\quad \dfrac{H_{12}}{H_{22}}$<br>$-\dfrac{H_{21}}{H_{22}}\quad \dfrac{1}{H_{22}}$ | $\dfrac{A}{C}\quad \dfrac{\det\boldsymbol{T}}{C}$<br>$\dfrac{1}{C}\quad \dfrac{D}{C}$ |
| Y 参数 | $\dfrac{Z_{22}}{\det\boldsymbol{Z}}\quad -\dfrac{Z_{12}}{\det\boldsymbol{Z}}$<br>$-\dfrac{Z_{21}}{\det\boldsymbol{Z}}\quad \dfrac{Z_{11}}{\det\boldsymbol{Z}}$ | $Y_{11}\quad Y_{12}$<br>$Y_{21}\quad Y_{22}$ | $\dfrac{1}{H_{11}}\quad -\dfrac{H_{12}}{H_{11}}$<br>$\dfrac{H_{21}}{H_{11}}\quad \dfrac{\det\boldsymbol{H}}{H_{11}}$ | $\dfrac{D}{B}\quad -\dfrac{\det\boldsymbol{T}}{B}$<br>$-\dfrac{1}{B}\quad \dfrac{A}{B}$ |
| H 参数 | $\dfrac{\det\boldsymbol{Z}}{Z_{22}}\quad \dfrac{Z_{12}}{Z_{22}}$<br>$-\dfrac{Z_{21}}{Z_{22}}\quad \dfrac{1}{Z_{22}}$ | $\dfrac{1}{Y_{11}}\quad -\dfrac{Y_{12}}{Y_{11}}$<br>$\dfrac{Y_{21}}{Y_{11}}\quad \dfrac{\det\boldsymbol{Y}}{Y_{11}}$ | $H_{11}\quad H_{12}$<br>$H_{21}\quad H_{22}$ | $\dfrac{B}{D}\quad \dfrac{\det\boldsymbol{T}}{D}$<br>$-\dfrac{1}{D}\quad \dfrac{C}{D}$ |
| T 参数 | $\dfrac{Z_{11}}{Z_{21}}\quad \dfrac{\det\boldsymbol{Z}}{Z_{21}}$<br>$\dfrac{1}{Z_{21}}\quad \dfrac{Z_{22}}{Z_{21}}$ | $-\dfrac{Y_{22}}{Y_{21}}\quad -\dfrac{1}{Y_{21}}$<br>$-\dfrac{\det\boldsymbol{Y}}{Y_{21}}\quad -\dfrac{Y_{11}}{Y_{21}}$ | $-\dfrac{\det\boldsymbol{H}}{H_{21}}\quad -\dfrac{H_{11}}{H_{21}}$<br>$-\dfrac{H_{22}}{H_{21}}\quad -\dfrac{1}{H_{21}}$ | $A\quad B$<br>$C\quad D$ |

注：表中

$$\det\boldsymbol{Z}=\begin{vmatrix} Z_{11} & Z_{12} \\ Z_{21} & Z_{22} \end{vmatrix} \qquad \det\boldsymbol{Y}=\begin{vmatrix} Y_{11} & Y_{12} \\ Y_{21} & Y_{22} \end{vmatrix}$$

$$\det\boldsymbol{H}=\begin{vmatrix} H_{11} & H_{12} \\ H_{21} & H_{22} \end{vmatrix} \qquad \det\boldsymbol{T}=\begin{vmatrix} A & B \\ C & D \end{vmatrix}$$

## 思考与练习

5.3.1　任意一个二端口网络都有 $Z$、$Y$、$T$、$H$ 参数吗？

5.3.2　图 5-11(a)中是否存在 $Y$、$Z$ 参数？图 5-11(b)中是否存在 $Y$ 参数？

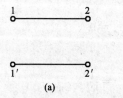 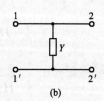

图 5-11　题 5.3.2 图

5.3.3　如图 5-12 所示,求此二端口网络的 $T$ 参数。

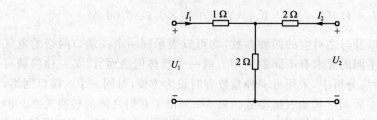

图 5-12　题 5.3.3 图

# 5.4　二端口网络的级联

## 5.4.1　二端口网络连接方式概述

　　几个简单的二端口网络按一定方式连接起来,就构成一个复合二端口网络。当然,一个复杂的二端口网络,也可以看做是由若干个简单的二端口网络按不同方式连接而成的。二端口网络的基本连接方式有级联、串联、并联、串并联、并串联五种,其电路结构如图5-13所示。本节主要讨论二端口网络的级联。

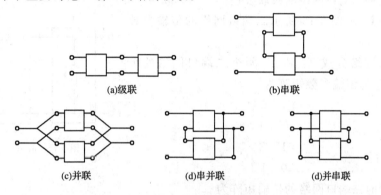

(a)级联　　　　　　　　　　(b)串联

(c)并联　　　　(d)串并联　　　　(d)并串联

图 5-13　二端口网络的基本连接方式

## 5.4.2　二端口网络的级联

　　两个二端口网络的级联是第一个二端口网络的输出口直接与第二个二端口网络的输入口相连。如图 5-14 所示两个二端口网络 $T_1$ 和 $T_2$,网络 $T_1$ 的传输参数方程为

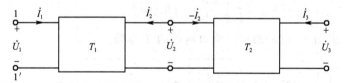

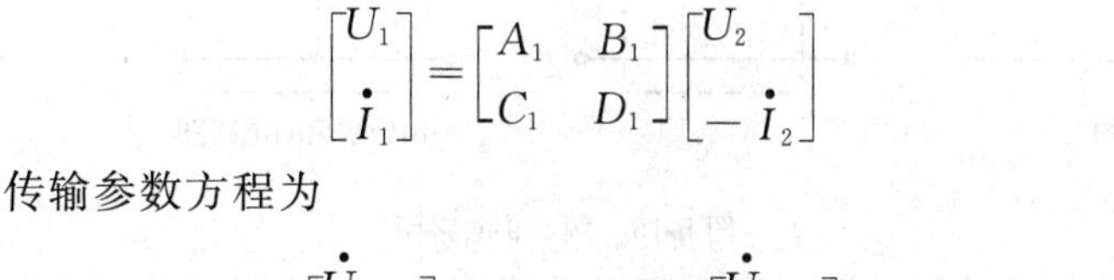

图 5-14　二端口网络的级联

$$\begin{bmatrix} \dot{U}_1 \\ \dot{I}_1 \end{bmatrix} = \begin{bmatrix} A_1 & B_1 \\ C_1 & D_1 \end{bmatrix} \begin{bmatrix} \dot{U}_2 \\ -\dot{I}_2 \end{bmatrix} \tag{5-15}$$

网络 $T_2$ 的传输参数方程为

$$\begin{bmatrix} \dot{U}_2 \\ -\dot{I}_2 \end{bmatrix} = \begin{bmatrix} A_2 & B_2 \\ C_2 & D_2 \end{bmatrix} \begin{bmatrix} \dot{U}_3 \\ -\dot{I}_3 \end{bmatrix} \tag{5-16}$$

将式(5-16)代入式(5-15),得

$$\begin{bmatrix} \dot{U}_1 \\ \dot{I}_1 \end{bmatrix} = \begin{bmatrix} A_1 & B_1 \\ C_1 & D_1 \end{bmatrix} \begin{bmatrix} A_2 & B_2 \\ C_2 & D_2 \end{bmatrix} \begin{bmatrix} \dot{U}_3 \\ -\dot{I}_3 \end{bmatrix} = \begin{bmatrix} A & B \\ C & D \end{bmatrix} \begin{bmatrix} \dot{U}_3 \\ -\dot{I}_3 \end{bmatrix} \qquad (5-17)$$

式中

$$\begin{bmatrix} A & B \\ C & D \end{bmatrix} = \begin{bmatrix} A_1 & B_1 \\ C_1 & D_1 \end{bmatrix} \begin{bmatrix} A_2 & B_2 \\ C_2 & D_2 \end{bmatrix} = \begin{bmatrix} A_1 A_2 + B_1 C_2 & A_1 B_2 + B_1 D_2 \\ C_1 A_2 + D_1 C_2 & C_1 B_2 + D_1 D_2 \end{bmatrix} \qquad (5-18)$$

或                $T = T_1 \cdot T_2$（注意此为两个矩阵相乘）

这个关系可推广到 $n$ 个二端口网络级联的情况，即

$$T = T_1 \cdot T_2 \cdot T_3 \cdots T_n \qquad (5-19)$$

以上就是二端口网络的级联公式。

【例 5-8】 求图 5-15 所示二端口网络的传输参数方程。

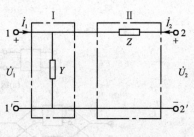

图 5-15 例 5-8 电路图

解 将网络分成 $T_1$ 和 $T_2$ 两个二端口网络的级联，$T_1$ 和 $T_2$ 的传输参数矩阵为

$$T_1 = \begin{bmatrix} 1 & 0 \\ Y & 1 \end{bmatrix}$$

$$T_2 = \begin{bmatrix} 1 & Z \\ 0 & 1 \end{bmatrix}$$

级联后的二端口网络的传输矩阵为

$$T = T_1 \cdot T_2 = \begin{bmatrix} 1 & 0 \\ Y & 1 \end{bmatrix} \begin{bmatrix} 1 & Z \\ 0 & 1 \end{bmatrix} = \begin{bmatrix} 1 & Z \\ Y & 1+ZY \end{bmatrix}$$

该网络的传输参数矩阵形式为

$$\begin{bmatrix} \dot{U}_1 \\ \dot{I}_1 \end{bmatrix} = \begin{bmatrix} 1 & Z \\ Y & 1+ZY \end{bmatrix} \begin{bmatrix} \dot{U}_2 \\ -\dot{I}_2 \end{bmatrix}$$

【例 5-9】 求图 5-16(a)所示二端口网络的 $T$ 参数。

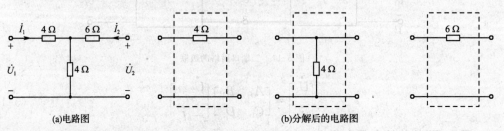

(a)电路图                    (b)分解后的电路图

图 5-16 例 5-9 电路图

解 图 5-16(a)所示的二端口网络可以看成图 5-16(b)所示的三个二端口的级联，易求出

$$T_1 = \begin{bmatrix} 1 & 4\ \Omega \\ 0 & 1 \end{bmatrix}, T_2 = \begin{bmatrix} 1 & 0 \\ 0.25\ \text{S} & 1 \end{bmatrix}, T_3 = \begin{bmatrix} 1 & 6\ \Omega \\ 0 & 1 \end{bmatrix}$$

则图 5-16(a)所示二端口网络的 $T$ 参数矩阵等于级联的三个二端口网络的 $T$ 参数矩阵的

乘积,即

$$T = T_1 \cdot T_2 \cdot T_3 = \begin{bmatrix} 1 & 4\ \Omega \\ 0 & 1 \end{bmatrix} \begin{bmatrix} 1 & 0 \\ 0.25\ \mathrm{S} & 1 \end{bmatrix} \begin{bmatrix} 1 & 6\ \Omega \\ 0 & 1 \end{bmatrix} = \begin{bmatrix} 2 & 16\ \Omega \\ 0.25\ \mathrm{S} & 2.5 \end{bmatrix}$$

**思考与练习**

5.4.1 将图 5-15 所示的两个二端口网络级联顺序互换,求 $T = T_2 \cdot T_1$。二端口网络 $T_1$ 与 $T_2$ 级联的前后顺序互换后,网络的 $T$ 参数是否改变?

# 5.5 理想变压器

## 5.5.1 理想变压器含义

在电力系统和电子通信线路中广泛使用各种变压器,常用的变压器有空心变压器和铁芯变压器,空心变压器是绕在非铁磁材料上的互感线圈,铁芯变压器是绕在铁磁材料上的互感线圈,本节讨论的理想变压器是铁芯变压器的理想模型,它由两个线性电感元件构成一个二端口网络。它既不消耗功率也不储存能量,在任意时刻它吸收的功率总为零。

理想变压器要满足如下三个条件:

(1)变压器的耦合系数 $K=1$;

(2)变压器的自感系数无穷大,且 $\dfrac{L_1}{L_2}$ 为一常数;

(3)变压器无任何功率损耗。

## 5.5.2 理想变压器的变比与性质

1.理想变压器变比

按图 5-17 所示的同名端及电压、电流参考方向,理想变压器满足以下关系

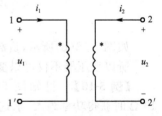

$$\left. \begin{array}{ll} \dfrac{u_1}{u_2} = n & u_1 = n u_2 \\[2mm] & \text{或} \\[2mm] \dfrac{i_1}{i_2} = -\dfrac{1}{n} & i_1 = -\dfrac{1}{n} i_2 \end{array} \right\} \qquad (5\text{-}20)$$

式中,变压器原、副线圈的匝数之比 $n$ 就称为理想变压器的变比,$n$ 为一正实数,它也是理想变压器中的唯一参数。

图 5-17 理想变压器

2.理想变压器的性质

电压比(即为理想变压器的变比)

$$\frac{u_1}{u_2} = n$$

这里的 $n$ 等于电压比,也等于匝数比。当 $n>1$ 时,$u_1>u_2$,为降压变压器;当 $n<1$ 时,$u_1<u_2$,为升压变压器。$u_1$、$u_2$ 的参考方向相对同名端是一致的。

（2）电流比

理想变压器吸收的瞬时功率恒等于零。即

$$p = u_1 i_1 + u_2 i_2 = 0$$

$$\frac{i_1}{i_2} = -\frac{u_2}{u_1} = -\frac{1}{n}$$

(5-21)

所以变压器可以变电流。

（3）阻抗比

电路如图 5-18(a)所示，若理想变压器工作在正弦稳态下，可用相量法分析，其关系为

$$\frac{\dot{U}_1}{\dot{U}_2} = n$$

$$\frac{\dot{I}_1}{\dot{I}_2} = -\frac{1}{n}$$

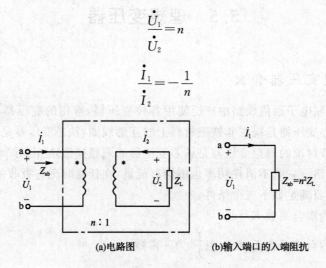

(a)电路图　　　　　　　(b)输入端口的入端阻抗

图 5-18　理想变压器的变阻抗作用

从图 5-18(a)a-b 端口看进去等效阻抗 $Z_{ab}$ 为

$$Z_{ab} = \frac{\dot{U}_1}{\dot{I}_1} = \frac{n\dot{U}_2}{-\frac{1}{n}\dot{I}_2} = n^2\left(\frac{\dot{U}_2}{-\dot{I}_2}\right) = n^2 Z_L$$

如图 5-18(b)所示，负载反映到一次侧绕组的阻抗为原阻抗的 $n^2$ 倍。

所以变压器不仅可以变电压、变电流，还可以进行阻抗变换。

【例 5-10】　已知图 5-19 所示电路，当 $R_L = 10\ \Omega$ 时获得功率最大，求这时理想变压器的变比和负载的最大功率。

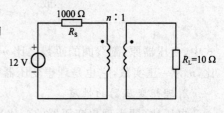

图 5-19　例 5-10 电路图

　解　理想变压器二次侧阻抗折算到一次侧为

$$R_i = n^2 R_L$$

由戴维南等效电路可知，当

$$R_i = n^2 R_L = R_S$$

$$n = \sqrt{\frac{R_S}{R_L}} = \sqrt{\frac{1000}{10}} = 10$$

$R_L$ 获得最大功率

$$P_{\max} = \frac{U_{OC}^2}{4R_s} = \frac{12^2}{4 \times 1000} = 0.036 \text{ W}$$

【例 5-11】 已知电路如图 5-20 所示,求二端口网络的 $Z$ 参数,并判断网络是否互易。

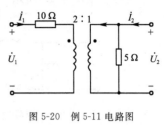

图 5-20　例 5-11 电路图

**解**　由电路得

$$\dot{U}_1 = 2\dot{U}_2 + 10\dot{I}_1$$

$$\left(\dot{I}_2 - \frac{\dot{U}_2}{5}\right) = -2\dot{I}_1$$

得 $Z$ 参数矩阵

$$Z = \begin{bmatrix} 20 & 10 \\ 10 & 5 \end{bmatrix}$$

因为 $Z_{12} = Z_{21}$,所以网络互易。

**思考与练习**

5.5.1　试写出图 5-17 所示理想变压器的 $Y$、$Z$、$H$ 参数矩阵。

# 本 章 小 结

1.当四端网络的四个端钮中,两个两个地分别满足端口条件时,称为二端口网络。二端口网络的分析方法是通过测试或计算端口的电压和电流,反映和表征网络的内部电气性能。

2.输入和输出端口的电压、电流四个量中,只有两个是独立的,任取其中两个为自变量,另两个为因变量,可以列出六种不同的网络方程,相应地可以得到六种网络参数。本章主要讨论其中的 $Y$、$Z$、$T$、$H$ 四种参数。

3.当网络参数分别满足:$Z_{12} = Z_{21}$,为互易二端口网络,且 $Z_{11} = Z_{22}$,为对称的二端口网络;或 $Y_{12} = Y_{21}$,为互易二端口网络,且 $Y_{11} = Y_{22}$,是对称的二端口网络;或 $AD - BC = 1$,为互易二端口网络,若还有 $A = D$,也是对称二端口网络;或 $H_{12} = -H_{21}$,也称为互易二端口网络,若还有 $H_{11}H_{22} - H_{12}H_{21} = 1$,也是对称二端口网络。

4.复杂的二端口网络可以看成是由若干个简单二端口网络通过某种方式连接而成的,本章讨论的级联是其中最简单、最典型的一种。

5.理想变压器可以作为二端口网络的实例。理想变压器的作用:不仅可以变电压、变电流,还可以进行阻抗变换。

# 习题 5

5-1　二端口网络的 $Z$ 参数可以由实验测定。若一由电阻组成的二端口网络,该如何测定其 $Z$ 参数?

5-2　写出满足下列条件的二端口网络的导纳参数特点:

(1)互易网络;(2)对称网络。

5-3 求图 5-21 所示二端口网络的 $Z$ 参数。

5-4 求图 5-22 所示二端口网络的 $T$、$H$ 参数。

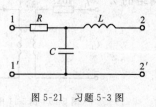

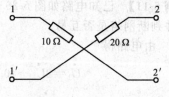

图 5-21 习题 5-3 图　　　　　　　　　　图 5-22 习题 5-4 图

5-5 如图 5-23 所示,求该二端口网络的 $T$、$H$ 参数。

5-6 已知某二端口网络的传输参数矩阵 $T=\begin{bmatrix} 6 & -3 \\ 3 & 12 \end{bmatrix}$,写出该传输方程。

5-7 试求图 5-24 所示二端口网络的 $H$ 参数。

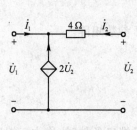

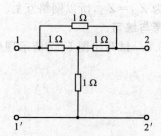

图 5-23 习题 5-5 图　　　　　　　　　　图 5-24 习题 5-7 图

5-8 根据上题(习题 5-7)二端口网络的 $H$ 参数,利用表 5-1,再求出其 $Y$、$Z$、$T$ 参数。

5-9 某纯电阻二端口网络的导纳参数为:$Y=\begin{bmatrix} 0.2 & 0.4 \\ 0.4 & 0.8 \end{bmatrix}$ S,又已知输入电压和输入电流:$U_1=12$ V,$I_1=2$ A,求输出电压和电流。

5-10 试求图 5-25(a)、(b)所示二端口网络的 $Y$ 参数和 $Z$ 参数。

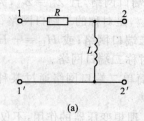

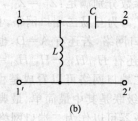

(a)　　　　　　　　　　　　　　(b)

图 5-25 习题 5-10 图

5-11 求图 5-26 所示二端口网络的导纳参数。

5-12 如图 5-27 所示电路中,已知其中 $P_1$ 网络的传输参数 $T_1=\begin{bmatrix} a & b \\ c & d \end{bmatrix}$,试求整个二端口网络的传输参数矩阵。

5-13 如图 5-28 所示电路,求此二端口网络的开路阻抗参数(设角频率为 $\omega$)。

5-14 如图 5-29 所示,是由电阻组成的二端口网络,其阻抗矩阵 $Z=\begin{bmatrix} 4 & 3 \\ 3 & 5 \end{bmatrix}$ Ω,试求:(1)该网络的 $H$ 矩阵;(2)当 $I_1=10$ A、$U_2=20$ V 时,求 $U_1$ 和 $I_2$ 的值。

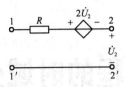

图 5-26　习题 5-11 图

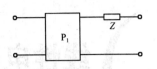

图 5-27　习题 5-12 图

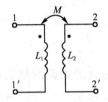

图 5-28　习题 5-13 图

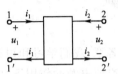

图 5-29　习题 5-14 图

5-15　设理想变压器输出端接有一个电阻值为 $R=2\ \Omega$ 的负载,欲使输入端口的等效电阻为 $128\ \Omega$,则此变压器的变比应是多少?

5-16　求图 5-30 中(a)、(b)、(c)、(d)所示各二端口网络的传输参数。

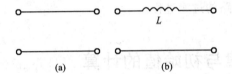

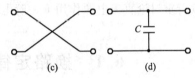

图 5-30　习题 5-16 图

5-17　试分别求图 5-31 所示各二端口网络的 $T$、$H$ 参数(结果均写成矩阵形式)。

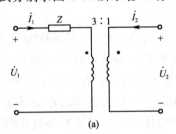

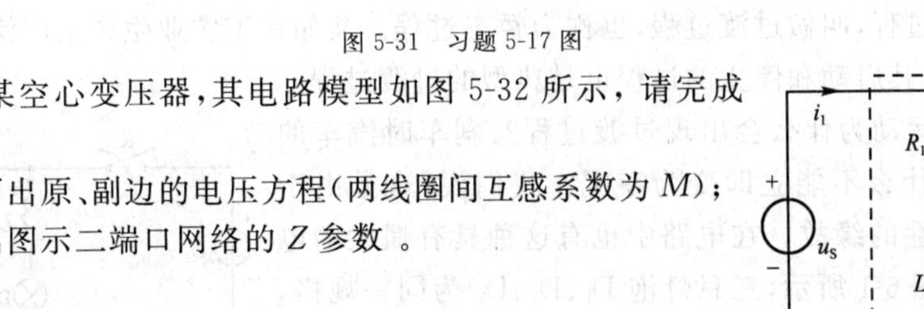

(a)

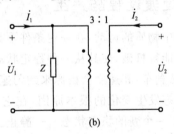

(b)

图 5-31　习题 5-17 图

5-18　某空心变压器,其电路模型如图 5-32 所示,请完成以下两问:

(1)试写出原、副边的电压方程(两线圈间互感系数为 $M$);

(2)求出图示二端口网络的 $Z$ 参数 。

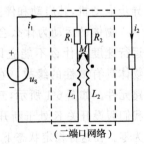

图 5-32　习题 5-18 图

# 6 线性电路过渡过程的时域分析

在前面各章,我们学习和讨论了由储能元件 L 和 C 构成的电路的稳定状态,如线性电路在正弦交流电源的作用下,电路中各部分的电压、电流都是与电源同频率的正弦量,这就是正弦电路的稳定状态,简称稳态,但这种电路中一旦发生开关动作,情况就可能发生变化。在开关接通或断开以后,电路中的某些参数往往不能立即进入稳定状态,而是要经历一个中间的变化过程,我们称之为过渡过程或暂态过程。这种含有储能元件的电路称为动态电路。仅含有一个储能元件,或经化简后只含有一个储能元件的电路叫一阶电路。本章着重讨论直流电源作用下一阶电路的过渡过程。

## 6.1 换路定律与初始值的计算

### 6.1.1 过渡过程的产生

自然界中物质的运动,在一定条件下具有一定的稳定性,一旦条件发生变化,这种稳定性就有可能被打破,使其从一种稳定状态过渡到另一种稳定状态。例如一辆匀速行驶的汽车,突然刹车,其速度会由原来的匀速值逐渐减小到零。在这个过程中,刹车是导致汽车运行状态发生变化的根本原因,在它的作用下,汽车从最初的稳定状态——匀速行驶,过渡到了一个新的稳定状态——静止。这种物体从一种稳定状态过渡到另一种稳定状态的中间过程,叫做过渡过程,也称为暂态过程。又如在工农业生产上广泛使用的三相异步电动机,其启动和停止的过程也是典型的过渡过程。

物体的运动为什么会出现过渡过程?刹车时汽车的运行速度为什么不能立即变为零呢?我们说,这是由于物体具有惯性的缘故。在电路中也有这种具有惯性的电路元件。如图 6-1 所示,三只灯泡 $D_1$、$D_2$、$D_3$ 为同一规格。我们假设开关 K 处于断开状态,并且电路中各支路电流均为零。在这种稳定状态下,灯泡 $D_1$、$D_2$、$D_3$ 都不亮。当开关 K 闭合后,我们发现,在外施直流电压 $U_S$ 作用下,灯泡 $D_1$

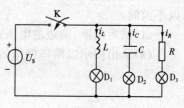

图 6-1 过渡过程的产生

由暗逐渐变亮,最后亮度达到稳定;灯泡 $D_2$ 在开关闭合的瞬间突然闪亮了一下,随着时间的延迟逐渐暗下去,直到完全熄灭;灯泡 $D_3$ 在开关闭合的瞬间立即变亮,而且亮度稳定不变。

由此可见,电感和电容就是这种具有惯性的电路元件,因此,含有电感或电容元件的电路存在着过渡过程。

在图 6-1 所示电路中,是开关 K 的闭合导致了电容、电感支路过渡过程的产生。我们把这种由于开关的接通或断开,导致电路工作状态发生变化的现象称为换路。常见的换路还包括电源电压的变化、元件参数的改变以及电路连接方式的改变等。

实践证明,换路是电路产生过渡过程的外部因素,而电路中含有储能元件才是过渡过程产生的内部因素。在图 6-1 所示电路中,电阻支路由于不含储能元件,虽然发生换路,但却没有过渡过程,即灯泡 $D_3$ 能够瞬间点亮,且亮度恒定。而电感和电容支路的情况就不同了,就如同对物体加热使其升温时,物体热能的增加需要经历一定的时间一样,电路发生换路时,电感元件和电容元件中储存的能量也不能突变,这种能量的储存和释放也需要经历一定的时间。我们知道,电容储存的电场能量 $W_C = \frac{1}{2}Cu_C^2$,电感储存的磁场能量 $W_L = \frac{1}{2}Li_L^2$。由于两者都不能突变,所以在 $L$ 和 $C$ 确定的情况下,电容电压 $u_C$ 和电感电流 $i_L$ 也不能突变。这样在图 6-1 所示的电路中,当 K 闭合以后,电感支路电流 $i_L$ 将从零逐渐增大,最终达到稳定,因此,灯泡 $D_1$ 的亮度也随之变化。与此同时,电容两端的电压 $u_C$ 从零逐渐增大,直至最终稳定为 $U_S$,相应地,灯泡 $D_2$ 两端的电压 $(u_{D_2} = U_S - u_C)$ 从 $U_S$ 逐渐减小至零,致使 $D_2$ 的亮度逐渐变暗,直至最后熄灭。

电路的过渡过程虽然时间短暂(一般只有几毫秒,甚至几微秒),在实际工作中却极为重要。例如,在电子技术中常用它来改善波形或产生特定的波形;在计算机和脉冲电路中,更广泛地利用了电路的暂态特性;在控制设备中,则利用电路的暂态特性提高控制速度等等。当然,过渡过程也有其有害的一面,由于它的存在,可能在电路换路瞬间产生过电压或过电流现象,使电气设备或元器件受损,危及人身及设备安全。因此,研究电路过渡过程的目的就是要认识和掌握这种客观存在的物理现象的规律。在生产实践中既要充分利用它的特性,又要防止它可能产生的危害。

## 6.1.2 换路定津及电路初始值的计算

从上面的分析中,我们已经得出这样的结论:电路在发生换路时,电容元件两端的电压 $u_C$ 和电感元件上的电流 $i_L$ 都不会突变。假设换路是在瞬间完成的,则换路后一瞬间电容元件两端的电压应等于换路前一瞬间电容元件两端的电压,而换路后一瞬间电感元件上的电流应等于换路前一瞬间电感元件上的电流,这个规律就称为换路定律。它是分析电路过渡过程的重要依据。

如果以 $t=0$ 时刻表示换路瞬间,令 $t=0_-$ 表示换路前一瞬间,$t=0_+$ 表示换路后一瞬间,则换路定律可以用公式表示为

$$u_C(0_+) = u_C(0_-) \tag{6-1}$$

$$i_L(0_+) = i_L(0_-) \tag{6-2}$$

例如,某 $RC$ 串联电路在 $t=0$ 时刻换路,若换路前电容中有初始储能,电容两端电压 $u_C(0_-)$ 为 4 V,则换路后,电容两端的初始电压 $u_C(0_+) = u_C(0_-) = 4$ V;若该电路在换

前电容上没有初始储能,则换路后电容两端的初始电压 $u_C(0_+) = u_C(0_-) = 0$。

换路定律说明了电容上的电压和电感上的电流不能突变。实际上,电路中电容上的电流和电感上的电压,以及电阻上的电压、电流都是可以突变的。电路换路以后,电路中各元件上的电流和电压将以换路后一瞬间的数值为起点而连续变化,这一数值就是电路的初始值。在一阶电路中它包括 $u_C(0_+)$、$i_C(0_+)$、$u_L(0_+)$、$i_L(0_+)$、$u_R(0_+)$、$i_R(0_+)$。初始值是研究电路过渡过程的一个重要指标,它决定了电路过渡过程的起点。计算初始值一般按如下步骤进行:

(1)确定换路前电路中的 $u_C(0_-)$ 和 $i_L(0_-)$,若电路较复杂,可先画出 $t=0_-$ 时刻的等效电路,再用基尔霍夫定律求解;

(2)由换路定律确定 $u_C(0_+)$ 和 $i_L(0_+)$;

(3)画出 $t=0_+$ 时的等效电路;

(4)根据欧姆定律和基尔霍夫定律求解电路中其他初始值。

不难看出,用换路定律只能求出 $u_C(0_+)$ 和 $i_L(0_+)$,而电路中其他各量的初始值都要由 $t=0_+$ 时刻的等效电路来确定。在绘制 $t=0_+$ 时刻的等效电路时,需对原电路中的储能元件作特别处理。

若电容元件或电感元件在换路前无初始储能,即 $u_C(0_-)=0$ 或 $i_L(0_-)=0$,则由换路定律有 $u_C(0_+)=0$ 或 $i_L(0_+)=0$,因此在画等效电路时应将电容视为短路、电感视为开路,如图 6-2 所示。

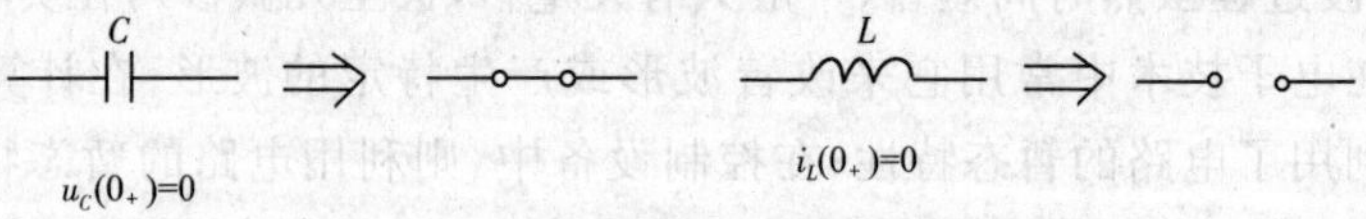

图 6-2  无初始储能时 $C$ 与 $L$ 的等效

若电容元件或电感元件在换路前的初始储能不为零,则 $u_C(0_+) \neq 0$,$i_L(0_+) \neq 0$,因此画等效电路时需用一个端电压等于 $u_C(0_+)$ 的电压源替代电容元件,用一个电流等于 $i_L(0_+)$ 的电流源来替代电感元件,如图 6-3 所示。

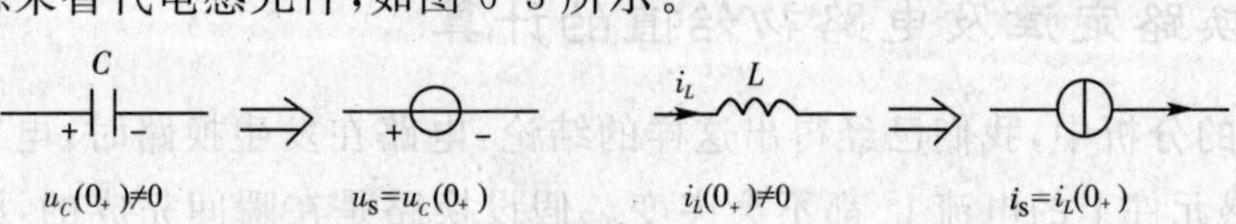

图 6-3  有初始储能时 $C$ 与 $L$ 的等效

【例 6-1】 在图 6-4 所示电路中,已知 $U_S = 10\ \text{V}$, $R_1 = 4\ \Omega$,$R_2 = 6\ \Omega$,$C = 1\ \mu\text{F}$,开关 K 在 $t=0$ 时刻闭合,试求 K 闭合后瞬间电路中各电压和电流的初始值。

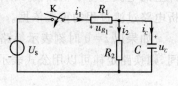

图 6-4  例 6-1 电路图

解  首先标定电路中各被求电压和电流的参考方向,如图 6-4 所示。

根据题意          $u_C(0_-)=0$

由换路定律,知

$$u_C(0_+) = u_C(0_-) = 0$$

因 $R_2$ 并联在电容的两端,故 $u_{R_2}(0_+) = u_C(0_+) = 0$。

然后画出 $t = 0_+$ 时刻的等效电路,如图 6-5 所示,由于电阻 $R_2$ 被短路,故电路中电流

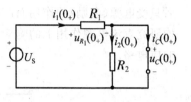

图 6-5　$t = 0_+$ 时刻等效电路

$$i_2(0_+) = 0$$

并且　　　　$i_1(0_+) = i_C(0_+) = \dfrac{U_S}{R_1} = \dfrac{10}{4} = 2.5 \text{ A}$

$$u_{R_1}(0_+) = R_1 i_1(0_+) = 4 \times 2.5 = 10 \text{ V}$$

不难看出,在换路瞬间,虽然电容两端的电压不能突变,但流过它的电流却可以突变,电阻上的电压和电流也可以突变。

【例 6-2】　在如图 6-6 所示的电路中,已知 $U_S = 1.8$ V,$R_1 = 4$ Ω,$R_2 = 6$ Ω,$L = 5$ mH,开关 K 在 $t = 0$ 时刻闭合,K 闭合前电路已处于稳态,求 K 闭合后瞬间的电感电流,并计算电感元件两端电压的初始值。

**解**　如图 6-6 所示,先标出电路中各被求初始值的参考方向。

因为电路在 K 闭合前已稳定,故

$$i_L(0_-) = \dfrac{U_S}{R_1 + R_2} = \dfrac{1.8}{4 + 6} = 0.18 \text{ A}$$

根据换路定律,有　　　　　$i_L(0_+) = i_L(0_-) = 0.18 \text{ A}$

画出 $t = 0_+$ 时刻的等效电路,如图 6-7 所示,则在 $t = 0_+$ 时刻电压

$$u_{R_2}(0_+) = R_2 i_L(0_+) = 6 \times 0.18 = 1.08 \text{ V}$$

由 KVL 定律,得

$$u_L(0_+) = U_S - u_{R_2}(0_+) = 1.8 - 1.08 = 0.72 \text{ V}$$

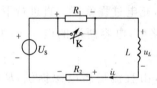
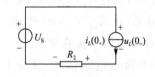

图 6-6　例 6-2 电路图　　　　　图 6-7　$t = 0_+$ 时刻的等效电路

从本例不难看出,换路瞬间,电感上的电流虽然不能突变,但加在它两端的电压却可以突变。

**思考与练习**

6.1.1　请举出几个存在过渡过程的电路例子。

6.1.2　在图 6-4 所示电路中,开关 K 闭合达到稳定状态后,电容电压 $u_C$ 和电流 $i_C$ 各为多少?

# 6.2　一阶电路的零状态响应

一般来讲,激励包括电源(或信号源)这样的外加激励以及由储能元件上的初始储能提

供的内部激励。如果电路在发生换路时,储能元件上没有初始储能,即 $u_C(0_+)=u_C(0_-)=0$ 或 $i_L(0_+)=i_L(0_-)=0$,我们把这种状态叫零初始状态,一个零初始状态的电路在换路后只受电源(激励)的作用而产生的电流或电压(响应)叫零状态响应(本节如无特别说明,均研究直流电源作用下的响应)。如图 6-8 所示的 $RC$ 充电电路就是一个典型的零状态响应电路。

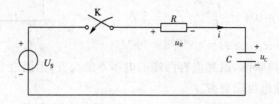

图 6-8　$RC$ 充电电路

## 6.2.1　$RC$ 串联电路的零状态响应

### 1. $RC$ 充电过程

如图 6-8 所示 $RC$ 充电电路,电容上原来不带电,即 $u_C(0_-)=0$,在 $t=0$ 时刻闭合开关 K。下面分析 K 闭合后电路中各物理量 $u_C$、$u_R$ 及电流 $i$ 的变化规律。

由于电容上原来不带电,所以

$$u_C(0_+)=u_C(0_-)=0$$

电容电压 $u_C$ 将以零为起点,逐渐增加,直流电压源 $U_S$ 开始对电容充电。当电容两端的充电电压达到 $U_S$ 时,电路中流过的电流 $i=\dfrac{U_S-u_C}{R}=0$,充电过程结束;如果电容两端电压达不到 $U_S$,由电流 $i$ 的表达式可知,$i\neq0$,充电过程就要一直进行下去,直到 $u_C=U_S$ 时为止。可见,在图 6-8 所示的 $RC$ 充电电路中,电容两端的电压 $u_C$ 将从零变化到 $U_S$,其变化规律可由以下实验测定。

按照图 6-8 所示电路接线,其中 $U_S=2$ V,由直流稳压电源提供,$R=20$ kΩ,$C=0.03$ $\mu$F,电容 $C$ 先放电完毕。将示波器探头接在电容 $C$ 的两端。在 $t=0$ 时刻将开关闭合,从示波器上观察电容 $C$ 两端的电压波形。然后调整直流稳压电源的输出电压 $U_S$ 分别为 1 V 和 3 V,重复上述步骤,再次观察电容电压的波形,测量结果如图 6-9(a)所示。从图中不难看出,电容电压 $u_C$ 是以指数规律从零变化到 $U_S$ 的,其变化的快慢可由下一个实验说明。

仍采用图 6-8 所示的电路,$U_S=2$ V,$R=10$ kΩ,$C=0.03$ $\mu$F(已放电)。用示波器观察电容 $C$ 两端电压 $u_C$ 的变化情况;然后保持 $U_S$ 和 $C$ 不变,$R$ 分别变为 20 kΩ 和 30 kΩ,重复上述过程。将观察到的曲线分别记录下来,如图 6-9(b)所示。若保持 $U_S=2$ V,$R=20$ kΩ 不变,分别用 0.01 $\mu$F 和 0.05 $\mu$F 的电容替代原来电路中 0.03 $\mu$F 的电容,重复上述过程,观察到的曲线如图 6-9(c)所示。

实验表明,$RC$ 串联电路充电过程的快慢由参数 $R$ 和 $C$ 来控制,$RC$ 的值越大,充电过程越长。

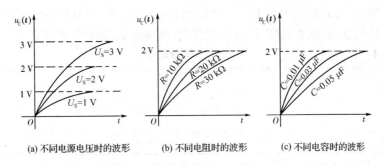

(a) 不同电源电压时的波形　　　　(b) 不同电阻时的波形　　　　(c) 不同电容时的波形

图 6-9　RC 充电电路的波形曲线

**2. RC 充电电路的暂态分析**

对图 6-8 所示的 RC 充电电路，由 KVL 有

$$u_R + u_C = U_S$$

其中

$$u_R = iR, i = C\frac{\mathrm{d}u_C}{\mathrm{d}t}$$

所以

$$RC\frac{\mathrm{d}u_C}{\mathrm{d}t} + u_C = U_S$$

求解该微分方程，并将初始条件 $u_C(0_+) = 0$ 代入，即可得到

$$u_C = U_S(1 - e^{-\frac{t}{RC}}) = U_S - U_S e^{-\frac{t}{RC}} \tag{6-3}$$

这就是换路后电容两端电压 $u_C$ 的变化规律，它是一个指数方程，与实验结果相符。在式(6-3)中，$u_C$ 由两部分组成：其中 $U_S$ 是电容充电完毕的电压值，即电容电压的稳态值，常称为"稳态分量"；$-U_S e^{-\frac{t}{RC}}$ 随时间按指数规律衰减，常称为"暂态分量"。因此，整个暂态过程是由稳态分量和暂态分量叠加而成的。

下面分析电阻电压 $u_R$ 和电流 $i$ 的变化情况。

$$u_R = U_S - u_C = U_S e^{-\frac{t}{RC}} \tag{6-4}$$

$$i = \frac{u_R}{R} = \frac{U_S}{R} e^{-\frac{t}{RC}} \tag{6-5}$$

可见，$u_R$ 和 $i$ 换路后分别以 $U_S$ 和 $U_S/R$ 为起点随时间按指数规律衰减，由于 RC 充电电路在达到稳态时，致使电路中稳态电流为零，电阻上稳态电压也为零。所以在式(6-4)和式(6-5)中，只有它们随时间衰减的暂态分量而无稳态分量。

如图 6-10 所示，给出了换路后 $u_C$、$u_R$ 和 $i$ 随时间变化的曲线。

**3. 时间常数 $\tau$**

在式(6-3)、式(6-4)、式(6-5)中出现了公共的因子 $RC$，通常定义 $\tau = RC$ 为电路的时间常数，实验证明，RC 电路充电过程的快慢取决于 $\tau$，$\tau$ 越大，充电过程越长，它是表示电路暂态过程中电压与电流变化快慢的一个物理量，只与电路元件的参数有关，而与其他数值无关。当 R 的单位取欧姆($\Omega$)，C 的单位取法拉(F)时，$\tau$ 的单位为秒(s)。当 $t = \tau = RC$ 时，有

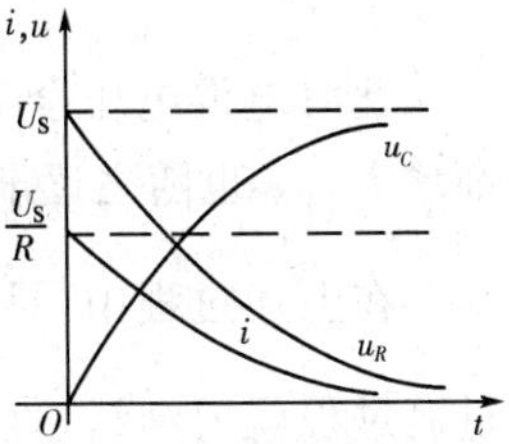

图 6-10　RC 充电电路电流和电压波形

$$u_C = U_S(1 - e^{-1}) = 0.632U_S = 63.2\%U_S$$

上式说明,时间常数 $\tau$ 为电容电压变化到稳态值的63.2％时所需的时间。为进一步理解时间常数的意义,现将对应于不同时刻的电容电压 $u_C$ 的数值列于表 6-1 中。

表 6-1                     不同时刻的电容电压 $u_C$

| $t$ | 0 | $\tau$ | $2\tau$ | $3\tau$ | $4\tau$ | $5\tau$ | $\cdots$ | $\infty$ |
|-----|---|--------|---------|---------|---------|---------|----------|----------|
| $e^{-\frac{t}{\tau}}$ | 1 | 0.368 | 0.135 | 0.050 | 0.018 | 0.0067 | $\cdots$ | 0 |
| $u_C$ | 0 | $0.632U_s$ | $0.865U_s$ | $0.95U_s$ | $0.982U_s$ | $0.993U_s$ | $\cdots$ | $U_s$ |

从表 6-1 不难看出,经过 $3\tau$ 时间以后电容电压 $u_C$ 已变化到新稳态值 $U_s$ 的 95％以上。因此在工程实际中,通常认为 $t=(3\sim5)\tau$ 时,过渡过程就已基本结束。

【例 6-3】  电路如图 6-8 所示,已知 $R=2\text{ k}\Omega$,$C=50\text{ }\mu\text{F}$,$U_s=20\text{ V}$,电容原来不带电。试求:(1)电路的时间常数 $\tau$;(2)K 闭合后 $i$ 的表达式及电路中最大充电电流 $I_0$;(3)电路在经过 $\tau$ 和 $5\tau$ 后电流 $i$ 的值。

**解**  (1)$\tau=RC=2\times10^3\times50\times10^{-6}=100\times10^{-3}=0.1\text{ s}$

(2)因电容原来不带电,利用式(6-5)有

$$i=\frac{U_s}{R}e^{-\frac{t}{\tau}}=\frac{20}{2}e^{-\frac{t}{0.1}}=10e^{-10t}\text{ mA}$$

当 $t=0$ 时,电路中充电电流达到最大,即

$$I_0=10\text{ mA}$$

(3)当 $t=\tau$ 时,$i=10e^{-10\times0.1}=10e^{-1}=3.68\text{ mA}$

当 $t=5\tau$ 时,$i=10e^{-10\times0.5}=10e^{-5}=0.067\text{ mA}$

不难看出,RC 充电电路在经历了 $5\tau$ 后,充电电流 $i$ 已近似为零。

## 6.2.2  RL 串联电路的零状态响应

如图 6-11 所示的电路,电感中无初始电流,在 $t=0$ 时闭合开关 K。下面分析 K 闭合后电路中电流 $i$ 和电压 $u_L$、$u_R$ 的变化规律。

1．物理过程

K 闭合瞬间,由换路定律得

$$i(0_+)=i(0_-)=0$$

电阻上电压为

$$u_R(0_+)=Ri(0_+)=0$$

此时电源电压全部加在电感线圈两端,$u_L$ 由零突变至 $U_s$,以后随着时间的推移,$i$ 逐渐增大,$u_R$ 也随之逐渐增大,与此同时 $u_L=U_s-u_R$ 逐渐减小,直至电路达到新的稳态。

在上述过程中,只要电感线圈两端的电压 $u_L\neq0$,电路中的电流 $i$ 就不为稳态值 $\frac{U_s}{R}$,过渡过程就要继续,直到 $u_L=0$ 时为止。可见当电路达到稳态时,电感相当于短路,且

$$u_L=0,u_R=U_s,i=\frac{U_s}{R}$$

电路中各量的数值见表 6-2。

表 6-2                                    $RL$ 零状态电路各物理量比较

| 物理量 | 换路后初始值 | 稳态值 |
|---|---|---|
| $i$ | 0 | $U_S/R$ |
| $u_R$ | 0 | $U_S$ |
| $u_L$ | $U_S$ | 0 |

**2. 暂态分析**

如图 6-11 所示的电路，K 闭合后，由 KVL 得

$$u_R + u_L = U_S$$

其中

$$u_L = L\frac{\mathrm{d}i}{\mathrm{d}t}, u_R = iR$$

于是

$$iR + L\frac{\mathrm{d}i}{\mathrm{d}t} = U_S$$

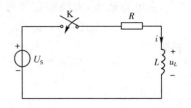

图 6-11　$RL$ 串联电路

求解该方程，并将 $i(0_+) = 0$ 代入，有

$$i = \frac{U_S}{R}(1 - e^{-\frac{R}{L}t}) = \frac{U_S}{R} - \frac{U_S}{R}e^{-\frac{R}{L}t} \tag{6-6}$$

这就是换路后电路电流的变化规律。于是电感电压 $u_L$ 和电阻电压 $u_R$ 可表示为

$$u_L = L\frac{\mathrm{d}i}{\mathrm{d}t} = U_S e^{-\frac{R}{L}t} \tag{6-7}$$

$$u_R = Ri = U_S(1 - e^{-\frac{R}{L}t}) = U_S - U_S e^{-\frac{R}{L}t} \tag{6-8}$$

定义式中 $\frac{L}{R}$ 为 $RL$ 串联电路的时间常数，用 $\tau$ 表示，其意义同前。图 6-12 给出了换路时 $i$、$u_L$ 和 $u_R$ 随时间变化的曲线。

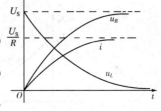

图 6-12　$RL$ 串联电路零状态响应曲线

**思考与练习**

6.2.1　实际中，常用万用表 $R\times1000\ \Omega$ 挡检测容量较大的电容器的质量。检测前，先将被测电容器短路使它放电完毕。检测时，若(1)指针摆动后，再返回万用表无穷大 ($\infty$) 刻度处，说明电容器是好的；(2)指针摆动后，返回时速度较慢，说明被测电容器容量较大。试用 $RC$ 串联电路充、放电的原理解释上述现象。

# 6.3　一阶电路的零输入响应

如果一阶动态电路在换路时具有一定的初始储能，这时电路中即使没有外加电源的存在，仅凭电容或电感储存的能量，仍能产生一定的电压和电流，我们把这种外加激励为零，仅由动态元件的初始储能引起的电流或电压叫做零输入响应。

如图 6-13 所示，$RC$ 放电电路产生的电流和电压即是典型的零输入响应。

### 6.3.1 RC 串联电路的零输入响应

**1. RC 放电过程**

RC 放电电路如图 6-13 所示，先将开关 K 扳向 "1"，电源对电容 C 充电，使 $u_C$ 达到 $U_S$，同时将示波器探头接至电阻 R 两端。在 $t = 0$ 时刻将 K 扳至 "2"，使电容放电，由换路定律可知

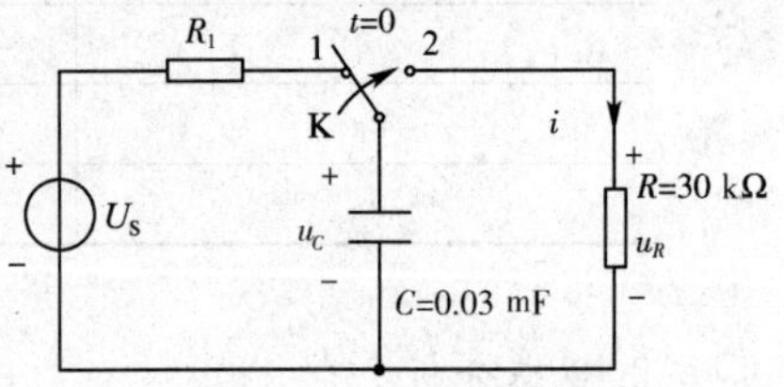

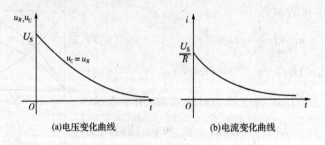

图 6-13 RC 放电电路

$$u_C(0_+) = u_C(0_-) = U_S$$

于是

$$i(0_+) = \frac{u_C(0_+)}{R} = \frac{U_S}{R}$$

即 RC 串联电路的电流将以 $\frac{U_S}{R}$ 为起点衰减。因电路中无外加电源，当电容上储存的电荷释放殆尽时，电容两端电压为零，此时，放电过程结束，回路电流为零，电路进入一个新的稳态。

用示波器观察电容电压 $u_C$ 从 $U_S$ 衰减到零的过程，结果如图 6-14(a)所示；在 RC 放电电路中，电阻直接并联在电容两端，故 $u_R$ 与 $u_C$ 的变化规律相同。电路中电流的变化规律如图 6-14(b)所示。以上分析结果见表 6-3。

图 6-14 RC 放电电路的流形曲线

(a)电压变化曲线　　　(b)电流变化曲线

**表 6-3**　　　　　　　　　RC 放电电路各物理量比较

| 物理量 | 换路后初始值 | 稳态值 |
| --- | --- | --- |
| $u_C$ | $U_S$ | 0 |
| $u_R$ | $U_S$ | 0 |
| $i$ | $\dfrac{U_S}{R}$ | 0 |

**2. 暂态分析**

如图 6-13 所示电路，当开关 K 扳向"2"后列 KVL 方程，有

$$u_C - iR = 0$$

由于

$$i = -C\frac{\mathrm{d}u_C}{\mathrm{d}t}\quad (u_C \text{ 与 } i \text{ 为非关联方向，前面需加负号})$$

所以

$$u_C + RC\frac{\mathrm{d}u_C}{\mathrm{d}t} = 0$$

求解方程，并将 $u_C(0_+) = U_S$ 代入，得

$$u_C = U_S \mathrm{e}^{-\frac{t}{RC}} = U_S \mathrm{e}^{-\frac{t}{\tau}} \tag{6-9}$$

于是有

$$i = -C\frac{du_C}{dt} = \frac{U_s}{R}e^{-\frac{t}{RC}} = \frac{U_s}{R}e^{-\frac{t}{\tau}} \tag{6-10}$$

$$u_R = u_C = U_s e^{-\frac{t}{\tau}} \tag{6-11}$$

由此可见,在 $RC$ 放电电路中,电压 $u_C$、$u_R$ 和电流 $i$ 均由各自的初始值随时间按指数规律衰减,其衰减的快慢由时间常数 $\tau$ 决定。

**【例 6-4】** 在如图 6-15 所示的 $RC$ 串联电路中,已知 $R=$ 10 kΩ,$C=3$ μF,且开关 K 未闭合前,电容已充过电,电压为 10 V,求 K 闭合后 90 ms 及 150 ms 时电容上的电压。

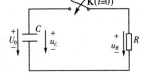

图 6-15 例 6-4 电路图

**解** 首先标出电压的参考方向,如图 6-15 所示。

由已知条件得

$$\tau = RC = 10 \times 10^3 \times 3 \times 10^{-6} = 3 \times 10^{-2} \text{ s} = 30 \text{ ms}$$

由式(6-9)知,当 $t=90$ ms 时

$$u_C = 10 \times e^{-\frac{90}{30}} = 10e^{-3} = 0.5 \text{ V}$$

当 $t=150$ ms 时

$$u_C' = 10 \times e^{-\frac{150}{30}} = 10e^{-5} = 0.067 \text{ V}$$

在有些电子设备中,$RC$ 串联电路的时间常数 $\tau$ 仅为几分之一微秒,放电过程只有几个微秒;而在电力系统中,有的高压电容器,其放电时间长达几十分钟。

### 6.3.2 $RL$ 串联电路的零输入响应

#### 1. 暂态分析

如图 6-16(a)所示电路,开关 K 原来在断开位置,$K_1$ 在闭合位置,电路已处于稳态,$i(0_-) = I_0$。

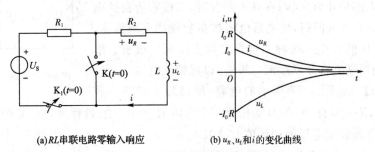

(a)$RL$ 串联电路零输入响应　　(b) $u_R$、$u_L$ 和 $i$ 的变化曲线

图 6-16 $RL$ 串联电路的过渡过程

在 $t=0$ 时将开关 K 闭合,开关 $K_1$ 断开,由换路定律知 $i(0_+) = i(0_-) = I_0$,电感电流将以 $I_0$ 为起点逐渐衰减,当电感中储存的磁场能量全部被电阻消耗时,电路中的 $u_R$、$u_L$ 及 $i$ 都为零,电路达到新的稳态。电路中电压 $u_R$、$u_L$ 和电流 $i$ 的变化曲线如图 6-16(b)所示,电路中各量的初始值和稳态值见表 6-4。

表 6-4                          *RL* 串联电路中各量的初始值和稳态值

| 物理量 | 换路后初始值 | 稳态值 |
|---|---|---|
| $i$ | $I_0$ | 0 |
| $u_R$ | $RI_0$ | 0 |
| $u_L$ | $-RI_0$ | 0 |

*RL* 串联电路中各电流、电压的变化规律由下式确定

$$\left. \begin{array}{l} i = I_0 e^{-\frac{R}{L}t} = I_0 e^{-\frac{t}{\tau}} \\ u_R = iR = RI_0 e^{-\frac{R}{L}t} = RI_0 e^{-\frac{t}{\tau}} \\ u_L = -u_R = -RI_0 e^{-\frac{R}{L}t} = -RI_0 e^{-\frac{t}{\tau}} \end{array} \right\} \quad (6\text{-}12)$$

**2. *RL* 串联电路的断开**

如图 6-17 所示电路，K 断开前电路已处于稳态，此时电感电流 $i_L(0_-) = \dfrac{U_S}{R}$。$t = 0$ 时突然断开开关 K，由换路定律可知，电感电流的初始值

$$i_L(0_+) = i_L(0_-) = \frac{U_S}{R}$$

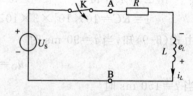

图 6-17   *RL* 串联电路的断开

因电路已断开，所以电感电流 $i_L$ 将在短时间内由初始值 $\dfrac{U_S}{R}$ 迅速变化到零，其电流变化率 $\dfrac{di}{dt}$ 很大，将在电感线圈两端产生很大的自感电动势 $e_L$，常为电感电压 $u_L$ 的几倍。这个高电压加在电路中，将会在开关触点处产生弧光放电，使电感线圈间的绝缘击穿并损坏开关触点。为了防止换路时电感线圈出现高电压，人们常在其两端并联一个二极管，如图 6-18 所示，在开关闭合时，二极管不导通，原电路仍正常工作；在开关断开时，二极管为自感电动势 $e_L$ 提供了放电回路，使电感电流按指数规律衰减到零，避免了高电压的产生。这种二极管常称为续流二极管。继电器的线圈两端就常并联续流二极管，以保护继电器。

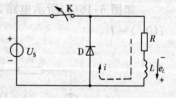

图 6-18   续流二极管的应用

**【例 6-5】**   如图 6-17 所示的电路，原已处于稳态。若 $U_S = 100$ V，$R = 20$ Ω，在 A、B 端接有一个内阻 $R_V = 10^4$ Ω、量程为 200 V 的电压表，求开关断开后，电压表端电压的初始值 $U_V(0_+)$。

**解**   $t = 0_-$ 时，开关尚未断开，电路已稳定，故

$$i_L(0_-) = \frac{U_S}{R} = \frac{100}{20} = 5 \text{ A}$$

$t = 0_+$ 时

$$i_L(0_+) = i_L(0_-) = 5 \text{ A}$$

此时，$R$、$L$ 与电压表串联构成回路，回路中电流即为 $i_L(0_+) = 5$ A，于是电压表端电压

$$U_V(0_+) = R_V i_L(0_+) = 10^4 \times 5 = 50 \text{ kV}$$

可见，刚断开开关时，电压表上电压远远超过电压表量程，电压表将被烧坏。

**思考与练习**

6.3.1 在刚断电的情况下修理含有大电容的电气设备时,往往容易带来危险,试解释其原因。

# 6.4 一阶电路的全响应

前两节我们分析了一阶线性电路的零输入响应和零状态响应。当电路中既有外加激励的作用,又存在非零的初始储能时所引起的响应叫做全响应。下面我们以 RC 串联电路为例加以说明。

图 6-19(a)所示电路中,电容的初始电压为 $U_0$,在 $t=0$ 时闭合开关 K,接通直流电源 $U_s$,这是一个线性动态电路,可应用叠加原理将该全响应分解为图 6-19(b)所示电路的零状态响应和图 6-19(c)所示的零输入响应,即

$$全响应=零状态响应+零输入响应$$

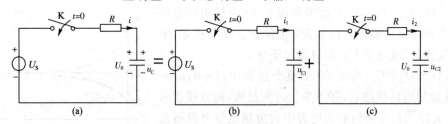

图 6-19 一阶电路的全响应

该结论对任意线性动态电路均适用。

根据叠加原理,电容两端电压 $u_C$ 的全响应可表示为

$$u_C = u_{C1} + u_{C2}$$

其中,$u_{C1}$ 由式(6-3)确定,$u_{C2}$ 由式(6-9)确定,有

$$u_{C1} = U_s(1 - e^{-\frac{t}{RC}})$$

$$u_{C2} = U_0 e^{-\frac{t}{RC}}$$

于是

$$u_C = u_{C1} + u_{C2} = U_s(1 - e^{-\frac{t}{RC}}) + U_0 e^{-\frac{t}{RC}} \tag{6-13}$$

同理,电流 $i$ 的全响应表达式为

$$i = \frac{U_s}{R} e^{-\frac{t}{RC}} - \frac{U_0}{R} e^{-\frac{t}{RC}} \tag{6-14}$$

式(6-13)和式(6-14)也可以写成另一种形式

$$u_C = U_s + (U_0 - U_s) e^{-\frac{t}{RC}} \tag{6-15}$$

和

$$i = \frac{U_s - U_0}{R} e^{-\frac{t}{RC}} \tag{6-16}$$

于是电路的全响应又可用稳态分量与暂态分量之和来表示,在 $u_C$ 的表达式中稳态分量为 $U_s$,暂态分量为 $(U_0 - U_s) e^{-\frac{t}{RC}}$。由于电路稳定时电容相当于开路,电流 $i$ 最终的稳态值为零,所以式(6-16)只有暂态分量而无稳态分量。

总之,电路的全响应既可用零输入响应和零状态响应之和来表示,也可用稳态响应和暂态响应之和来表示。前一种方法中两个分量分别与输入和初始值有明显的因果关系,便于分析计算;后一种方法则能较明显地反映电路的工作状态,便于描述电路过渡过程的特点。但是应当指出:稳态响应、暂态响应与零状态响应、零输入响应的概念不同,必须加以区分。如 $RC$ 串联电路中的电容电压,其各分量如下式所示:

$$\overbrace{u_C = U_S}^{\text{全响应}} \underbrace{\overbrace{- U_S e^{-\frac{t}{RC}}}^{\text{零状态响应}} \overbrace{+ U_0 e^{-\frac{t}{RC}}}^{\text{零输入响应}}}$$

稳态分量　　暂态分量

在式(6-15)和式(6-16)中出现了 $(U_0 - U_S)$ 和 $(U_S - U_0)$ 这样的系数,现根据 $U_S$ 和 $U_0$ 之间的关系,将电路分成三种情况讨论:

(1)当 $U_S > U_0$, $i > 0$,整个过程中电容一直处于充电状态,电容电压 $u_C$ 从 $U_0$ 按指数规律变化到 $U_S$。

(2)当 $U_S < U_0$, $i < 0$,这说明图 6-19 中标明的电流的参考方向与其实际方向相反,电容处于放电状态,电容电压从 $U_0$ 放电至 $U_S$,最终稳定下来。

(3)当 $U_S = U_0$,在 $t \geqslant 0$ 的整个过程中, $i = 0$, $u_C = U_S$,这说明电路换路后,并不发生过渡过程,而直接进入稳态,其原因在于换路前后电容中的电场能量并没有发生变化。

图 6-20 给出了三种情况下 $u_C$ 的变化曲线。

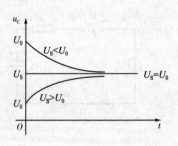

图 6-20　三种情况下 $u_C$ 的变化曲线

【例 6-6】　电路如图 6-19(a)所示,已知 $U_S = 20$ V, $R = 2$ kΩ, $C = 2$ μF,电容器有初始储能 $U_0 = 10$ V,问:(1) $t = 0$ 时刻 K 闭合后,电容电压 $u_C$ 的表达式?(2)K 闭合 10 ms 以后,电容电压 $u_C$ 等于多少?

解　根据已知条件得

$$U_0 = 10 \text{ V}, \tau = RC = 2 \times 10^3 \times 2 \times 10^{-6} = 4 \times 10^{-3} \text{ s} = 4 \text{ ms}$$

于是,代入式(6-15),有

$$u_C(t) = 20 + (10 - 20)e^{-\frac{t}{4 \times 10^{-3}}} = 20 - 10e^{-250t} \text{ V}$$

K 闭合 10 ms 后,电容电压

$$u_C = 20 - 10e^{-250 \times 10 \times 10^{-3}} = 20 - 10 \times e^{-2.5} = 19.18 \text{ V}$$

以上介绍了一阶 $RC$ 串联电路全响应的分析方法,对于一阶 $RL$ 串联电路,其分析方法完全相同,在此不再重复,读者可以自行讨论。

**思考与练习**

6.4.1　如果电路中存在储能元件,但其储存的能量不变化,这时对电路进行换路,发生过渡过程吗?

# 6.5　一阶电路的三要素公式法

我们已经知道,电路的全响应可以表示为稳态分量与暂态分量之和的形式,观察式(6-15)

$$u_C = U_S + (U_0 - U_S) e^{-\frac{t}{RC}} = U_S + (U_0 - U_S) e^{-\frac{t}{\tau}}$$

不难发现,式中只要将稳态值 $U_S$、初始值 $U_0$ 和时间常数 $\tau$ 确定下来,$u_C$ 的全响应也就随之确定。如果列出 $u_R$、$i$ 和 $u_L$ 等的表达式,同样可以发现这个规律。可见,初始值、稳态值和时间常数,是分析一阶电路的三个要素。根据这三个要素确定一阶电路全响应的方法,就称为三要素法。

如果用 $f(0_+)$ 表示电路中某电压或电流的初始值,用 $f(\infty)$ 表示它的稳态值,$\tau$ 为电路的时间常数,那么,一阶电路的全响应可表示为

$$f(t) = f(\infty) + [f(0_+) - f(\infty)] e^{-\frac{t}{\tau}} \tag{6-17}$$

这就是一阶电路三要素法的公式,其中 $f(0_+)$ 的计算方法前面已经做了介绍,这里不再重复;$f(\infty)$ 是电路在换路后达到的新稳态值,当电路在直流电源作用下,达到稳态时,可以把电路中的电感视做短路,电容视做开路,然后根据 KVL 和 KCL 列出方程求得相应的 $f(\infty)$;至于反映过渡过程持续时间长短的时间常数 $\tau$,则由电路本身的参数决定,而与激励无关。

在 $RC$ 串联电路中,$\tau = RC$,而在 $RL$ 串联电路中,$\tau = L/R$。需要注意,此处的 $R$ 不是一个单一的电阻,而是电路中除去储能元件后得到的线性有源二端网络的等效电阻,可以根据戴维南定理求得等效电阻。

最后需要说明的是:

(1)三要素法只适用于一阶电路。

(2)利用三要素法可以求解电路中任意一处的电压和电流,如 $u_R$、$u_C$、$u_L$ 和 $i$ 等。

(3)三要素法不仅能计算全响应,也可以计算电路的零输入响应和零状态响应。

**【例 6-7】**　电路如图 6-21 所示,$U_S = 12$ V,$R_1 = 3$ kΩ,$R_2 = 6$ kΩ,$C = 2$ μF,电路处于稳定状态,求 $t = 0$ 时,K 闭合后电路中电容电压 $u_C$ 和电流 $i_2$ 的表达式。

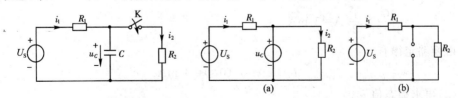

图 6-21　例 6-7 电路图　　　　图 6-22　例 6-7 电路等效电路图

**解**　(1)先求初始值 $u_C(0_+)$ 和 $i_2(0_+)$,画出 $t = 0_+$ 时刻的等效电路如图 6-22(a)所示,由换路定律有

$$u_C(0_+) = u_C(0_-) = 12 \text{ V}$$

$$i_2(0_+) = \frac{u_C(0_+)}{R_2} = \frac{12}{6 \times 10^3} = 2 \times 10^{-3} \text{ A} = 2 \text{ mA}$$

(2)再求稳态值 $u_C(\infty)$ 和 $i_2(\infty)$,电路达到稳态后,电容支路相当于开路,因此,等效电路如图 6-22(b)所示,电路中只有 $R_1$ 与 $R_2$ 串联后接于 $U_s$ 两端,由分压公式

$$u_{R_2}(\infty) = U_s \times \frac{R_2}{R_1+R_2} = U_s \times \frac{6}{3+6} = 8 \text{ V}$$

故

$$i_2(\infty) = \frac{u_{R_2}(\infty)}{R_2} = \frac{8}{6 \times 10^3} = \frac{4}{3} \times 10^{-3} \text{ A} = \frac{4}{3} \text{ mA}$$

电容与 $R_2$ 并联,因此

$$u_C(\infty) = u_{R_2}(\infty) = 8 \text{ V}$$

(3)求时间常数 $\tau$

对图 6-21 所示的电路,将电压源短路,电容断开,求得对应二端网络的等效电阻

$$R_0 = \frac{R_1 R_2}{R_1+R_2}$$

$$\tau = R_0 C = \frac{R_1 R_2}{R_1+R_2} C = \frac{3 \times 6}{3+6} \times 10^3 \times 2 \times 10^{-6} = 4 \times 10^{-3} \text{ s}$$

(4)列 $u_C$ 和 $i_2$ 的表达式

$$u_C(t) = u_C(\infty) + [u_C(0_+) - u_C(\infty)] e^{-\frac{t}{\tau}} = 8 + (12-8) e^{-\frac{t}{4 \times 10^{-3}}} = 8 + 4 e^{-250t} \text{ V}$$

$$i_2(t) = i_2(\infty) + [i_2(0_+) - i_2(\infty)] e^{-\frac{t}{\tau}} = \frac{4}{3} + (2 - \frac{4}{3}) e^{-\frac{t}{4 \times 10^{-3}}} = \frac{4}{3} + \frac{2}{3} e^{-250t} \text{ mA}$$

**【例 6-8】** 电路如图 6-23 所示,已知 $U_s = 10 \text{ V}, R_1 = 3 \text{ kΩ}, R_2 = R_3 = 4 \text{ kΩ}, L = 200 \text{ mH}$,开关 K 断开前电路已处于稳态,求 $t=0$ 时,K 断开后电感电流 $i_L$ 的表达式。

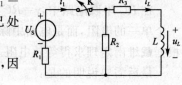

图 6-23 例 6-8 电路图

**解** (1)先求初始值 $i_L(0_+)$,换路前电路已达到稳态,因此电感线圈 L 相当于短路,由分流公式有

$$i_L(0_-) = i_1(0_-) \times \frac{R_2}{R_2+R_3} = \frac{U_s}{R_1 + R_2 /\!/ R_3} \times \frac{R_2}{R_2+R_3}$$

$$= \frac{U_s}{R_1 + \frac{R_2 R_3}{R_2+R_3}} \times \frac{R_2}{R_2+R_3}$$

$$= \frac{10}{3+2} \times \frac{1}{2} \text{ A} = 1 \text{ mA}$$

由换路定律有

$$i_L(0_+) = i_L(0_-) = 1 \text{ mA}$$

(2)再求稳态值 $i_L(\infty)$

换路后,$R_2$、$R_3$ 与 L 构成串联回路,电感释放其初始储能,显然,电路达到稳态时

$$i_L(\infty) = 0$$

(3)最后求时间常数 $\tau$

$$\tau = \frac{L}{R_2+R_3} = \frac{200 \times 10^{-3}}{(4+4) \times 10^3} = 2.5 \times 10^{-5} \text{ s}$$

(4)$i_L$ 的表达式

$$i_L(t) = i_L(\infty) + [i_L(0_+) - i_L(\infty)]\mathrm{e}^{-\frac{t}{\tau}}$$

$$= 0 + (1-0)\mathrm{e}^{-\frac{t}{2.5 \times 10^{-5}}}$$

$$= \mathrm{e}^{-\frac{t}{2.5 \times 10^{-5}}} = \mathrm{e}^{-4 \times 10^4 t} \ \mathrm{mA}$$

**思考与练习**

6.5.1 当 $RC$ 串联电路中的电容不变,而并联电阻的数目增多时,时间常数 $\tau$ 如何变化?

# 6.6 阶跃响应

## 6.6.1 阶跃函数

电路对于单位阶跃函数输入的零状态响应称为单位阶跃响应。

单位阶跃函数是一种奇异函数,如图 6-24(a)所示,可定义为

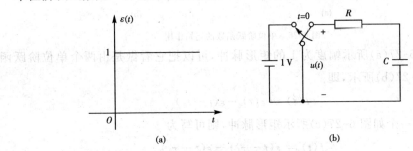

图 6-24 单位阶跃函数

$$\varepsilon(t) = \begin{cases} 0 & t \leqslant 0_- \\ 1 & t \geqslant 0_+ \end{cases}$$

它在 $(0_-, 0_+)$ 时域内发生了单位阶跃。这个函数可以用来描述图 6-24(b)所示的开关动作,它表示在 $t=0$ 时把电路接到单位直流电压。阶跃函数可以作为开关的数学模型,所以有时也称为开关函数。

定义任意时刻 $t_0$ 起始的阶跃函数为

$$\varepsilon(t - t_0) = \begin{cases} 0 & t \leqslant t_{0-} \\ 1 & t \geqslant t_{0+} \end{cases}$$

$\varepsilon(t - t_0)$ 可看做是把 $\varepsilon(t)$ 在时间轴上移动 $t_0$ 后的结果,如图 6-25 所示,所以它是延迟的单位阶跃函数。

假设把电路在 $t = t_0$ 时接通到一个电流为 2 A 的直流电流源,则此外施电流就可写为 $2\varepsilon(t - t_0)$ A。

单位阶跃函数还可用来"起始"任意一个 $f(t)$。设 $f(t)$ 是对所有 $t$ 都有定义的一个任意函数,如图 6-26(a)所示,则它的波形如图 6-26(b)所示。

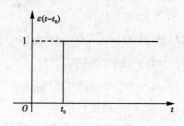

图 6-25　延迟的单位阶跃函数

$$f(t)\varepsilon(t - t_0) = \begin{cases} f(t) & t \geqslant t_{0_+} \\ 0 & t \leqslant t_{0_-} \end{cases}$$

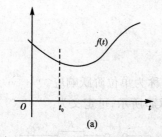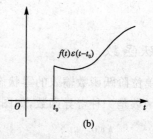

(a)　　　　　　　　　　(b)

图 6-26　单位阶跃函数的起始作用

对于一个如图 6-27(a)所示幅度为 1 的矩形脉冲,可以把它看做是由两个单位阶跃函数组成的,如图 6-27(b)所示,即

$$f(t) = \varepsilon(t) - \varepsilon(t - t_0)$$

同理,对于一个如图 6-27(c)所示矩形脉冲,则可写为

$$f(t) = \varepsilon(t - \tau_1) - \varepsilon(t - \tau_2)$$

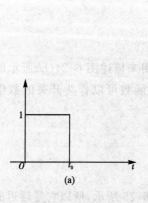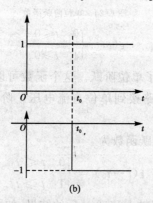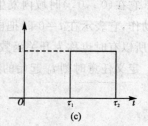

(a)　　　　　　　(b)　　　　　　　(c)

图 6-27　矩形脉冲的组成

## 6.6.2　阶跃响应

当电路的激励为单位阶跃 $\varepsilon(t)$ V 或 $\varepsilon(t)$ A 时,相当于将电路在 $t=0$ 时接通电压值

为 1 V 的直流电压源或电流值为 1 A 的直流电流源。因此单位阶跃响应与直流激励的响应相同。用 $s(t)$ 表示单位阶跃响应。已知电路的 $s(t)$，如果该电路的恒定激励为 $u_S(t)=U_0\varepsilon(t)$[或 $i_S(t)=I_0\varepsilon(t)$]，则电路的零状态响应为 $U_0s(t)$[或 $I_0s(t)$]。

【例 6-9】　电路如图 6-28 所示，开关 K 合在位置 1 时电路已达稳定状态。$t=0$ 时，开关由位置 1 合向位置 2，在 $t=\tau=RC$ 时又由位置 2 合向位置 1，求 $t\geqslant 0$ 时的电容电压 $u_C(t)$。

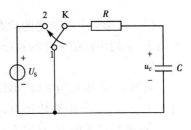

图 6-28　例 6-9 电路图

**解**　此题可用两种方法求解。

(1)将电路的工作过程分段求解

在 $0\leqslant t\leqslant\tau$ 区间为 $RC$ 串联电路的零状态响应：

$$u_C(0_+)=u_C(0_-)=0$$

$$u_C(t)=U_S(1-\mathrm{e}^{-\frac{t}{\tau}}),\tau=RC$$

在 $\tau\leqslant t<\infty$ 区间为 $RC$ 串联电路的零输入响应：

$$u_C(\tau)=U_S(1-\mathrm{e}^{-\frac{t}{\tau}})=0.632U_S$$

$$u_C(t)=0.632U_S\mathrm{e}^{\frac{t-\tau}{\tau}}$$

(2)用阶跃函数表示激励，求阶跃响应

根据开关的动作，电路的激励 $u_S(t)$ 可以用图 6-29(a)所示的矩形脉冲表示，按图 6-29(b)可写为

$$u_S(t)=U_S\varepsilon(t)-U_S\varepsilon(t-\tau)$$

$RC$ 串联电路的单位阶跃响应为

$$s(t)=(1-\mathrm{e}^{-\frac{t}{\tau}})\varepsilon(t)$$

故

$$u_C(t)=U_S(1-\mathrm{e}^{-\frac{t}{\tau}})\varepsilon(t)-U_S[1-\mathrm{e}^{\frac{-(t-\tau)}{\tau}}]\varepsilon(t-\tau)$$

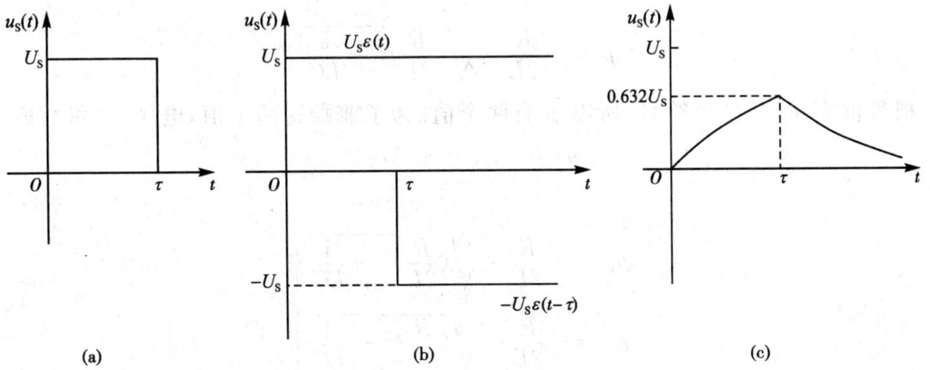

图 6-29　$u_C$ 的波形

其中第一项为阶跃响应，第二项为延迟的阶跃响应。$u_C(t)$ 的波形如图 6-29(c)所示。

## *6.7  二阶电路的零输入响应

用二阶微分方程描述的动态电路称为二阶电路。在二阶电路中,给定的初始条件应有两个,它们由储能元件的初始值决定。$RLC$ 串联电路和 $RLC$ 并联电路是最简单的二阶电路。

如图 6-30 所示为 $RLC$ 串联电路,假设电容原已充电,其电压为 $U_0$,电感中的初始电流为 $I_0$。$t = 0$ 时,开关 K 闭合,此电路的放电过程即是二阶电路的零输入响应。在指定的电压、电流参考方向下,根据 KVL 可得

$$- u_C + u_R + u_L = 0$$

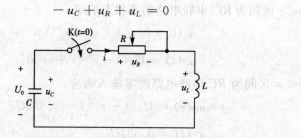

图 6-30  $RLC$ 串联电路

$i = -C \dfrac{\mathrm{d} u_c}{\mathrm{d} t}$,电压 $u_R = Ri = -RC \dfrac{\mathrm{d} u_c}{\mathrm{d} t}$,$u_L = L \dfrac{\mathrm{d} i}{\mathrm{d} t} = -LC \dfrac{\mathrm{d}^2 u_c}{\mathrm{d} t^2}$。把它们代入上式,得

$$LC \frac{\mathrm{d}^2 u_C}{\mathrm{d} t^2} + RC \frac{\mathrm{d} u_C}{\mathrm{d} t} + u_C = 0 \qquad (6\text{-}18)$$

式(6-18)是以 $u_C$ 为未知量的 $RLC$ 串联电路放电过程的微分方程,这是一个线性常系数二阶齐次微分方程。求解这类方程时,仍然先设 $u_C = A e^{pt}$,然后再确定其中的 $p$ 和 $A$。

将 $u_C = A e^{pt}$ 代入式(6-18),得特征方程

$$LCp^2 + RCp + 1 = 0$$

解出特征根为

$$p = -\frac{R}{2L} \pm \sqrt{\left(\frac{R}{2L}\right)^2 - \frac{1}{LC}}$$

根号前有正、负两个符号,所以 $p$ 有两个值。为了兼顾这两个值,电压 $u_C$ 可写成

$$u_C = A_1 e^{p_1 t} + A_2 e^{p_2 t} \qquad (6\text{-}19)$$

式中

$$\left. \begin{aligned} p_1 &= -\frac{R}{2L} + \sqrt{\left(\frac{R}{2L}\right)^2 - \frac{1}{LC}} \\ p_2 &= -\frac{R}{2L} - \sqrt{\left(\frac{R}{2L}\right)^2 - \frac{1}{LC}} \end{aligned} \right\} \qquad (6\text{-}20)$$

从式(6-20)可见,特征根 $p_1$ 和 $p_2$ 仅与电路参数和结构有关,而与激励和初始储能无关。

现在给定的初始条件为 $u_C(0_+) = u_C(0_-) = U_0$ 和 $i(0_+) = i(0_-) = I_0$。由于

$i = -C \dfrac{\mathrm{d}u_C}{\mathrm{d}t}$，因此有 $\dfrac{\mathrm{d}u_C}{\mathrm{d}t} = -\dfrac{I_0}{C}$，根据这两个初始条件和式(6-19)，得

$$\left.\begin{array}{r} A_1 + A_2 = U_0 \\ p_1 A_1 + p_2 A_2 = -\dfrac{I_0}{C} \end{array}\right\} \tag{6-21}$$

联立求解式(6-21)就可求得常数 $A_1$ 和 $A_2$。下面讨论 $U_0 \neq 0$ 而 $I_0 = 0$ 的情况，即已充电的电容 $C$ 通过 $R$、$L$ 放电的情况。此时，可解得

$$A_1 = \frac{p_2 U_0}{p_2 - p_1}$$

$$A_2 = -\frac{p_1 U_0}{p_2 - p_1}$$

将解得的 $A_1$、$A_2$ 代入式(6-19)就可以得到 $RLC$ 串联电路零输入响应的表达式。

由于电路中的 $R$、$L$、$C$ 的参数不同，特征根可能是：(1) 两个不等的负实根；(2) 一对实部为负的共轭复根；(3) 一对相等的负实根。下面将分三种情况加以讨论。

### 1. $R > 2\sqrt{\dfrac{L}{C}}$，非振荡放电过程

在这种情况下，特征根 $p_1$ 和 $p_2$ 是两个不等的负实根，电容上的电压为

$$u_C = \frac{U_0}{p_2 - p_1}(p_2 \mathrm{e}^{p_1 t} - p_1 \mathrm{e}^{p_2 t}) \tag{6-22}$$

电流

$$i = -C \frac{\mathrm{d}u_C}{\mathrm{d}t} = -\frac{CU_0 p_1 p_2}{p_2 - p_1}(\mathrm{e}^{p_1 t} - \mathrm{e}^{p_2 t}) = -\frac{U_0}{L(p_2 - p_1)}(\mathrm{e}^{p_1 t} - \mathrm{e}^{p_2 t}) \tag{6-23}$$

上式中利用了 $p_1 p_2 = \dfrac{1}{LC}$ 的关系。

电感电压

$$u_L = L \frac{\mathrm{d}i}{\mathrm{d}t} = -\frac{U_0}{p_2 - p_1}(p_1 \mathrm{e}^{p_1 t} - p_2 \mathrm{e}^{p_2 t}) \tag{6-24}$$

图 6-31 给出了 $u_C$、$i$、$u_L$ 随时间变化的曲线。从图中可以看出，$u_C$、$i$ 始终不改变方向，而且有 $u_C \geqslant 0, i \geqslant 0$，表明电容在整个过程中一直释放储存的电能，因此称为非振荡放电，又称为过阻尼放电。当 $t = 0_+$ 时，$i(0_+) = 0$，当 $t \to \infty$ 时放电过程结束，$i(\infty) = 0$，所以在放电过程中电流必然要经历从小到大再趋于零的变化。电流达最大值的时刻 $t_\mathrm{m}$ 可由 $\dfrac{\mathrm{d}i}{\mathrm{d}t} = 0$ 确定

$$t_\mathrm{m} = \frac{\ln(\frac{p_2}{p_1})}{p_1 - p_2}$$

当 $t < t_\mathrm{m}$ 时，电感吸收能量，建立磁场；当 $t > t_\mathrm{m}$ 时，电感释放能量，磁场逐渐衰减，趋向消失。当 $t = t_\mathrm{m}$ 时，正是电感电压过零点。

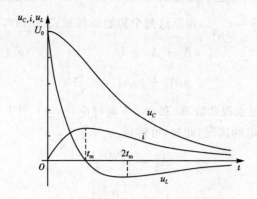

图 6-31 非振荡放电过程中 $u_C$、$i$ 和 $u_L$ 随时间变化的曲线

**【例 6-10】** 在图 6-32 所示的电路中，已知 $U_S=10$ V，$C=1$ μF，$R=4$ kΩ，$L=1$ H，开关 K 原来闭合在触点 1 处，在 $t=0$ 时，开关 K 由触点 1 接至触点 2 处。求：(1)$u_C$、$u_R$、$i$ 和 $u_L$；(2)$i_{max}$。

图 6-32 例 6-10 电路图

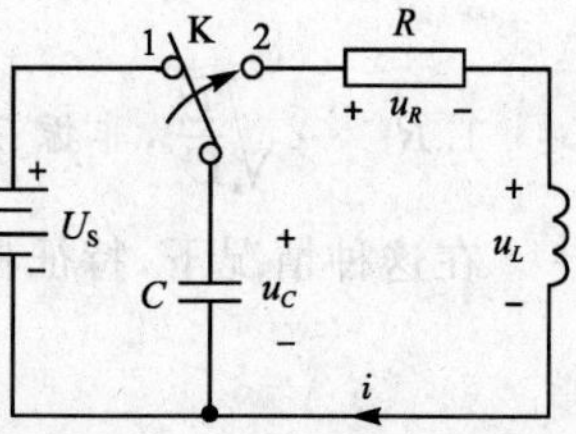

**解** (1)已知 $R=4$ kΩ，而

$$2\sqrt{\frac{L}{C}}=2\sqrt{\frac{1}{10^{-6}}}=2\ \text{k}\Omega$$

所以 $R>2\sqrt{\frac{L}{C}}$，放电过程是非振荡的，且 $u_C(0_+)=U_0=U_S$。

特征根

$$p_1=-\frac{R}{2L}+\sqrt{(\frac{R}{2L})^2-\frac{1}{LC}}=-268$$

$$p_2=-\frac{R}{2L}-\sqrt{(\frac{R}{2L})^2-\frac{1}{LC}}=-3732$$

根据式(6-22)、式(6-23)和式(6-24)，可得电容电压

$$u_C=(10.77\text{e}^{-268t}-0.773\text{e}^{-3732t})\ \text{V}$$

电流

$$i=2.89(\text{e}^{-268t}-\text{e}^{-3732t})\ \text{mA}$$

电阻电压

$$u_R=Ri=11.56(\text{e}^{-268t}-\text{e}^{-3732t})\ \text{V}$$

电感电压

$$u_L=L\frac{\text{d}i}{\text{d}t}=(10.77\text{e}^{-3732t}-0.773\text{e}^{-268t})\ \text{V}$$

(2)电流最大值发生在 $t_m$ 时刻，即

$$t_m=\frac{\ln\frac{p_2}{p_1}}{p_1-p_2}=7.60\times10^{-4}\ \text{s}=760\ \mu\text{s}$$

$$\begin{aligned}i_{max}&=2.89(\text{e}^{-268\times7.60\times10^{-4}}-\text{e}^{-3732\times7.60\times10^{-4}})\\&=21.9\times10^{-4}\ \text{A}\\&=2.19\ \text{mA}\end{aligned}$$

2. $R<2\sqrt{\dfrac{L}{C}}$，振荡放电过程

在这种情况下，特征根 $p_1$ 和 $p_2$ 是一对共轭复数。若令

$$\delta=\frac{R}{2L};\omega^2=\frac{1}{LC}-(\frac{R}{2L})^2$$

则

$$\sqrt{(\frac{R}{2L})^2-\frac{1}{LC}}=\sqrt{-\omega^2}=\mathrm{j}\omega\quad(\mathrm{j}=\sqrt{-1})$$

于是有

$$p_1=-\delta+\mathrm{j}\omega,\ p_2=-\delta-\mathrm{j}\omega$$

令 $\omega_0=\sqrt{\delta^2+\omega^2}$，$\beta=\arctan\dfrac{\omega}{\delta}$（见图 6-33），则有 $\delta=\omega_0\cos\beta$，$\omega=\omega_0\sin\beta$，根据 $\mathrm{e}^{\mathrm{j}\beta}=\cos\beta+\mathrm{j}\sin\beta$，$\mathrm{e}^{-\mathrm{j}\beta}=\cos\beta-\mathrm{j}\sin\beta$，可求得

$$p_1=-\omega_0\,\mathrm{e}^{-\mathrm{j}\beta},\ p_2=-\omega_0\,\mathrm{e}^{\mathrm{j}\beta}$$

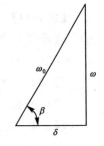

图 6-33　表示 $\omega_0$、$\omega$ 和 $\delta$ 相互关系的三角形

于是

$$
\begin{aligned}
u_C &= \frac{U_0}{p_2-p_1}(p_2\,\mathrm{e}^{p_1 t}-p_1\,\mathrm{e}^{p_2 t})\\
&= \frac{U_0}{-\mathrm{j}2\omega}[-\omega_0\,\mathrm{e}^{\mathrm{j}\beta}\mathrm{e}^{(-\delta+\mathrm{j}\omega)t}+\omega_0\,\mathrm{e}^{-\mathrm{j}\beta}\mathrm{e}^{(-\delta-\mathrm{j}\omega)t}]\\
&= \frac{U_0\omega_0}{\omega}\mathrm{e}^{-\delta t}[\frac{\mathrm{e}^{\mathrm{j}(\omega t+\beta)}-\mathrm{e}^{-\mathrm{j}(\omega t+\beta)}}{\mathrm{j}2}]\\
&= \frac{U_0\omega_0}{\omega}\mathrm{e}^{-\delta t}\sin(\omega t+\beta)
\end{aligned}
$$

根据 $i=-C\dfrac{\mathrm{d}u_C}{\mathrm{d}t}$，或者利用式（6-23）可求得

$$i=\frac{U_0}{\omega L}\mathrm{e}^{-\delta t}\sin\omega t$$

而电感电压

$$u_L=-\frac{U_0\omega_0}{\omega}\mathrm{e}^{-\delta t}\sin(\omega t-\beta)$$

从上述 $u_C$、$i$ 和 $u_L$ 的表达式可以看出，它们的波形将呈现衰减振荡的状态，在整个过程中，它们将周期性地改变方向，储能元件也将周期性地交换能量。$u_C$、$i$ 和 $u_L$ 的波形见图 6-34。根据上述各式，还可以得出：

(1) $\omega t=k\pi$，$k=0,1,2,3\cdots\cdots$ 为电流 $i$ 的过零点，即 $u_C$ 的极值点；

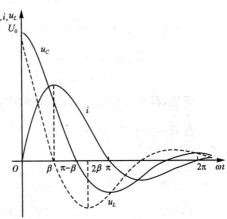

图 6-34　振荡放电过程中 $u_C$、$i$ 和 $u_L$ 的波形

(2) $\omega t=k\pi+\beta$，$k=0,1,2,3\cdots\cdots$ 为电感电压 $u_L$ 的过零点，也即电流 $i$ 的极值点；

(3) $\omega t=k\pi-\beta$，$k=1,2,3\cdots\cdots$ 为电容电压 $u_C$ 的过零点。

根据上述零点划分的时域可以看出元件之间能量转换、吸收的概况，见表 6-5。

表 6-5                                            元件之间能量转换、吸收的概况

|  | $0 < \omega t < \beta$ | $\beta < \omega t < \pi - \beta$ | $\pi - \beta < \omega t < \pi$ |
|---|---|---|---|
| 电感 | 吸收 | 释放 | 释放 |
| 电容 | 释放 | 释放 | 吸收 |
| 电阻 | 消耗 | 消耗 | 消耗 |

**【例 6-11】** 在受控热核研究中,需要强大的脉冲磁场,它是靠强大的脉冲电流产生的。这种强大的脉冲电流可以由 $RLC$ 放电电路产生。若已知 $U_0 = 15$ kV,$C = 1700$ $\mu$F,$R = 6 \times 10^{-4}$ $\Omega$,$L = 6 \times 10^{-9}$ H,试问:

(1)$i(t)$ 为多少?

(2)$i(t)$ 在何时达到极大值? 求出 $i_{max}$。

**解** 根据已知参数有

$$\delta = \frac{R}{2L} = 5 \times 10^4 \text{ s}^{-1}$$

$$\omega = \sqrt{(\frac{R}{2L})^2 - \frac{1}{LC}} = \text{j}3.09 \times 10^5 \text{ rad/s}$$

$$\beta = \arctan(\frac{\omega}{\delta}) = 1.41 \text{ rad}$$

即特征根为共轭复数,属于振荡放电情况。所以有

(1)电流

$$i = \frac{U_0}{\omega L} \text{e}^{-\delta t} \sin \omega t$$

$$= 8.09 \times 10^6 \text{e}^{-5 \times 10^4 t} \sin(3.09 \times 10^5 t) \text{ A}$$

(2)当 $\omega t = \beta$,即当 $t = \frac{\beta}{\omega} = 4.56$ $\mu$s 时,电流 $i$ 达到极大值

$$i_{max} = 8.09 \times 10^6 \text{e}^{-5 \times 10^4 \times 4.56 \times 10^{-6}} \sin(3.09 \times 10^5 + 4.56 \times 10^{-6})$$

$$= 6.36 \times 10^6 \text{ A}$$

可见,最大放电电流可达 $6.36 \times 10^6$ A,这是一个比较可观的数值。

在 $R = 0$ 时,$\delta = 0$,则 $\omega = \omega_0 = \frac{1}{\sqrt{LC}}$,$\beta = \frac{\pi}{2}$,所以这时 $u_C$、$i$、$u_L$ 的表达式为

$$u_C = U_0 \sin(\omega_0 t + \frac{\pi}{2})$$

$$i = \frac{U_0}{\omega_0 L} \sin(\omega_0 t) = \frac{U_0}{\sqrt{\frac{L}{C}}} \sin(\omega_0 t)$$

$$u_L = -U_0 \sin(\omega_0 t - \frac{\pi}{2}) = U_0 \sin(\omega_0 t + \frac{\pi}{2}) = u_C$$

这时 $u_C$、$i$、$u_L$ 都是正弦函数,它们的振幅并不衰减,是一种等幅振荡的放电过程。

尽管实际的振荡电路都是有损耗的,但若仅关心在很短的时间间隔内发生的过程时,则按等幅振荡处理不会带来显著的误差。

3. $R=2\sqrt{\dfrac{L}{C}}$,临界情况

在 $R=2\sqrt{\dfrac{L}{C}}$ 的条件下,这时特征方程具有重根

$$p_1=p_2=-\frac{R}{2L}=-\delta$$

微分方程式(6-18)的通解为

$$u_C=(A_1+A_2t)\mathrm{e}^{-\delta t}$$

根据初始条件可得

$$A_1=U_0$$
$$A_2=\delta U_0$$

所以

$$u_C=U_0(1+\delta t)\mathrm{e}^{-\delta t}$$
$$i=-C\frac{\mathrm{d}u_C}{\mathrm{d}t}=\frac{U_0}{L}t\mathrm{e}^{-\delta t}$$
$$u_L=L\frac{\mathrm{d}i}{\mathrm{d}t}=U_0\mathrm{e}^{-\delta t}(1-\delta t)$$

从以上诸式显然可以看出 $u_C$、$i$、$u_L$ 不作振荡变化,即具有非振荡的性质,其波形与图 6-31 所示相似。然而,这种过程是振荡与非振荡过程的分界线,所以 $R=2\sqrt{\dfrac{L}{C}}$ 时的过渡过程称为临界非振荡过程,这时的电阻称为临界电阻,并称电阻大于临界电阻的电路为过阻尼电路,小于临界电阻的电路为欠阻尼电路。

还可以指出,临界情况下过渡过程的计算公式,可通过前两种非临界情况下的公式取极限导出。

**思考与练习**

6.7.1  电路如图 6-35 所示,开关未动作前电路已达稳态,$t=0$ 时开关 K 断开。求 $u_C(0_+)$、$i_L(0_+)$、$\left.\dfrac{\mathrm{d}u_C}{\mathrm{d}t}\right|_{0_+}$、$\left.\dfrac{\mathrm{d}i_L}{\mathrm{d}t}\right|_{0_+}$、$\left.\dfrac{\mathrm{d}i_R}{\mathrm{d}t}\right|_{0_+}$。

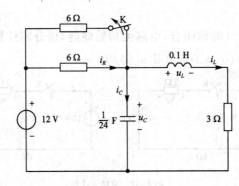

图 6-35  题 6.7.1 图

6.7.2 如图 6-36 所示电路中,电容原先已充电,$u_C(0_-)=$
$U_0=6$ V,$R=2.5$ Ω,$L=0.25$ H,$C=0.25$ F. 试求:

(1)开关闭合后的 $u_C(t)$、$i(t)$;

(2)使电路在临界阻尼下放电,当 $L$ 和 $C$ 不变时,电阻 $R$
应为何值?

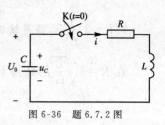

图 6-36 题 6.7.2 图

# 本 章 小 结

1.当电路中响应都是恒定量或周期量时为稳态,否则为暂态;而由一个稳态过渡到另一个稳态之间的这一暂态又称为过渡过程。

2.若电路中无冲激作用,换路后一瞬间电容元件两端的电压应等于换路前一瞬间电容元件两端的电压,而换路后一瞬间电感元件上的电流应等于换路前一瞬间电感元件上的电流,这个规律就称为换路定律,其表达式为

$$u_C(0_+)=u_C(0_-),i_L(0_+)=i_L(0_-)$$

3.求解微分方程必须先求出其初始条件,而利用换路定律求出电路初始条件的方法(即初始值的运算)需要牢固掌握。

4.一阶电路的零状态响应、零输入响应和全响应都是电路中一阶微分方程的解答,但在求解此类一阶电路时可直接应用三要素公式法得到其微分方程的解。

三要素公式: $\qquad f(t)=f(\infty)+[f(0_+)-f(\infty)]e^{-\frac{t}{\tau}}$

5.需要用二阶微分方程描述的动态电路称为二阶电路。以 $RLC$ 串联电路为例,其过渡过程的性质(即振荡放电或非振荡放电)是由其微分方程之特征方程的判别式决定。

# 习题 6

6-1 开关 K 在 $t=0$ 时刻闭合,电路无初始储能,请分别计算图 6-37(a)、(b)所示电路的初始值:$u_R(0_+)$、$u_C(0_+)$、$i(0_+)$ 及 $u_L(0_+)$。

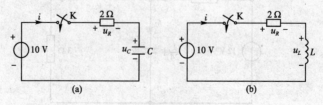

图 6-37 习题 6-1 图

6-2 电路如图 6-38 所示,已知 $U_S=100$ V,$R_2=100$ Ω,开关 K 原来合在位置 1,电路处于稳态,在 $t=0$ 时刻将 K 合到位置 2,试求电路中各初始值:$u_{R_1}(0_+)$、$u_{R_2}(0_+)$、

$u_C(0_+)$ 及 $i_C(0_+)$。

6-3 电路如图 6-39 所示,已知 $U_s=10$ V,$R_1=6$ Ω,$R_2=4$ Ω,$L=2$ mH,求开关 K 在 $t=0$ 时刻闭合后各初始值:$i_1(0_+)$、$i_2(0_+)$、$i_3(0_+)$ 及 $u_L(0_+)$。

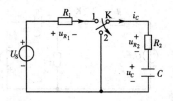
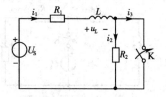

图 6-38 习题 6-2 图        图 6-39 习题 6-3 图

6-4 电路如图 6-37(a)所示,设电容 $C=50$ μF,(1)试计算时间常数 $\tau$;(2)写出 $u_C$ 及 $i$ 的表达式;(3)求出最大充电电流 $I_0$;(4)求出开关 K 闭合 0.5 ms 后,电容电压 $u_C$ 的数值。

6-5 电路如图 6-37(b)所示,设 $L=4$ mH,试求:(1)时间常数 $\tau$;(2)$u_L$ 及 $i$ 的表达式;(3)求开关 K 闭合 10 ms 后电流 $i$ 的数值。

6-6 如图 6-40 所示电路中,已知 $R=5$ Ω,$L=400$ mH,$U_s=35$ V,伏特表量程为 50 V,内阻 $R_V=5$ kΩ。开关 K 断开前,电路已处于稳态,在 $t=0$ 时,断开开关。求:(1)K 断开时 $L$ 与电压表串联回路的时间常数 $\tau$;(2)$i$ 的初始值;(3)$i$ 和 $u_V$ 的表达式;(4)开关 K 断开瞬间伏特表两端电压。

6-7 如图 6-41 所示的电路中,已知 $C=4$ μF,$R_1=R_2=20$ kΩ,电容器原先电压为 100 V。试求在开关 K 闭合后 60 ms 时,电容上的电压 $u_C$ 及放电电流 $i$ 的大小。

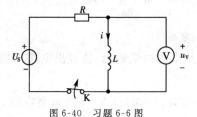

图 6-40 习题 6-6 图        图 6-41 习题 6-7 图

6-8 电路如图 6-42 所示,开关 K 在 $t=0$ 时闭合。求 $u_C$、$i$ 和 $u_2$ 的表达式。

6-9 电路如图 6-43 所示,已知 $U_s=20$ V,$R_1=2$ kΩ,$R_2=1$ kΩ,$R_3=2$ kΩ,$C=5$ μF,电路原已稳定,开关 K 在 $t=0$ 时刻闭合,试用三要素法求出 $u_C$ 和 $i_1$、$i_3$ 的表达式。

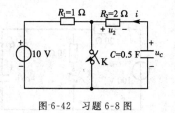
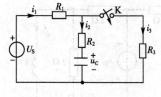

图 6-42 习题 6-8 图        图 6-43 习题 6-9 图

6-10 电路如图 6-44 所示,原已达到稳定状态,已知 $R_1=4$ Ω,$R_2=4$ Ω,$R_3=2$ Ω,$L=4$ H,$U_s=12$ V,开关 K 在 $t=0$ 时断开。用三要素法求:(1)$u_0$ 表达式;(2)$t=2$ s 后 $u_0$ 的值。

6-11 电路如图 6-45 所示,已知 $U_{S1}=10$ V,$U_{S2}=20$ V,$R_1=2$ kΩ,$R_2=2$ kΩ,$C=0.5$ μF,电路原已稳定,开关 K 在 $t=0$ 时闭合。试用三要素法求 K 闭合后电容电压 $u_C$ 的表达式。

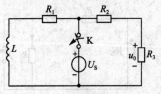

图 6-44 习题 6-10 图

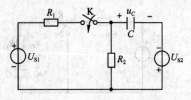

图 6-45 习题 6-11 图

6-12 在图 6-46 所示的电路中,$r$ 与 $L$ 串联表示一个继电器,将其用于输电线的继电保护。已知负载电阻 $R_2=20$ Ω,输电线电阻 $R_1=1$ Ω,继电器电阻 $r=3$ Ω,电感 $L=0.2$ H,直流电源电压 $U=220$ V。若该继电器在电流达到 30 A 时起保护作用,求负载 $R_2$ 发生短路后多长时间,继电器才能动作?

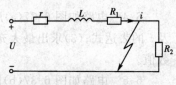

图 6-46 习题 6-12 图

6-13 电路如图 6-47(a) 所示,输入波形如图 6-47(b) 所示,已知 $R=1$ Ω,$C=0.2$ μF,请说出电路的作用,并画出输出电压 $u_2$ 的波形。

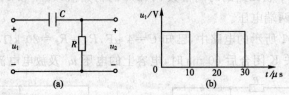

图 6-47 习题 6-13 图

6-14 若在上题中 $C=200$ μF,电压 $u_2$ 从电容两端输出,请说出电路性质,并画出电压 $u_2$ 的波形。

6-15 如图 6-48 所示电路中,$u_{S1}=\varepsilon(t)$ V,$u_{S2}=5\varepsilon(t)$ V,试求电路响应 $i_L(t)$。

6-16 如图 6-49 所示电路原处稳态,在 $t=0$ 时换路,已知 $C=1000$ μF。试求:$t>0$ 时 $u_C(t)$ 和 $i_C(t)$ 的变化规律,作出 $u_C(t)$ 和 $i_C(t)$ 的波形图,并写出 $u_C(t)$ 中的稳态分量与暂态分量、零输入响应分量与零状态响应分量。

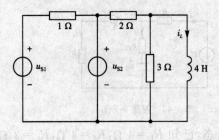

图 6-48 习题 6-15 图

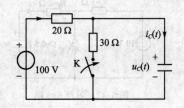

图 6-49 习题 6-16 图

6-17 如图 6-50(a) 所示电路中 $u_S(t)$ 的波形如图 6-50(b) 所示,试求阶跃响应 $i_L(t)$。

6-18　【提高题】如图 6-51 所示电路原处稳态,在 $t=0$ 时第一次换路,已知 $C=0.2$ mF,$R=50$ kΩ,$R_1=40$ kΩ,又第二次、第三次换路的时刻为:$t_1=10$ ms,$t_2=20$ ms,$U_1=12$ V,$U_2=20$ V。试求 $t>0$ 时 $u_C(t)$ 的变化规律。

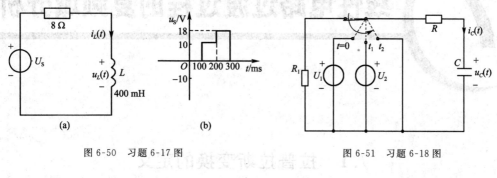

图 6-50　习题 6-17 图　　　　　　　　　　图 6-51　习题 6-18 图

# 7 *线性电路过渡过程的复频域分析

## 7.1 拉普拉斯变换的定义

时间函数 $f(t)$ 的拉普拉斯变换式 $F(s)$ 定义为

$$F(s) = \int_{0_-}^{\infty} f(t) e^{-st} dt \qquad (7-1)$$

式中，$s = \sigma + j\omega$ 为复数，称为复频率，$F(s)$ 称为 $f(t)$ 的象函数，$f(t)$ 称为 $F(s)$ 的原函数。积分限 $0_-$ 和 $\infty$ 是固定的，所以积分的结果与 $t$ 无关，而只取决于参数 $s$，因此，它是复频率 $s$ 的函数，即

$$\mathscr{L}[f(t)] = F(s)$$

$F(s)$ 即为函数 $f(t)$ 的拉普拉斯变换，简称拉氏变换。在电路中我们用 $U(s)$ 和 $I(s)$ 分别表示 $u(t)$ 和 $i(t)$ 的拉普拉斯变换。

如果 $F(s)$ 已知，要求出与它对应的原函数 $f(t)$，由 $F(s)$ 到 $f(t)$ 的变换称为拉普拉斯反变换，简称拉氏反变换，它定义为

$$f(t) = \frac{1}{2\pi j} \int_{c-j\infty}^{c+j\infty} F(s) e^{st} ds \qquad (7-2)$$

通常可用符号 $\mathscr{L}[\ \ ]$ 表示对方括号里的时域函数作拉氏变换，用 $\mathscr{L}^{-1}[\ \ ]$ 表示对方括号里的复变函数作拉氏反变换。

应该认识到：$u(t)$ 和 $i(t)$ 是时间 $t$ 的函数，即时域变量。它们可以用电压表及电流表来测定，而且还可以用示波器观测到它们随时间变化的情况。时域变量是实际存在的变量。而它们的拉普拉斯变换 $U(s)$ 和 $I(s)$ 则是一种抽象的变量。我们之所以把直观的时域变量变为抽象的复频率变量，是为了便于分析和计算电路问题，待得出结果后再反变换为相应的时域变量。

## 7.2 拉普拉斯变换的性质

本节所述，仅为线性非时变电路问题中用到的一些最基本的性质（证明略）。

**1. 线性性质**

设 $f_1(t)$ 和 $f_2(t)$ 是两个任意的时间函数，它们的象函数分别为 $F_1(s)$ 和 $F_2(s)$，$A_1$ 和 $A_2$ 是两个任意的实常数，则

$$\mathscr{L}[A_1 f_1(t) + A_2 f_2(t)] = A_1 \mathscr{L}[f_1(t)] + A_2 \mathscr{L}[f_2(t)]$$
$$= A_1 F_1(s) + A_2 F_2(s)$$

**2. 微分性质**

拉普拉斯变换的第二个重要性质是函数 $f(t)$ 的拉普拉斯变换与其导数 $\mathrm{d}f/\mathrm{d}t$ 的拉普拉斯变换之间存在着简单的关系。

微分定理　若 $\qquad\qquad \mathscr{L}[f(t)] = F(s)$

则 $\qquad\qquad\qquad \mathscr{L}\left[\dfrac{\mathrm{d}f(t)}{\mathrm{d}t}\right] = sF(s) - f(0_-)$

**3. 积分性质**

拉普拉斯变换的第三个重要性质是函数 $f(t)$ 的拉普拉斯变换和它的积分的拉普拉斯变换之间存在着简单的关系。

积分定理　若 $\qquad\qquad \mathscr{L}[f(t)] = F(s)$

则 $\qquad\qquad\qquad \mathscr{L}\left[\displaystyle\int_{0_-}^{t} f(\xi)\mathrm{d}\xi\right] = \dfrac{1}{s}F(s)$

**4. 延迟性质**

函数 $f(t)$ 的象函数与其延迟函数 $f(t-t_0)$ 的象函数之间有如下关系

若 $\qquad\qquad\qquad \mathscr{L}[f(t)] = F(s)$

则 $\qquad\qquad\qquad \mathscr{L}[f(t-t_0)] = \mathrm{e}^{-st_0}F(s)$

其中，当 $t < t_0$ 时，$f(t-t_0) = 0$。

根据拉氏变换的定义和与电路分析有关的一些基本性质，可以方便地求出一些常用函数的象函数，表 7-1 为常用函数的拉氏变换表。

表 7-1　　　　　常用函数的拉氏变换表

| 原函数 $f(t)$ | 象函数 $F(s)$ | 原函数 $f(t)$ | 象函数 $F(s)$ |
|---|---|---|---|
| $A\delta(t)$ | $A$ | $\mathrm{e}^{-at}\cos\omega t$ | $\dfrac{s+a}{(s+a)^2+\omega^2}$ |
| $A\varepsilon(t)$ | $A/s$ | $t\mathrm{e}^{-at}$ | $\dfrac{1}{(s+a)^2}$ |
| $A\mathrm{e}^{-at}$ | $\dfrac{A}{s+a}$ | $t$ | $\dfrac{1}{s^2}$ |
| $1-\mathrm{e}^{-at}$ | $\dfrac{a}{s(s+a)}$ | $\sinh(\alpha t)$ | $\dfrac{a}{s^2-a^2}$ |
| $\sin\omega t$ | $\dfrac{\omega}{s^2+\omega^2}$ | $\cosh(\alpha t)$ | $\dfrac{s}{s^2-a^2}$ |
| $\cos\omega t$ | $\dfrac{s}{s^2+\omega^2}$ | $(1-\alpha t)\mathrm{e}^{-at}$ | $\dfrac{s}{(s+a)^2}$ |
| $\sin(\omega t+\psi)$ | $\dfrac{s\sin\psi+\omega\cos\psi}{s^2+\omega^2}$ | $\dfrac{1}{2}t^2$ | $\dfrac{1}{s^3}$ |
| $\cos(\omega t+\psi)$ | $\dfrac{s\cos\psi-\omega\sin\psi}{s^2+\omega^2}$ | $\dfrac{1}{n!}t^n$ | $\dfrac{1}{s^{n+1}}$ |
| $\mathrm{e}^{-at}\sin\omega t$ | $\dfrac{\omega}{(s+a)^2+\omega^2}$ | $\dfrac{1}{n!}t^n\mathrm{e}^{-at}$ | $\dfrac{1}{(s+a)^{n+1}}$ |

# 7.3　拉普拉斯反变换

　　用拉氏变换法求解线性电路时域响应时,需要把求得的响应的拉氏变换式反变换为时间函数。如果象函数比较简单,往往能从拉氏变换表中查出其原函数。对于不能从表中查出原函数的情况,如果能设法把象函数分解为若干较简单的、能够从表中查到的项,就可查到相互各项对应的原函数,而这些原函数的和即为所求原函数。电路响应的象函数通常可表示为两个实系数的 $s$ 的多项式之比,即 $s$ 的一个有理分式

$$F(s) = \frac{N(s)}{D(s)} = \frac{a_0 s^m + a_1 s^{m-1} + \cdots + a_m}{b_0 s^n + b_1 s^{n-1} + \cdots + b_n} \tag{7-3}$$

式中,$m$ 和 $n$ 为正整数,且 $n \geqslant m$。

　　把 $F(s)$ 分解成若干简单项之和,而这些简单项可以在拉氏变换表中找到,这种方法称为部分分式展开法,也称为分解定理。

　　用部分分式展开有理分式 $F(s)$ 时,需要把有理分式化为真分式。若 $n > m$,则 $F(s)$ 为真分式。若 $n = m$,则

$$F(s) = A + \frac{N_0(S)}{D(S)}$$

式中,$A$ 是一个常数,其对应的时间函数为 $A\delta(t)$,余数项 $\dfrac{N_0(S)}{D(S)}$ 是真分式。

　　用部分分式展开真分式时,需要对分母多项式作因式分解,求出 $D(s) = 0$ 的根。$D(s) = 0$ 的根可以是单根、共轭复根和重根几种情况。

　　(1)如果 $D(s) = 0$ 有 $n$ 个单根,设 $n$ 个单根分别是 $p_1$、$p_2$、$\cdots$、$p_n$。于是 $F(s)$ 可以展开为

$$F(s) = \frac{k_1}{s - p_1} + \frac{k_2}{s - p_2} + \cdots + \frac{k_n}{s - p_n} \tag{7-4}$$

式中,$k_1$、$k_2$、$\cdots$、$k_n$ 是待定系数。

　　将式(7-4)两边都乘以 $(s - p_1)$,得

$$(s - p_1)F(s) = k_1 + (s - p_1)\left( \frac{k_2}{s - p_2} + \cdots + \frac{k_n}{s - p_n} \right)$$

令 $s = p_1$,则等式除第一项外都变为零,这样求得

$$k_1 = [(s - p_1)F(s)]_{s = p_1}$$

同理可求得 $k_2$、$k_3$、$\cdots$、$k_n$。所以确定式(7-4)中各待定系数的公式为

$$k_i = [(s - p_i)F(s)]_{s = p_i} (i = 1、2、3、\cdots、n)$$

　　因为 $p_i$ 是 $D(s) = 0$ 的一个根,故上面关于 $k_i$ 的表达式为 $\dfrac{0}{0}$ 的不定式,可以用求极限的方法确定 $k_i$ 的值,即

$$k_i = \lim_{s \to p_i} \frac{(s - p_i)N(s)}{D(s)} = \lim_{s \to p_i} \frac{(s - p_i)N'(s) + N(s)}{D'(s)} = \frac{N(p_i)}{D'(p_i)}$$

所以确定式(7-4)中各待定系数的另一个公式为

$$k_i = \frac{N(s)}{D'(s)}\Big|_{s=p_i} \quad (i = 1,2,3,\cdots,n) \tag{7-5}$$

确定了式(7-5)中的各待定系数后,相应的原函数为

$$f(t) = \mathcal{L}^{-1}[F(s)] = \sum_{i=1}^{n} k_i \mathrm{e}^{p_i t} = \sum_{i=1}^{n} \frac{N(p_i)}{D'(p_i)} \mathrm{e}^{p_i t}$$

(2)如果 $D(s)=0$ 具有共轭复根 $p_1 = a + \mathrm{j}\omega$, $p_2 = a - \mathrm{j}\omega$,则

$$k_1 = [(s - a - \mathrm{j}\omega)F(s)]_{s=a+\mathrm{j}\omega} = \frac{N(s)}{D'(s)}\Big|_{s=a+\mathrm{j}\omega}$$

$$k_2 = [(s - a + \mathrm{j}\omega)F(s)]_{s=a-\mathrm{j}\omega} = \frac{N(s)}{D'(s)}\Big|_{s=a-\mathrm{j}\omega}$$

由于 $F(s)$ 是实系数多项式之比,故 $k_1$、$k_2$ 为共轭复数,设 $k_1 = |k_1|\mathrm{e}^{\mathrm{j}\theta_1}$,则 $k_2 = |k_1|\mathrm{e}^{-\mathrm{j}\theta_1}$,有

$$\begin{aligned}
f(t) &= k_1 \mathrm{e}^{(a+\mathrm{j}\omega)t} + k_2 \mathrm{e}^{(a-\mathrm{j}\omega)t} \\
&= |k_1|\mathrm{e}^{\mathrm{j}\theta_1}\mathrm{e}^{(a+\mathrm{j}\omega)t} + |k_1|\mathrm{e}^{-\mathrm{j}\theta_1}\mathrm{e}^{(a-\mathrm{j}\omega)t} \\
&= |k_1|\mathrm{e}^{at}[\mathrm{e}^{\mathrm{j}(\omega t+\theta_1)} + \mathrm{e}^{-\mathrm{j}(\omega t+\theta_1)}] \\
&= 2|k_1|\mathrm{e}^{at}\cos(\omega t + \theta_1)
\end{aligned} \tag{7-6}$$

(3)如果 $D(s)=0$ 具有重根,则应含 $(s-p_1)^n$ 的因式。现设 $D(s)$ 中含有 $(s-p_1)^3$ 的因式,$p_1$ 为 $D(s)=0$ 的三重根,其余为单根,$F(s)$ 可分解为

$$F(s) = \frac{k_{13}}{s-p_1} + \frac{k_{12}}{(s-p_1)^2} + \frac{k_{11}}{(s-p_1)^3} + \left(\frac{k_2}{s-p_2} + \cdots\right) \tag{7-7}$$

对于单根,仍采用 $K_i = \dfrac{N(s)}{D'(s)}\Big|_{s=p_i}$ 公式计算。为了确定 $k_{11}$、$k_{12}$ 和 $k_{13}$,可以将式(7-7)两边都乘以 $(s-p_1)^3$,则 $k_{11}$ 被单独分离出来,即

$$(s-p_1)^3 F(s) = (s-p_1)^2 k_{13} + (s-p_1)k_{12} + k_{11} + (s-p_1)^3\left(\frac{k_2}{s-p_2} + \cdots\right) \tag{7-8}$$

则

$$k_{11} = (s-p_1)^3 F(s)|_{s=p_1}$$

再将式(7-8)两边对 $s$ 求导一次,$k_{12}$ 被分离出来,即

$$\frac{\mathrm{d}}{\mathrm{d}s}[(s-p_1)^3 F(s)] = 2(s-p_1)k_{13} + k_{12} + \frac{\mathrm{d}}{\mathrm{d}s}\left[(s-p_1)^3\left(\frac{k_2}{s-p_2} + \cdots\right)\right]$$

所以

$$k_{12} = \frac{\mathrm{d}}{\mathrm{d}s}[(s-p_1)^3 F(s)]_{s=p_1}$$

用同样的方法可得

$$k_{13} = \frac{1}{2}\frac{\mathrm{d}^2}{\mathrm{d}s^2}[(s-p_1)^3 F(s)]_{s=p_1}$$

从以上分析过程可以推导得出当 $D(s)=0$ 具有 $q$ 阶重根,其余为单根时的分解式为

$$F(s) = \frac{k_{1q}}{s-p_1} + \frac{k_{1(q-1)}}{(s-p_1)^2} + \cdots + \frac{k_{11}}{(s-p_1)^q} + \left(\frac{k_2}{s-p_2} + \cdots\right)$$

式中

$$k_{11} = (s-p_1)^q F(s)|_{s=p_1}$$

$$k_{12} = \frac{\mathrm{d}}{\mathrm{d}s}\big[(s-p_1)^q F(s)\big]\bigg|_{s=p_1}$$

$$k_{13} = \frac{1}{2}\,\frac{\mathrm{d}^2}{\mathrm{d}s^2}\big[(s-p_1)^q F(s)\big]\bigg|_{s=p_1}$$

······

$$k_{1q} = \frac{1}{(q-1)!}\,\frac{\mathrm{d}^{q-1}}{\mathrm{d}s^{q-1}}\big[(s-p_1)^q F(s)\big]\bigg|_{s=p_1} \tag{7-9}$$

如果 $D(s)=0$ 具有多个重根时,对每个重根分别利用上述方法即可得到各系数。

## 7.4　元件的复频域模型及运算电路

基尔霍夫定律的时域表达式为

对任一节点 $\qquad\qquad \sum i(t) = 0$

对任一回路 $\qquad\qquad \sum u(t) = 0$

根据拉氏变换的线性性质得出基尔霍夫定律的复频域形式如下:

对任一节点 $\qquad\qquad \sum I(s) = 0$

对任一回路 $\qquad\qquad \sum U(s) = 0$

根据元件电压、电流的时域关系,可以推导出各元件电压、电流关系的复频域运算形式。

1. 电阻元件的复频域形式

如图 7-1(a)所示电阻元件的电压、电流关系为 $u(t)=Ri(t)$,两边取拉氏变换,得

$$U(s) = RI(s)$$

上式就是电阻 VCR 的运算形式,图 7-1(b)称为电阻 $R$ 的运算电路。

(a) $\qquad\qquad\qquad\qquad\qquad\qquad$ (b)

图 7-1　电阻的运算电路

2. 电感元件的复频域形式

对于如图 7-2(a)所示电感元件,其伏安关系为 $u(t)=L\dfrac{\mathrm{d}i(t)}{\mathrm{d}t}$,取拉氏变换并根据拉氏变换的微分性质,得

$$\mathscr{L}[u(t)] = \mathscr{L}\left[L\frac{\mathrm{d}i(t)}{\mathrm{d}t}\right]$$

$$U(s) = sLI(s) - Li(0_-)$$

式中,$sL$ 为电感的运算阻抗;$i(0_-)$ 表示电感中的初始电流。这样就可以得到图 7-2(b)所示的运算电路,$Li(0_-)$ 表示附加电压源的电压,它反映了电感中初始电流的作用。还

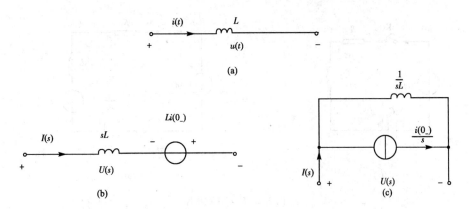

图 7-2　电感的运算电路

可以把上式改写为

$$I(s) = \frac{1}{sL}U(s) + \frac{i(0_-)}{s}$$

就可以获得图 7-2(c)所示的运算电路,其中 $\frac{1}{sL}$ 为电感的运算导纳,$\frac{i(0_-)}{s}$ 表示附加电流源的电流。

### 3. 电容元件的复频域形式

对于如图 7-3(a) 所示电容元件,有伏安关系 $u(t) = \frac{1}{C}\int_{0_-}^{t} i(t)\mathrm{d}t + u(0_-)$,取拉氏变换并根据拉氏变换的积分性质,得

$$U(s) = \frac{1}{sC}I(s) + \frac{u(0_-)}{s}$$

$$I(s) = sCU(s) - Cu(0_-)$$

这样可以分别获得图 7-3(b)、(c)所示的运算电路,其中 $\frac{1}{sC}$ 和 $sC$ 分别为电容 $C$ 的运算阻抗和运算导纳,$\frac{u(0_-)}{s}$ 和 $Cu(0_-)$ 分别为反映电容初始电压的附加电压源的电压和附加电流源的电流。

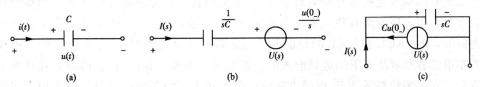

图 7-3　电容的复频域运算电路

### 4. RLC 串联电路的复频域形式

如图 7-4(a)所示为 RLC 串联电路。设电源电压为 $u(t)$,电感中初始电流为 $i(0_-)$,电容中初始电压为 $u_C(0_-)$。如用运算电路表示,将得到图 7-4(b)所示的运算电路。根据 KVL 方程有

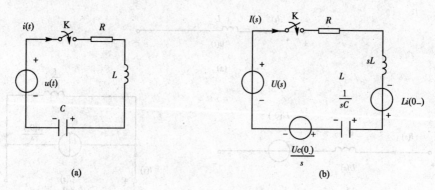

图 7-4 *RLC* 串联电路

$$RI(s) + sLI(s) - Li(0_-) + \frac{1}{sC}I(s) + \frac{u_C(0_-)}{s} = U(s)$$

即

$$\left(R + sL + \frac{1}{sC}\right)I(s) = U(s) + Li(0_-) - \frac{u_C(0_-)}{s}$$

$$Z(s)I(s) = U(s) + Li(0_-) - \frac{u_C(0_-)}{s}$$

式中,$Z(s) = R + sL + \frac{1}{sC}$ 称为 *RLC* 串联电路的运算阻抗。在零值初始条件下,$i(0_-) = 0$,$u_C(0_-) = 0$,则有

$$Z(s)I(s) = U(s)$$

上式即复频域形式的欧姆定律。

# 7.5 暂态电路的复频域分析法

比较运算法与相量法,可以看出,它们运算的基本思想类似。相量法把正弦量变换为相量(复数),从而把求解线性电路的正弦稳态问题归结为以相量为变量的线性代数方程。运算法把时间函数变换为对应的象函数,从而把问题归结为求解以象函数为变量的线性代数方程。当电路的所有独立初始条件为零时,电路元件 VCR 的相量形式与运算形式是类似的,加之 KCL 和 KVL 的相量形式与运算形式也是类似的,所以对于同一电路列出的相量方程和零状态下的运算形式的方程虽然在形式上相似,但这两种方程具有不同的意义。在非零状态条件下,电路方程的运算形式中还应考虑附加电源的作用。当电路中的非零独立初始条件考虑成附加电源之后,电路方程的运算形式仍与相量方程类似。可见相量法中各种计算方法和定理在形式上完全可以移用到运算法。

在运算法中求得象函数之后,利用拉氏反变换就可以求得对应的时间函数。根据上述思想,以下将通过一些实例说明拉氏变换法在线性电路分析中的应用。

【例 7-1】 如图 7-5(a)所示电路原来已处于稳态。在 $t=0$ 时将开关 K 闭合,试用运算法求解电流 $i_1(t)$。

**解** 先求 $U_S$ 的拉氏变换

$$\mathscr{L}[U_S] = \mathscr{L}[1] = \frac{1}{s}$$

由于开关闭合前电路已处于稳态,所以电感电流 $i_L(0_-)=0$,电容电压 $u_C(0_-)=1$ V。该电路的运算电路如图 7-5(b)所示。

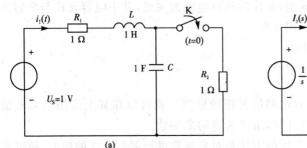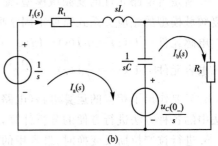

图 7-5 例 7-1 电路图

应用网孔电流法,设网孔电流为 $I_a(s)$、$I_b(s)$,方向如图所示,可列出方程

$$\left(R_1 + sL + \frac{1}{sC}\right)I_a(s) - \frac{1}{sC}I_b(s) = \frac{1}{s} - \frac{u_C(0_-)}{s}$$

$$-\frac{1}{sC}I_a(s) + \left(R_2 + \frac{1}{sC}\right)I_b(s) = \frac{u_C(0_-)}{s}$$

代入已知数据,得

$$\left(1 + s + \frac{1}{s}\right)I_a(s) - \frac{1}{s}I_b(s) = 0$$

$$-\frac{1}{s}I_a(s) + \left(1 + \frac{1}{s}\right)I_b(s) = \frac{1}{s}$$

解方程得

$$I_1(s) = I_a(s) = \frac{1}{s(s^2 + 2s + 2)}$$

求其反变换

$$\mathscr{L}^{-1}[I_1(s)] = \frac{1}{2}(1 + e^{-t}\cos t - e^{-t}\sin t)$$

所以

$$i_1(t) = \frac{1}{2}(1 + e^{-t}\cos t - e^{-t}\sin t) \text{ A}$$

# 本 章 小 结

1. 在分析较复杂电路时,因为所列写的是高阶微分方程,求解过程非常繁杂,因此我们用到拉普拉斯变换这一数学工具,把繁杂的高阶微分方程转换为代数方程来求解,使问题大大简化。

2. 拉普拉斯变换:时间函数 $f(t)$ 的拉普拉斯变换式 $F(s)$ 定义为

$$F(s) = \int_{0_-}^{\infty} f(t) e^{-st} dt$$

其中 $s = \sigma + j\omega$ 为复数,称为复频率,$F(s)$ 称为 $f(t)$ 的象函数,$f(t)$ 称为 $F(s)$ 的原函数。

3.在具体问题里进行拉普拉斯变换时,首先要熟悉几个常用函数的拉氏变换(见表7-1),再结合拉普拉斯变换的性质,通常能顺利地完成其变换。

4.清楚各电路元件的复频域模型,是作出运算电路的关键,其中电容元件与电感元件的复频域模型的相应关系式需要牢固掌握:

电感元件　　$U(s) = sLI(s) - Li(0_-)$

电容元件　　$U(s) = \dfrac{1}{sC}I(s) + \dfrac{u(0_-)}{s}$

5.只要作出了相应的运算电路(电路的复频域模型),就可以在其上应用类似相量分析法中的各种方法进行方便的分析计算,求出所需的象函数。

6.进行拉普拉斯反变换时,最常用的方法是对象函数进行部分分式的展开,便可求出原函数。

# 习题 7

7-1　用拉普拉斯变换求下列时域函数的象函数。

(1) $\sin(\omega t + \psi)$　　　　　　　　　(2) $\sin^2(\omega t)$

(3) $e^{at}\sin(\omega t + \psi)$　　　　　　　(4) $t\sin\omega t$

7-2　试求下列象函数的原函数。

(1) $F(s) = \dfrac{1}{s^2 + 4s + 3}$　　　　　(2) $F(s) = \dfrac{s^2}{s^3 + 5s^2 + 17s + 13}$

(3) $F(s) = \dfrac{(s+2)(s+4)}{s(s+3)(s+1)}$　　　(4) $F(s) = \dfrac{2s+4}{(s+3)(s+1)^2}$

7-3　已知 $RLC$ 串联电路中,$R = 10$ k$\Omega$,$L = 1$ H,$C = 0.0434$ $\mu$F,$\omega = 4800$ rad/s,在 $t = 0$ 时接到 $u(t) = 7\sin\omega t$ V 的电源上,试用复频域分析法求零状态响应电流 $i(t)$。

7-4　如图 7-6 所示电路,已知各电阻值为 $R_1 = R_2 = 10$ $\Omega$,$L = 0.5$ H,$C = 100$ $\mu$F,并且电压源电压为 $u(t) = -10 + 20\varepsilon(t)$ V,试求 $t > 0$ 时的电流 $i_1(t)$。

7-5　如图 7-7 所示电路中,$R_1 = R_2 = 600$ $\Omega$,$R_3 = 300$ $\Omega$,$L = 6$ H,当 $t = 0$ 时电路与 $U = 24$ V 的恒定电压接通,试用复频域分析法求接通后($t > 0$ 时)的电流 $i_1(t)$、$i_2(t)$ 和 $i_3(t)$。

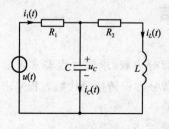

图 7-6　习题 7-4 图

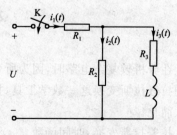

图 7-7　习题 7-5 图

7-6 如图 7-8 所示电路中，$R_1 = R_2 = 200\ \Omega$，$L = 2\ H$，$C = 100\ \mu F$，$U_s = 100\ V$。若在 $t = 0$ 时开关 K 断开，试求在 $t > 0$ 时的电流 $i_L(t)$。

7-7 如图 7-9 所示电路，设在 $t = 0$ 时换路（开关 K 由 1 位置合向 2 位置），则：(1)作出它的运算电路；(2)用运算法求出响应 $i_L(t)$。

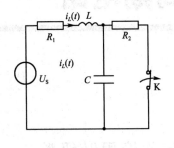

图 7-8 习题 7-6 图

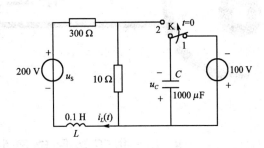

图 7-9 习题 7-7 图

# 非正弦周期电路

## *8.1 非正弦周期函数分解为傅里叶级数

### 8.1.1 非正弦周期信号

前几章讨论的都是正弦交流电路,电路的激励、响应都随时间按正弦规律变化。但是在实际工程中还存在许多不按正弦规律变化的电压、电流信号。电路中产生非正弦周期电压、电流信号的原因主要来自电源和负载两方面。例如,交流发电机受内部磁场分布和结构等因素的影响,输出的电压并不是理想的正弦量;再如当几个频率不同的正弦激励同时作用于线性电路时,电路中的电压、电流响应就不是正弦量。

如图 8-1 所示,画出了 $u_1 = U_{1m} \sin\omega t$ 和 $u_2 = U_{2m}\sin3\omega t$ 相加后得到的电压 $u = u_1 + u_2$ 的波形,显然是非正弦的。当电路中存在非线性元件时,即使是正弦激励,电路的响应也是非正弦的。例如正弦交流电压经二极管整流以后电路中就得到非正弦电压信号。在自动控制、计算机等技术领域大量应用的脉冲电路中,电压、电流也都是非正弦的。如图 8-2 所示,分别绘出了常见的尖脉冲、矩形脉冲、锯齿波等非正弦周期电信号,这些信号

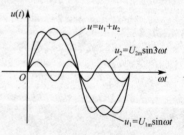

图 8-1 两个不同频率正弦波的叠加

作为激励施加到线性电路上,必将导致电路中产生非正弦的周期电压、电流。

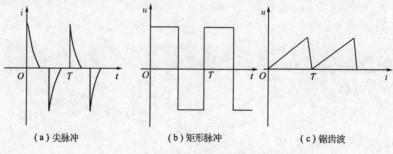

(a)尖脉冲　　　　　　(b)矩形脉冲　　　　　　(c)锯齿波

图 8-2 几种常见非正弦波

非正弦信号可分为周期性和非周期性的,图 8-2 中的几种非正弦信号都是周期性变化的。含有周期性非正弦量的电路,称为非正弦周期电路,简称非正弦电路。本章仅讨论线性非正弦周期电路。

### 8.1.2 傅里叶级数

电工技术中所遇到的周期函数一般都可以分解为傅里叶级数。

设周期函数 $f(t)$ 的周期为 $T$,角频率 $\omega=\dfrac{2\pi}{T}$,则 $f(t)$ 可展开为傅里叶级数

$$f(t) = A_0 + A_{1m}\sin(\omega t + \psi_1) + A_{2m}\sin(2\omega t + \psi_2) + \cdots + A_{km}\sin(k\omega t + \psi_k) + \cdots$$

$$= A_0 + \sum_{k=1}^{\infty} A_{km}\sin(k\omega t + \psi_k) \tag{8-1}$$

用三角公式展开,式(8-1)又可写为

$$f(t) = a_0 + (a_1\cos\omega t + b_1\sin\omega t) + (a_2\cos2\omega t + b_2\sin2\omega t) + \cdots + (a_k\cos k\omega t + b_k\sin k\omega t) + \cdots \tag{8-2}$$

$$= a_0 + \sum_{k=1}^{\infty}(a_k\cos k\omega t + b_k\sin k\omega t)$$

式(8-2)中,$a_0$、$a_k$、$b_k$ 为傅里叶系数,可按下面各式求得

$$\left.\begin{aligned}
a_0 &= \frac{1}{T}\int_0^T f(t)\,\mathrm{d}t = \frac{1}{2\pi}\int_0^{2\pi} f(t)\,\mathrm{d}(\omega t) \\
a_k &= \frac{2}{T}\int_0^T f(t)\cos k\omega t\,\mathrm{d}t = \frac{1}{\pi}\int_0^{2\pi} f(t)\cos k\omega t\,\mathrm{d}(\omega t) \\
b_k &= \frac{2}{T}\int_0^T f(t)\sin k\omega t\,\mathrm{d}t = \frac{1}{\pi}\int_0^{2\pi} f(t)\sin k\omega t\,\mathrm{d}(\omega t)
\end{aligned}\right\} \tag{8-3}$$

式(8-1)与式(8-2)中各系数之间还有如下关系

$$\left.\begin{aligned}
A_0 &= a_0 \\
A_{km} &= \sqrt{a_k^2 + b_k^2} \\
a_k &= A_{km}\sin\psi_k \\
b_k &= A_{km}\cos\psi_k \\
\psi_k &= \arctan\frac{a_k}{b_k}
\end{aligned}\right\} \tag{8-4}$$

可见要将一个周期函数分解为傅里叶级数,实质上就是计算傅里叶系数 $a_0$、$a_k$、$b_k$。

式(8-1)中,第一项 $A_0$ 是不随时间变化的常数,称为 $f(t)$ 的恒定分量或直流分量;第二项 $A_{1m}\sin(\omega t + \psi_1)$ 的频率与周期函数 $f(t)$ 的频率相同,称为基波或一次谐波;其余各项的频率为基波频率的整数倍,分别称为二次、三次……$k$ 次谐波,并统称为高次谐波。$k$ 为奇数的谐波称为奇次谐波;$k$ 为偶数的谐波称为偶次谐波;恒定分量也可以认为是零次谐波。

**【例 8-1】** 求图 8-3 所示矩形波的傅里叶级数。

**解** 图示周期函数 $f(t)$ 在一个周期内的表达式为

$$f(t) = \begin{cases} U_\mathrm{m} & 0 \leqslant t \leqslant \dfrac{T}{2} \\ -U_\mathrm{m} & \dfrac{T}{2} \leqslant t \leqslant T \end{cases}$$

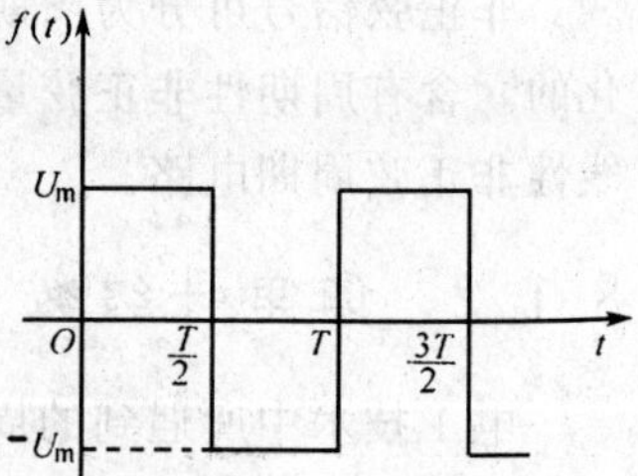

图 8-3　例 8-1 图

根据式(8-3)计算傅里叶系数为

$$a_0 = \frac{1}{2\pi}\int_0^\pi U_\mathrm{m}\mathrm{d}(\omega t) + \frac{1}{2\pi}\int_\pi^{2\pi}(-U_\mathrm{m})\mathrm{d}(\omega t) = 0$$

$$a_k = \frac{1}{\pi}\int_0^\pi U_\mathrm{m}\cos k\omega t\,\mathrm{d}(\omega t) + \frac{1}{\pi}\int_\pi^{2\pi}(-U_\mathrm{m})\cos k\omega t\,\mathrm{d}(\omega t) = 0$$

$$b_k = \frac{1}{\pi}\int_0^\pi U_\mathrm{m}\sin k\omega t\,\mathrm{d}(\omega t) + \frac{1}{\pi}\int_\pi^{2\pi}(-U_\mathrm{m})\sin k\omega t\,\mathrm{d}(\omega t) = \frac{2U_\mathrm{m}}{k\pi}(1 - \cos k\pi)$$

当 $k=1、3、5、\cdots、(2n-1)$，为奇数时，$\cos k\pi = -1$，$b_k = \dfrac{4U_\mathrm{m}}{k\pi}$。

当 $k=2、4、6、\cdots、2n$，为偶数时，$\cos k\pi = 1$，$b_k = 0$，由此可得该函数的傅里叶级数表达式为

$$f(t) = \frac{4U_\mathrm{m}}{\pi}\left(\sin\omega t + \frac{1}{3}\sin 3\omega t + \frac{1}{5}\sin 5\omega t + \cdots\right)$$

将周期函数分解为一系列谐波的傅里叶级数，称为谐波分析。工程中，常采用查表的方法得到周期函数的傅里叶级数。电工技术中常见的几种周期函数波形及其傅里叶级数展开式见表 8-1。

表 8-1　　　　　　　　　几种典型周期函数的傅里叶级数

| 名称 | 波形 | 傅里叶级数 | 有效值 | 平均值 |
|---|---|---|---|---|
| 正弦波 | 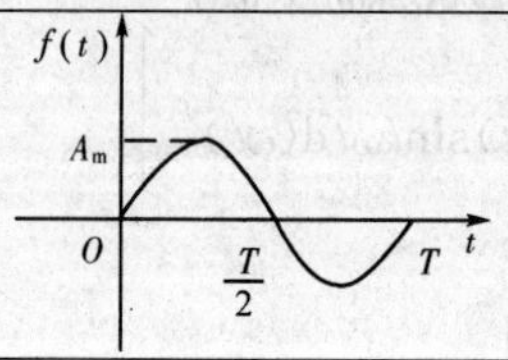 | $f(t) = A_\mathrm{m}\sin\omega t$ | $\dfrac{A_\mathrm{m}}{\sqrt{2}}$ | $\dfrac{2A_\mathrm{m}}{\pi}$ |
| 梯形波 | 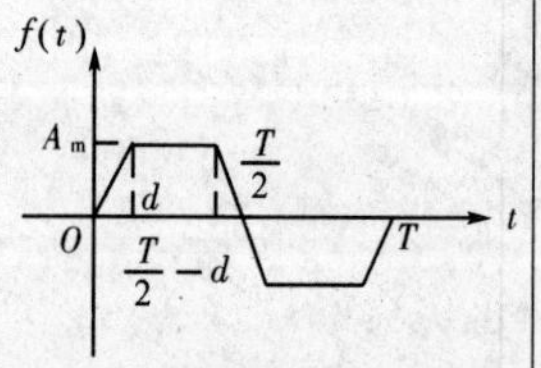 | $f(t) = \dfrac{4A_\mathrm{m}}{\alpha\pi}\left(\sin\alpha\sin\omega t + \dfrac{1}{9}\sin 3\alpha\sin 3\omega t \right.$ $+ \dfrac{1}{25}\sin 5\alpha\sin 5\omega t + \cdots$ $\left. + \dfrac{1}{k^2}\sin k\alpha\sin k\omega t + \cdots\right)$ $\left(\alpha = \dfrac{2\pi d}{T}, k\ 为奇数\right)$ | $A_\mathrm{m}\sqrt{1 - \dfrac{4\alpha}{3\pi}}$ | $A_\mathrm{m}\left(1 - \dfrac{\alpha}{\pi}\right)$ |
| 三角波 | 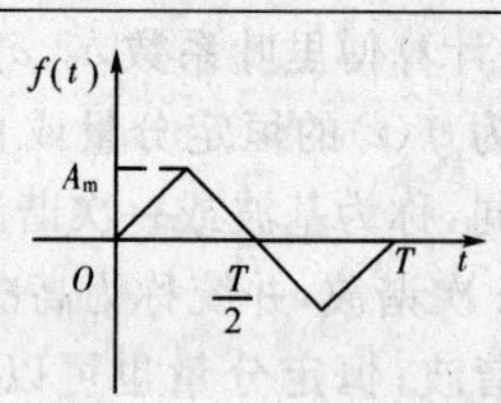 | $f(t) = \dfrac{8A_\mathrm{m}}{\pi^2}\left(\sin\omega t - \dfrac{1}{9}\sin 3\omega t\right.$ $+ \dfrac{1}{25}\sin 5\omega t + \cdots$ $\left. + \dfrac{(-1)^{\frac{k-1}{2}}}{k^2}\sin k\omega t + \cdots\right)$ $(k\ 为奇数)$ | $\dfrac{A_\mathrm{m}}{\sqrt{3}}$ | $\dfrac{A_\mathrm{m}}{2}$ |
| 矩形波 | 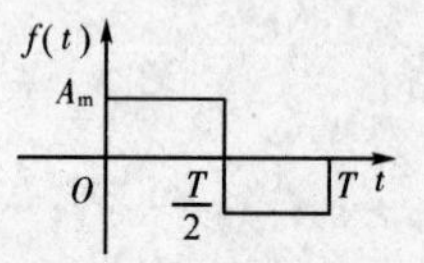 | $f(t) = \dfrac{4A_\mathrm{m}}{\pi}\left(\sin\omega t + \dfrac{1}{3}\sin 3\omega t\right.$ $+ \dfrac{1}{5}\sin 5\omega t + \cdots + \dfrac{1}{k}\sin k\omega t + \cdots\right)$ $(k\ 为奇数)$ | $A_\mathrm{m}$ | $A_\mathrm{m}$ |

（续表）

| 名称 | 波形 | 傅里叶级数 | 有效值 | 平均值 |
|---|---|---|---|---|
| 半波整流波 | | $f(t)=\dfrac{2A_{\mathrm{m}}}{\pi}\left(\dfrac{1}{2}+\dfrac{\pi}{4}\cos\omega t\right.$ $\left.+\dfrac{1}{1\times3}\cos2\omega t-\dfrac{1}{3\times5}\cos4\omega t\right.$ $\left.+\dfrac{1}{5\times7}\cos6\omega t-\cdots\right)$ | $\dfrac{A_{\mathrm{m}}}{2}$ | $\dfrac{A_{\mathrm{m}}}{\pi}$ |
| 全波整流波 | | $f(t)=\dfrac{4A_{\mathrm{m}}}{\pi}\left(\dfrac{1}{2}+\dfrac{1}{1\times3}\cos2\omega t\right.$ $\left.-\dfrac{1}{3\times5}\cos4\omega t+\dfrac{1}{5\times7}\cos6\omega t-\cdots\right)$ | $\dfrac{A_{\mathrm{m}}}{\sqrt{2}}$ | $\dfrac{2A_{\mathrm{m}}}{\pi}$ |
| 锯齿波 | | $f(t)=A_{\mathrm{m}}\left[\dfrac{1}{2}-\dfrac{1}{\pi}\left(\sin\omega t+\dfrac{1}{2}\sin2\omega t\right.\right.$ $\left.\left.+\dfrac{1}{3}\sin3\omega t+\cdots\right)\right]$ | $\dfrac{A_{\mathrm{m}}}{\sqrt{3}}$ | $\dfrac{A_{\mathrm{m}}}{2}$ |

　　傅里叶级数虽然是一个无穷级数，但在实际应用中，一般根据所需精确度和级数的收敛速度决定所取级数的有限项数。对于收敛级数，谐波次数越高，振幅越小，所以，只需取级数前几项就可以了。

**思考与练习**

8.1.1　下列各电流都是非正弦周期电流吗？

(1)$i=(10\sin\omega t+6\sin\omega t)$ A；(2)$i_2=(10\sin\omega t-\sin5\omega t)$ A。

8.1.2　查表分解半波整流电流波，已知半波整流后的电流幅值 $I=5$ A。

# 8.2　非正弦周期量的有效值和有功功率

## 8.2.1　有效值

　　任何周期性变量的有效值都等于它的均方根值。以电流 $i$ 为例，其有效值为

$$I=\sqrt{\dfrac{1}{T}\int_0^T i^2\,\mathrm{d}t}$$

　　当 $i$ 的解析式已知时，可直接由上式计算有效值。若非正弦周期电流 $i$ 已展开为傅里叶级数，即

$$i=I_0+\sum_{k=1}^{\infty}I_{km}\sin(k\omega t+\psi_k)$$

则将上式代入有效值定义式中，得

$$I=\sqrt{\dfrac{1}{T}\int_0^T\left[I_0+\sum_{k=1}^{\infty}I_{km}\sin(k\omega t+\psi_k)\right]^2\mathrm{d}t}$$

　　先将根号内的平方项展开，展开后的各项可分为两种类型：一类是各次谐波的平方，

它们的平均值为

$$\frac{1}{T}\int_0^T\left[I_0^2 + \sum_{k=1}^{\infty} I_{km}^2 \sin^2(k\omega t + \psi_k)\right]dt = I_0^2 + \sum_{k=1}^{\infty} I_k^2$$

另一类是两个不同次谐波乘积的两倍,根据三角函数的正交性,它们在一个周期内的平均值为零,故

$$I = \sqrt{I_0^2 + I_1^2 + \cdots + I_k^2 + \cdots} \tag{8-5}$$

式(8-5)表明,非正弦周期电流的有效值是它的各次谐波(包含零次谐波)有效值平方和的平方根。

同理,非正弦周期电压有效值 $U$ 为

$$U = \sqrt{U_0^2 + U_1^2 + \cdots + U_k^2 + \cdots} \tag{8-6}$$

在计算有效值时要注意零次谐波的有效值就是恒定分量的值,其他各次谐波有效值与最大值的关系为

$$I_k = \frac{1}{\sqrt{2}}I_{km} \quad U_k = \frac{1}{\sqrt{2}}U_{km}$$

**【例 8-2】** 试求周期电压 $u(t) = 100 + 70\sin(100\pi t - 70°) - 40\sin(300\pi t + 15°)$ V 的有效值。

**解** 根据式(8-6),$u(t)$ 的有效值为

$$U = \sqrt{100^2 + \left(\frac{70}{\sqrt{2}}\right)^2 + \left(\frac{40}{\sqrt{2}}\right)^2} = 115.1 \text{ V}$$

## *8.2.2 平均值

除有效值外,有时还用到非正弦周期量的平均值。为了便于测量与分析(如整流效果),常用周期量的绝对值在一个周期内的平均值来定义周期量的平均值。仍以电流 $i$ 为例,用 $I_{av}$ 表示其平均值,定义为

$$I_{av} = \frac{1}{T}\int_0^T |i(t)| \, dt \tag{8-7}$$

式(8-7)有时也称为整流平均值。

对周期量,还用波形因数 $K_f$ 反映其波形的性质。波形因数等于周期量的有效值与平均值的比值,即

$$K_f = \frac{I}{I_{av}} \tag{8-8}$$

例如,当 $i = I_m\sin\omega t$ 时,其平均值为

$$I_{av} = \frac{1}{2\pi}\int_0^{2\pi} |I_m\sin\omega t| \, d(\omega t) = \frac{I_m}{\pi}\int_0^\pi \sin\omega t \, d(\omega t) = \frac{2I_m}{\pi} = 0.637I_m = 0.898I$$

或 $I = 1.11I_{av}$,波形因数 $K_f = 1.11$,即正弦波的有效值是其整流平均值的 1.11 倍。

同样可得

$$U_{av} = \frac{1}{T}\int_0^T |u(t)| \, dt$$

用不同类型的仪表去测量同一个非正弦周期量,会有不同的结果。例如磁电系仪表指针偏转的角度正比于被测量的直流分量,读数为直流量;电磁系仪表指针偏转的角度正

比于被测量的有效值的平方,读数为有效值;而整流系仪表指针偏转的角度正比于被测量的整流平均值,其标尺是按正弦量与整流平均值的关系换算成有效值刻度的,只在测量正弦量时才得它的有效值,而测量非正弦量时就会有误差。因此,在测量非正弦周期量时要合理选择测量仪表。

**【例 8-3】**　分别用磁电系电压表、电磁系电压表、全波整流的整流系电压表测量一个半波整流电压,已知其最大值为 100 V,试分别求各电压表的读数。

**解**　从表 8-1 中查得半波整流电压的有效值和平均值为

$$U = \frac{U_m}{2} = \frac{100}{2} = 50 \text{ V}$$

$$U_{av} = \frac{U_m}{\pi} = \frac{100}{\pi} = 31.83 \text{ V}$$

磁电系电压表的读数为 31.83 V,电磁系电压表的读数为 50 V,全波整流的整流系电压表的读数为 $31.83 \times 1.11 = 35.33$ V。

## 8.2.3　有功功率

若 $p(t)$ 表示瞬时功率,与正弦量相同,非正弦电流电路的平均功率(即有功功率)定义为

$$P = \frac{1}{T}\int_0^T p(t)\,dt \tag{8-9}$$

设非正弦周期电路中一个二端网络的端口电压、端口电流分别为

$$u(t) = U_0 + \sum_{k=1}^{\infty} U_{km}\sin(k\omega t + \psi_k + \varphi_k)$$

$$i(t) = I_0 + \sum_{k=1}^{\infty} I_{km}\sin(k\omega t + \psi_k)$$

式中的 $\varphi_k$ 为 $k$ 次谐波电压比 $k$ 次谐波电流超前的相位差。则此二端网络接收或发出的有功功率为

$$P = \frac{1}{T}\int_0^T p(t)\,dt = \frac{1}{T}\int_0^T u(t)i(t)\,dt$$

$$= \frac{1}{T}\int_0^T \left[ U_0 + \sum_{k=1}^{\infty} U_{km}\sin(k\omega t + \psi_k + \varphi_k) \right] \cdot \left[ I_0 + \sum_{k=1}^{\infty} I_{km}\sin(k\omega t + \psi_k) \right] dt$$

为了计算上式右边的积分,先将积分号内的因式展开,展开后的各项有两种类型:一种是同次谐波电压和电流的乘积,它们的平均值为

$$P_0 = \frac{1}{T}\int_0^T U_0 I_0\,dt = U_0 I_0$$

$$P_k = \frac{1}{T}\int_0^T U_{km}\sin(k\omega t + \psi_k + \varphi_k) \cdot I_{km}\sin(k\omega t + \psi_k)\,dt$$

$$= \frac{1}{2}U_{km}I_{km}\cos\varphi_k = U_k I_k\cos\varphi_k$$

式中,$U_k$、$I_k$ 分别为 $k$ 次谐波电压、电流的有效值。

另一种是不同次谐波电压和电流的乘积,根据三角函数的正交性,它们的平均值为零。于是得到

$$P = P_0 + \sum_{k=1}^{\infty} U_k I_k \cos\varphi_k = P_0 + P_1 + P_2 + \cdots + P_k + \cdots \tag{8-10}$$

综合以上的分析,非正弦周期电路中,不同次(包括零次)谐波电压、电流虽然构成瞬时功率,但不构成有功功率;只有同次谐波电压、电流才构成有功功率;电路的功率等于各次谐波功率(包括直流分量,其功率为 $U_0 I_0$)的和。

非正弦电路的无功功率定义为各次谐波无功功率之和,即

$$Q = \sum_{k=1}^{\infty} U_k I_k \sin\varphi_k$$

非正弦电路的视在功率定义为电压和电流有效值的乘积,即

$$S = UI = \sqrt{U_0^2 + U_1^2 + \cdots + U_k^2 + \cdots} \cdot \sqrt{I_0^2 + I_1^2 + \cdots + I_k^2 + \cdots}$$

显然,视在功率不等于各次谐波视在功率之和。

将有功功率与视在功率之比定义为非正弦电路的功率因数,即

$$\cos\varphi = \frac{P}{UI}$$

式中,$\varphi$ 是一个假想角,它并不表示非正弦电压与电流之间存在相位差。有时为了简化计算,常将非正弦量用一个等效正弦量来代替,这时 $\varphi$ 可认为是等效正弦电压与电流间的相位差,这种方法在交流铁芯线圈的分析中采用。

【例 8-4】 一段电路 $u(t) = [10 + 20\sin(\omega t - 30°) + 8\sin(3\omega t - 30°)]$ V,电流 $i(t) = [3 + 6\sin(\omega t + 30°) + 2\sin5\omega t]$ A,求该电路的有功功率、无功功率和视在功率。

**解** 有功功率为

$$P = 10 \times 3 + \frac{20}{\sqrt{2}} \times \frac{6}{\sqrt{2}} \times \cos(-60°) = 60 \text{ W}$$

无功功率为

$$Q = \frac{20}{\sqrt{2}} \times \frac{6}{\sqrt{2}} \times \sin(-60°) = -52 \text{ var}$$

视在功率为

$$S = UI = \sqrt{10^2 + \left(\frac{20}{\sqrt{2}}\right)^2 + \left(\frac{8}{\sqrt{2}}\right)^2} \times \sqrt{3^2 + \left(\frac{6}{\sqrt{2}}\right)^2 + \left(\frac{2}{\sqrt{2}}\right)^2} = 98.1 \text{ VA}$$

**思考与练习**

8.2.1 若非正弦周期电流已分解为傅里叶级数,$i = I_0 + I_{1m}\sin(\omega t + \psi_1) + \cdots$,试判断下面各式的正误。

(1)有效值 $I = I_0 + I_1 + I_2 + \cdots + I_k + \cdots$

(2)有效值 $\dot{I} = \dot{I}_0 + \dot{I}_1 + \dot{I}_2 + \cdots + \dot{I}_k + \cdots$

(3)振幅值 $I_m = I_{0m} + I_{1m} + I_{2m} + \cdots + I_{km} + \cdots$

(4)$I = \sqrt{\left(\frac{I_{0m}}{\sqrt{2}}\right)^2 + \left(\frac{I_{1m}}{\sqrt{2}}\right)^2 + \cdots + \left(\frac{I_{km}}{\sqrt{2}}\right)^2 + \cdots}$

(5)$I = \sqrt{I_0^2 + I_1^2 + I_2^2 + \cdots + I_k^2 + \cdots}$

(6)有功功率 $P = \sqrt{P_0^2 + P_1^2 + P_2^2 + \cdots + P_k^2 + \cdots}$

(7) $P = P_0 + P_1 + P_2 + \cdots + P_k + \cdots$

# 8.3 非正弦周期电路的计算

非正弦周期电路的分析计算一般采用谐波分析法,其基本依据是线性电路的叠加定理。具体方法简述如下:

(1)将给定的非正弦激励信号分解为傅里叶级数。谐波取到第几项,视计算精度的要求而定。

(2)分别求出电源的恒定分量以及各谐波分量单独作用时的未知电流。

①对恒定分量,可以用直流电路的求解方法。

②对各次谐波分量,电路的计算如同正弦交流电路一样,但必须注意电感和电容对不同频率的谐波有不同的阻抗,即

对于直流分量,电感相当于短路,电容相当于断路;

对于基波,感抗为 $X_{L(1)} = \omega L$,容抗为 $X_{C(1)} = \dfrac{1}{\omega C}$;

而对于 $k$ 次谐波,感抗 $X_{L(k)} = k\omega L = kX_{L(1)}$,容抗 $X_{C(k)} = \dfrac{1}{k\omega C} = \dfrac{X_{C(1)}}{k}$,也就是说谐波次数越高,感抗越大,容抗越小。

(3)应用叠加定理,把电路在各次谐波作用下的响应解析式进行叠加。需要注意的是:必须先将各次谐波分量写成相应瞬时值表达式后才可以叠加,而不能把表示不同频率的正弦量直接叠加。

【例 8-5】 在图 8-4 所示电路中,已知 $u_S(t) = [40\sqrt{2}\sin\omega t + 20\sqrt{2}\sin(3\omega t - 60°)]$ V,$\omega L_1 = 20$ Ω,$\dfrac{1}{\omega C_1} = 180$ Ω,$\omega L_2 = 30$ Ω,$\dfrac{1}{\omega C_2} = 30$ Ω,$R = 20$ Ω。求:

(1)电压 $u_{AB}(t)$ 和电流 $i_1(t)$ 的有效值;

(2)电压源提供的有功功率。

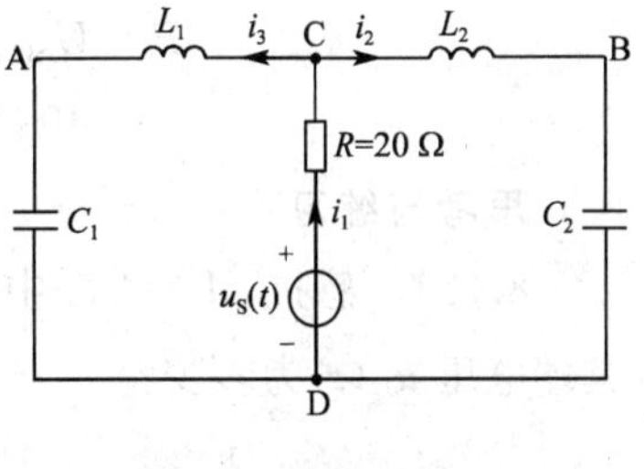

图 8-4 例 8-5 电路图

**解** (1)基波单独作用于电路时,由于 $\omega L_2 = \dfrac{1}{\omega C_2}$,CBD 支路发生串联谐振。此时有

$$\dot{I}_{1(1)} = \dot{I}_{2(1)} = \frac{\dot{U}}{R} = \frac{40 \angle 0°}{20} = 2 \angle 0° \text{ A}$$

$$\dot{I}_{3(1)} = 0$$

$$\dot{U}_{AB(1)} = \dot{U}_{CB(1)} = j\omega L_2 \dot{I}_{2(1)} = j30 \times 2 \angle 0° = 60 \angle 90° \text{ V}$$

故
$$i_{1(1)} = 2\sqrt{2}\sin\omega t \text{ A}$$

$$u_{AB(1)} = 60\sqrt{2}\sin(\omega t + 90°) \text{ V}$$

(2)三次谐波作用于电路时,有

$$3\omega L_1 = 3 \times 20 = 60 \text{ } \Omega$$

$$\frac{1}{3\omega C_1} = \frac{1}{3} \times 180 = 60 \text{ } \Omega$$

因此 CAD 支路在三次谐波作用下发生串联谐振时,有

$$\dot{I}_{1(3)} = \dot{I}_{3(3)} = \frac{20\underline{/-60°}}{20} = 1\underline{/-60°} \text{ A}$$

$$\dot{I}_{2(3)} = 0$$

$$\dot{U}_{AB(3)} = \dot{U}_{AC(3)} = -j3\omega L_1 \dot{I}_{3(3)} = -j60 \times 1\underline{/-60°} = 60\underline{/-150°} \text{ V}$$

故
$$i_{1(3)} = \sqrt{2}\sin(3\omega t - 60°) \text{ A}$$

$$u_{AB(3)} = 60\sqrt{2}\sin(3\omega t - 150°) \text{ V}$$

所以,电压 $u_{AB}(t)$、电流 $i_1(t)$ 的表达式为

$$u_{AB}(t) = u_{AB(1)} + u_{AB(3)} = [60\sqrt{2}\sin(\omega t + 90°) + 60\sqrt{2}\sin(3\omega t - 150°)] \text{ V}$$

$$i_1(t) = i_{1(1)} + i_{1(3)} = [2\sqrt{2}\sin\omega t + \sqrt{2}\sin(3\omega t - 60°)] \text{ A}$$

有效值为

$$U_{AB} = \sqrt{60^2 + 60^2} = 60\sqrt{2} \text{ V}$$

$$I_1 = \sqrt{2^2 + 1^2} = \sqrt{5} \text{ A}$$

电压源提供的有功功率

$$P = U_{S(1)}I_{1(1)}\cos\varphi_{(1)} + U_{S(3)}I_{1(3)}\cos\varphi_{(3)}$$

$$= 40 \times 2 \times \cos0° + 20 \times 1 \times \cos0° = 100 \text{ W}$$

**思考与练习**

8.3.1  感抗 $\omega L = 4$ Ω 中通过电流 $i(t) = [5\sin(\omega t + 60°) + 5\sin(3\omega t + 30°)]$ A 时,则其端电压 $u_L(t)$ 为多少?

8.3.2  容抗 $\frac{1}{\omega C} = 10$ Ω 的电容器端电压 $u(t) = [24\sin(\omega t + 60°) + 6\sin(3\omega t + 70°)]$ V时,流过该电容器的电流 $i_C(t)$ 为多少? 总电流的有效值为多大?

# 本 章 小 结

1.对于非正弦周期量,可用傅里叶级数分解为直流分量、基波分量和各次谐波分量之和,即

$$f(t) = A_0 + \sum_{k=1}^{\infty} A_{km}\sin(k\omega t + \psi_k)$$

2.非正弦周期电流、电压的有效值,是它的各次谐波(包含零次谐波)有效值平方和的平方根。公式分别为

$$I = \sqrt{I_0^2 + I_1^2 + \cdots + I_k^2 + \cdots}$$

$$U = \sqrt{U_0^2 + U_1^2 + \cdots + U_k^2 + \cdots}$$

3.不同频率的电压与电流虽能构成瞬时功率,但不能构成有功功率(平均功率),所以得到计算电路有功功率的公式为

$$P = P_0 + \sum_{k=1}^{\infty} U_k I_k \cos\psi_k = P_0 + P_1 + P_2 + \cdots + P_k + \cdots$$

4.求解非正弦周期电路,可用叠加定理分别计算各次谐波(包含零次谐波)分量单独作用下的电流、电压,然后按瞬时值叠加即可。

5.从整个非正弦周期电流电路的求解过程,可看出此方法的理论基础是:傅里叶变换和叠加定理,这种方法在工程上通常又称为谐波分析法。

# 习题 8

8-1 一个 $R = 10\ \Omega$ 的电阻元件,分别通过表 8-1 中三角波、锯齿波、半波整流波、全波整流波电流,这些电流的振幅 $I_m$ 均为 3 A,试分别求该电阻元件的功率。

8-2 电流波形如图 8-5 所示,该电流通过一个 $R = 20\ \Omega$,$\omega L = 30\ \Omega$ 的串联电路,求电路的平均功率。

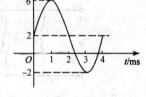

图 8-5 习题 8-2 图

8-3 RLC 串联电路外加电压 $u(t) = [10 + 80\sin(\omega t + 60°) +$ $18\sin 3\omega t]$ V,$R = 6\ \Omega$,$\omega L = 2\ \Omega$,$\frac{1}{\omega C} = 18\ \Omega$。求:

(1)电路中的电流 $i(t)$ 及有效值 $I$;

(2)电源输出的平均功率。

8-4 如图 8-6 所示电路中,$i_S(t) = (2 + 10\sin\omega t + 3\sin 2\omega t)$ A,其中 $\omega = 10^5\ \text{rad} \cdot \text{s}^{-1}$,求电流 $i_R(t)$、电压 $u_C(t)$ 表达式及其有效值。

8-5 如图 8-7 所示电路,已知 $R = 100\ \Omega$,$L = 2\ \text{mH}$,$C = 20\ \mu\text{F}$,$u_R(t) = (50 + 10\sin\omega t)$ V,其中 $\omega = 10^3\ \text{rad} \cdot \text{s}^{-1}$。求:

(1)电源电压 $u(t)$ 及其有效值;

(2)电源输出的功率。

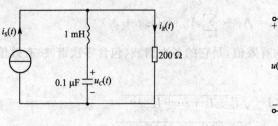

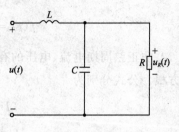

图 8-6　习题 8-4 图　　　　　　　　　　　图 8-7　习题 8-5 图

8-6　有一个电感线圈与一个电容串联后接到非正弦电压源 $u_S$ 上,此电压源电压瞬时值表达式为:$u_S(t) = (300\sin\omega t + 150\sin 3\omega t)$ V,并已知电感线圈基波阻抗 $Z_L = (5 + j12)$ Ω,电容基波阻抗 $Z_C = -j30$ Ω,试求其上电流的瞬时值和有效值。

8-7　$RLC$ 并联电路如图 8-8 所示,已知 $R = \omega L = 1/\omega C = 10$ Ω,电压的瞬时值表达式为 $u(t) = (220\sin\omega t + 90\sin 3\omega t + 50\sin 5\omega t)$ V 。试求:

(1)总电流的有效值;

(2)电感支路电流的瞬时值表达式。

8-8　两个负载电阻均为 $R = 24$ Ω,分别与电感线圈($L = 0.168$ H,$R_L = 2$ Ω)及电容($C = 143$ μF)相串联,如图 8-9 所示。电源电压为 $u(t) = (130 + 170\sin\omega t)$ V,$\omega = 10000$ rad/s 。试求图中两负载支路中的电流 $i_a(t)$ 与 $i_b(t)$,并比较它们的波形。

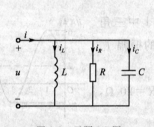

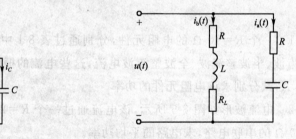

图 8-8　习题 8-7 图　　　　　　　　　　　图 8-9　习题 8-8 图

8-9　如图 8-10 所示电路,已知 $u_S(t) = [48 + 63.64\sin(314t + 20°) + 21.21\sin(942t - 40°)]$ V。求:

(1)电路中的电流 $i(t)$;

(2)电流表的读数;

(3)功率表的读数。

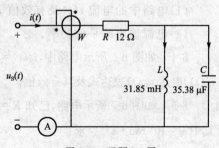

图 8-10　习题 8-9 图

# 9 磁 路

前面各章只是对各种电路进行了分析和讨论,但在生产实践中有许多设备都是利用电磁现象及其规律制成的,如工程中应用的各种电机、变压器、控制电器和电工仪表等。这些设备中存在着电与磁的相互作用和相互转化,不仅有电路的问题,还有磁路的问题,因此我们还必须研究磁和电之间的关系,掌握磁路的基本规律。

## 9.1 磁场的基本物理量

由磁现象的电本质,我们知道在任何电流的周围(包括载流导线和分子电流)总会存在着磁场。磁路即磁通的路径,而它实质上就是局限在一定路径内的磁场。常见的磁路示意图如图 9-1 所示。

(a)变压器          (b)电磁铁          (c)磁电式电表

图 9-1 常见的磁路示意图

磁路中的磁通由励磁线圈中的励磁电流或永久磁铁产生,经过铁芯或空气隙等通路而闭合。磁路中可以有空气隙,如图 9-1(b)、(c)所示;也可以没有空气隙,如图 9-1(a)所示。磁路的一些物理量和规律也是由磁场中的物理量和规律引出来的,为了分析计算磁路,本节先对磁场的基本物理量和基本性质作简要的介绍。

### 9.1.1 磁感应强度和磁通量

1. 磁感应强度

磁感应强度是用来描述磁场的最重要的物理量,它是一个矢量,用 $B$ 表示。其方向可用小磁针 N 极在磁场中某点 P 的指向确定,也即磁场的方向。在磁场中一点放一段长度为 $\Delta L$、电流为 $I$ 并与磁场方向垂直的导体,如导体所受电磁力为 $\Delta F$,则该点磁感应强度的量值为

$$B = \frac{\Delta F}{I \Delta L} \qquad (9\text{-}1)$$

磁感应强度 **B** 的国际单位制主单位为特[斯拉],符号为 T;而原来电磁单位制中磁感应强度的单位为高[斯],符号为 Gs,它们的关系为

$$1 \text{ T} \overset{\triangle}{=} 10^4 \text{ Gs}$$

上式中的"$\overset{\triangle}{=}$"读作"相当于",即上式两端只是相当的关系而不是"相等"(这是由于两种单位制出发点不同,量纲互异的缘故)。

2. 磁感应线

在磁场中,当各点磁场的强弱或方向不同时,各点的磁感应强度矢量 **B** 也是不同的。为了更好、更形象地描述空间的磁场分布,我们引进磁感应线的概念:磁感应线是一簇曲线,曲线上每一点的切线方向,是沿着该点的磁感应强度 **B** 的方向。

磁感应线虽是为分析方便而人为假想的曲线,但却很有用处。我们不但可以用其方向形象地表示出空间各点磁感应强度 **B** 的方向,而且还可以用其在空间分布的疏密程度来表示空间各点磁感应强度的大小。因此,磁感应线又可简称为 **B** 线。

3. 磁通量

磁感应强度矢量的通量称为磁通[量],用符号 $\Phi$ 表示。我们规定,通过任一点上垂直于该点 **B** 的单位面积上的磁感应线的条数,等于该点上 **B** 的量值(严格的定义要用微分,即 $\mathrm{d}\Phi$ 与 $\mathrm{d}S$ 的比值)。磁通是个代数量,有其参考方向,如果某平面 $S$ 上的磁感应强度 **B** 是均匀的,方向与 $S$ 面垂直且与 $\Phi$ 的参考方向一致,则通过 $S$ 面的磁通为

$$\Phi = BS$$

而 **B** 的量值又可表示为

$$B = \Phi / S \qquad (9\text{-}2)$$

所以磁感应强度又可称为磁通密度。磁通的 SI 主单位是韦[伯],符号为 Wb;在应该废除的电磁单位制中,磁通的单位为麦[克斯威],符号为 Mx,类似于磁感应强度的单位中 T 与 Gs 的关系,此处 Wb 与 Mx 的关系也可表示为

$$1 \text{ Wb} \overset{\triangle}{=} 10^8 \text{ Mx}$$

## 9.1.2 磁场强度和磁导率

1. 磁场强度

人们很早就发现磁场和电流有着依存关系,并且磁场的强弱与激发它的电流有着正比例的关系,所以在物理学中引入了磁场强度矢量 **H** 这个物理量。在外磁场(如载流螺线管的磁场)作用下,物质会被磁化而产生附加磁场,不同物质(即不同磁介质)产生的附加磁场不同。这里引进的磁场强度只与线圈中通过的电流有关,而与芯子的材料无关,因此能较好地表征出磁场与电流的依存关系。磁场强度的 SI 主单位是安[培]/米,符号为 A/m。

*【补充】 其实在科学探索的历程中,磁场强度是比磁感应强度更早被引入的物理量,人们开始只注意到磁场的强弱与相应电流成正比,以为空间某点磁场强度 **H** 的大小就能代表空间该点磁场的强弱情况,但后来的实验表明:空间各点磁场强弱的情况,还与

各处磁介质的情况有着极大的关系,即对于磁场强度相同的空间各点,它们的磁场强弱会因为各处磁介质的不同而大不相同(有时会相差几千甚至上万倍),这样人们才又引进了磁感应强度这个能够真正用来表示空间各点磁场强弱的物理量。

### 2.磁导率

以上叙述表明,空间各点磁场的强弱,除与相应电流有关外,还与各处磁介质的情况有着极大的关系,所以我们引进磁导率这个物理量,来衡量物质的磁性质。我们将物质中某点的磁感应强度与磁场强度量值的比值定义为物质的磁导率,即

$$\mu = B/H$$

由于矢量 $\boldsymbol{B}$ 与矢量 $\boldsymbol{H}$ 一般方向相同,因此可以写出它们的矢量关系式

$$\boldsymbol{B} = \mu \boldsymbol{H} \tag{9-3}$$

磁导率的 SI 主单位是亨[利]/米,符号为 H/m。

为了对各种物质的磁导率进行比较,我们选择真空作为比较的基准,可以导出或测得真空的磁导率为

$$\mu_0 = 4\pi \times 10^{-7} \text{ H/m} \tag{9-4}$$

而各种物质的磁导率与真空中磁导率的比值又称为相对磁导率,可表示为

$$\mu_r = \frac{\mu}{\mu_0} \text{ 或 } \mu = \mu_r \mu_0 \tag{9-5}$$

显然相对磁导率只是代表一种比例系数,它的量纲为一。非铁磁性物质的相对磁导率接近于1,且均为常量;但铁磁性物质的相对磁导率远远大于1,且不为常量(如硅钢片 $\mu_r = 6000 \sim 8000$,而坡莫合金在某些时候,其 $\mu_r$ 可以高达几万到十几万)。这说明铁磁性物质具有高导磁性能,而且其性质上还具有非线性,对于它的这种特殊性质,我们将在下一节进行专门讨论。

**思考与练习**

9.1.1　说明磁感应强度、磁通、磁导率和磁场强度等物理量的定义、相互关系及其单位。

9.1.2　若有一环形线圈绕在均匀介质上,通以不变的电流,将原来的非铁磁性物质换为铁磁性物质,则线圈中的磁感应强度、磁通和磁场强度分别将如何变化?

# 9.2　铁磁性物质及其磁化

## 9.2.1　磁介质的分类

物质按磁性能可以分为铁磁性物质和非铁磁性物质两大类。它们的导磁性能有很大的差异。

### 1.非铁磁性物质

实验测得自然界中,大多数磁介质的相对磁导率 $\mu_r \approx 1$,即它们的导磁性能接近于真空中的情况。上节已经提到,这类物质的磁导率为常量,我们称之为非铁磁性物质。

非铁磁性物质又可分为顺磁质和抗磁质两类。其中顺磁质(如锰、铂、铝、氮、氧等)的相对磁导率略大于1,即在磁场强度相同时,这些磁介质中的磁感应强度要稍大于真空中的磁感应强度;而抗磁质(如铜、氯、金、锌、铅等)的相对磁导率又略小于1,即相同磁场强度时,这些磁介质中的磁感应强度又要稍小于真空中的磁感应强度。这是因为物质在磁场中被磁化而产生附加磁场时,前者产生的附加磁场方向与原磁场相同,而后者产生附加磁场的方向与原磁场相反的缘故,只是它们所产生的附加磁场都很弱,常常可以忽略不计。

### 2.铁磁性物质

与上述的非铁磁性物质相比较,还有一类物质在磁场中被磁化而产生附加磁场时,其方向与原磁场相同,而强度却非常强,其磁导率远远超过真空中的磁导率 $\mu_0$(或说其相对磁导率 $\mu_r \gg 1$),且它们的磁导率不是常量,我们将这种具有高导磁性能的特殊磁介质称为铁磁性物质,又称铁磁材料或铁磁质。

## 9.2.2 铁磁性物质的磁化曲线

### 1.铁磁质的磁化与起始磁化曲线

与一般磁介质相比较,铁磁质的磁导率非常大,且不是常量,科学界常以磁畴理论来解释这种现象。在外磁场的作用下,物质将会被磁化。而磁畴理论认为铁磁质是由许多被称为磁畴的天然磁化区域所构成,每个磁畴中所有分子电流产生的磁场方向都是一致或基本一致的,所以每个磁畴相当于一个小磁铁。未磁化时,磁畴的取向杂乱无章,磁效应互相抵消,对外不呈磁性。但是,在外磁场作用下,磁畴的取向(即附加磁场的方向)逐渐趋向于外磁场方向,因而铁磁质就对外显示出很强的磁性,这一现象就是磁化现象。所以我们可以认为,铁磁质的磁化过程,就是其磁畴的取向过程。

为了表明铁磁性材料的磁特性,通常以磁场强度 $H$ 为横坐标,以磁感应强度 $B$ 为纵坐标来作出它们的关系曲线,这种曲线就称为该材料的磁化曲线,也叫 $B$-$H$ 曲线,如图9-2所示。

由于这里的 $B$ 为物质中的磁感应强度,相当于电流在真空中所产生的磁场与物质磁化后所产生的附加磁场的叠加;而此处 $H$ 为物质中的磁场强度,它只决定于产生磁场的电流。所以 $B$-$H$ 曲线能较好地表明物质的磁化效应。

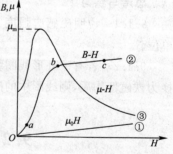

图9-2 起始磁化曲线

真空或空气中的 $B = \mu_0 H$,由于 $\mu_0$ 为常数,所以其 $B$-$H$ 曲线为一直线,如图9-2中的直线①所示。

铁磁性物质的 $B$-$H$ 曲线可由实验测出:将一块尚未磁化(或完全去磁后)的铁磁性物质拿来实验,即从 $B=0, H=0$ 的状态开始对其磁化,在测得对应于不同磁场强度 $H$ 值下的磁感应强度 $B$ 值后,再逐点绘制出其所对应的 $B$-$H$ 曲线,如图9-2中的曲线②所示,这样的 $B$-$H$ 曲线就叫做起始磁化曲线。

在曲线②的开始阶段($oa$ 段),$B$ 的增大较慢;在 $ab$ 段则随着 $H$ 的增加,$B$ 会急剧增大;而到了 $bc$ 段,$H$ 已很大,$B$ 的增大却减慢,在 $c$ 点以后,再增大 $H$ 时,$B$ 的增大却很小,几乎与在真空或空气中一样。即到了 $c$ 点以后,可认为此磁化过程达到了饱和,因此 $c$ 点又称为磁化曲线上的饱和点。由于在曲线②的 $ab$ 段,铁磁质中的 $B$ 要比在真空或空气中的大得多,所以通常要求铁磁材料工作在 $b$ 点附近(即因为在 $b$ 点附近铁磁质的相对磁导率 $\mu_r$ 非常大)。

就整个起始磁化曲线来看,铁磁质的 $B$ 和 $H$ 的关系为非线性关系,也说明铁磁质的磁导率不是常数,它要随外磁场 $H$ 的变化而变化。图 9-2 中的曲线③为铁磁质的 $\mu$-$H$ 曲线。在开始阶段其磁导率 $\mu$ 较小,后随着 $H$ 的增大而增大,并可达到最大值 $\mu_m$,以后又随 $H$ 的增大而减小,并逐渐趋于真空中的磁导率 $\mu_0$。

2. 磁滞回线与基本磁化曲线

铁磁质由于它的高导磁性能,使之在许多的电机、电器设备中被制作成铁芯而得以广泛应用。在交流电机或电器中的铁芯常常受到交变磁化,铁磁质在反复磁化过程中的 $B$-$H$ 关系是磁滞回线的关系,而不再是起始磁化曲线的关系,如图 9-3 所示。

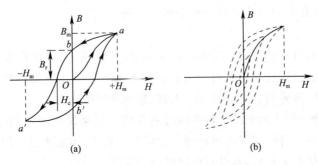

图 9-3　磁滞回线与基本磁化曲线

当磁场强度由零增加到 $+H_m$,使铁磁质达到磁饱和、对应的磁感应强度变为 $B_m$ 后,如将 $H$ 减小,$B$ 要由 $B_m$ 沿着比起始磁化曲线稍高的曲线 $ab$ 下降。特别是当 $H$ 降为零时 $B$ 不为零,这种 $B$ 的变化落后于 $H$ 的变化的现象称为磁滞现象,简称磁滞。由于磁滞,铁磁质在磁场强度减小到零时残留的磁感应强度,即图 9-3(a) 中的 $B_r$,称为剩余磁感应强度,简称剩磁。如要消去剩磁,需将铁磁质反向磁化。当 $H$ 在相反方向达到图中的 $H_c$ 值时,才使 $B$ 降为零,这一磁场强度值称为矫顽磁场强度,也称作矫顽力。当 $H$ 继续反方向增大时,铁磁质开始进行反向磁化。到 $H=-H_m$,铁磁质反向磁化到饱和点。当 $H$ 再由 $-H_m$ 回到零时,$B$-$H$ 曲线沿 $a'b'$ 变化。$H$ 再由零增大到 $+H_m$ 时,$B$-$H$ 曲线沿 $b'a$ 变化从而完成一个循环。铁磁质在 $+H_m$ 和 $-H_m$ 之间反复磁化,所得这个近似对称于原点的闭合曲线 $aba'b'a$,就称为磁滞回线。

对应于不同的 $H_m$ 值,铁磁质有着不同的磁滞回线,如图 9-3(b) 中的虚线所示。我们将各个不同 $H_m$ 值下的各条磁滞回线的正顶点连接而成的曲线称为基本磁化曲线,如图 9-3(b) 中实线所示。基本磁化曲线略低于起始磁化曲线,但是相差很小。

铁磁材料的基本磁化曲线,有时也用表格的形式给出,称为磁化数据表;这些曲线或数据表通常都可以在产品目录或手册上查到。本章末也附有铸铁和一些常用的电工硅钢片的磁化数据表(见表 9-1)。

### 9.2.3 铁磁质的分类

以上我们只是讨论了所有铁磁性物质在磁化过程中的一些共性,但根据不同铁磁质磁滞回线的形状以及它们在工程上用途的不同,又可将它们分为软磁材料和硬磁材料两类。

**1. 软磁材料**

软磁材料的磁滞回线狭长,其剩磁 $B_r$ 及矫顽力 $H_c$ 都很小,磁滞现象不显著,在没有外磁场时磁性基本消失;其磁滞回线的面积小、磁滞损耗也小,磁导率较高。电工钢片(硅钢片)、铁镍合金、铁淦氧磁体、纯铁、铸铁、铸钢等都是软磁材料。由于变压器和交流电机的铁芯要在反复磁化的情况下工作,所以都要用软磁材料来制成铁芯,实践中常常用硅钢片叠装而成。

由于软磁材料的磁滞回线狭长,一般就用基本磁化曲线代表其磁化特性,供磁路的计算使用。铁磁质的基本磁化曲线有时也用表格的形式给出,称为磁化数据表,这些曲线或数据表通常都可以在有关的产品目录或手册上查到。

**2. 硬磁材料**

相比之下,硬磁材料的磁滞回线就显得宽而短,其剩磁 $B_r$ 及矫顽力 $H_c$ 的值都较大,磁滞回线的面积大,磁滞现象当然也较为显著。永久磁铁就用这类材料制成。常用的硬磁材料有铬、钨、钴、镍等的合金,如铬钢、钨钢、钴钢和铝镍硅等。

有些书上还将一种称为矩磁材料的铁磁质分成一类来讨论,实际上矩磁材料就是硬磁材料中比较典型的一种,其剩磁和矫顽力的值都特别大,不易去磁。因为它们的磁滞回线显得更为宽大,接近于矩形,所以矩磁材料由此得名。

**思考与练习**

9.2.1 什么是铁磁性物质?它有哪些特殊的磁性能?

9.2.2 软磁材料和硬磁材料有什么不同?变压器和电机的铁芯为什么不用硬磁材料制作?

# 9.3 磁路基本定律和简单计算

### 9.3.1 磁路的基本定律

**1. 磁路欧姆定律**

图 9-4 所示的是一个绕有线圈的铁芯磁路示意图,当线圈中通入电流 $I$ 时,在铁芯中就会有磁通 $\Phi$ 通过。由实验可知,铁芯中的磁通 $\Phi$ 与通过线圈的电流 $I$、线圈匝数 $N$、磁路的截面积 $S$ 及该铁芯材料的磁导率 $\mu$ 成正比,而与磁路的长度 $l$ 成反比,即

$$\Phi = \frac{INS\mu}{l} = \frac{NI}{\dfrac{l}{\mu S}} = \frac{F}{R_m}$$

(9-6)

式(9-6)中，$F=NI$ 称为磁通势，表明由它产生磁通，其方向为由线圈电流按右手螺旋法则而确定的方向；$R_m=\dfrac{l}{\mu S}$ 称为磁阻，是表示磁路对磁通具有阻碍作用的物理量。式(9-6)可以与电路中的欧姆定律（$I=\dfrac{U}{R}$）相对应，因而称为磁路的欧姆定律。

**2.磁路的基尔霍夫定律**

类似于电路中的基尔霍夫电流定律（KCL）和电压定律（KVL），磁路的基尔霍夫定律也分为基尔霍夫磁通定律和基尔霍夫磁压定律，它们是计算磁路的基础。

(1)基尔霍夫磁通定律

根据磁通连续性原理，如果忽略漏磁通，则可以认为全部磁通都在磁路内穿过，那么就与电路相似，在磁路中同一条支路内的磁通处处相等（如图 9-4 磁路中的磁通）；而对于有分支的磁路，可在磁路的分支点作一个闭合面 $S$，如图 9-5 所示，则穿过闭合面 $S$ 的磁通的代数和必为零。

其数学表达式为

$$\sum \Phi = 0 \tag{9-7}$$

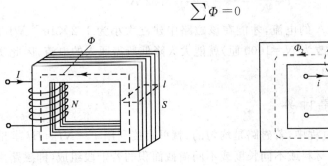

图 9-4　铁芯磁路示意图　　　　图 9-5　有分支的磁路

上式中 $\Phi$ 的符号规定如下：穿出闭合面的磁通取正号；穿入闭合面的磁通取负号。式(9-7)在形式上非常类似于电路中的基尔霍夫电流定律（KCL），故称为基尔霍夫磁通定律。该定律指出，穿过任意闭合面的磁通的代数和恒等于零。

(2)基尔霍夫磁压定律

对于磁路中的任一闭合路径，我们先选定它的一个绕行正方向。在任一时刻，沿该闭合路径的各段磁路上磁压降的代数和等于环绕该闭合路径的所有磁通势的代数和，即

$$\sum (Hl) = \sum (NI) \quad \text{或} \quad \sum U_m = \sum F \tag{9-8}$$

由前面说明可知，式(9-8)中的 $F=NI$ 是线圈中电流所提供的磁通势（又叫磁动势），它可视为使磁路中产生磁通的根源；而磁路中某段磁路的长度 $l$ 与其磁场强度 $H$ 的乘积称为该段磁路的磁压，常用 $U_m$ 表示。显然，式(9-8)与电路中的基尔霍夫电压定律（KVL）非常类似，故称为基尔霍夫磁压定律。

式(9-8)中各量的符号规定如下：式中等号左端各项的正负号，由磁场强度 $H$ 与所选定的绕行方向是否一致来确定，一致时取正号，不一致则取负号；等号右端各项的正负号，由各磁通势的方向与所选定的闭合路径的绕行方向是否一致来确定，一致取正号，反之取负号。此式也是计算磁路的基本公式。

【例 9-1】 图 9-6 所示为一个由 D21 型电工硅钢片叠装而成的无分支铁芯磁路,已知磁路均匀,其平均长度 $l=40$ cm,横截面积(指有效铁芯截面积)$S=1$ cm$^2$,线圈匝数是 100 匝;若要在磁路中建立大小为 $1.2 \times 10^{-4}$ Wb 的磁通。试问:

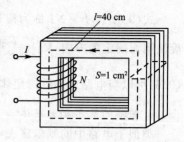

图 9-6  均匀铁芯磁路

(1)铁芯磁路中磁感应强度的大小为多少?

(2)线圈中需通入多大的电流?

**解** (1)由于是均匀磁路,所以磁感应强度的大小为

$$B=\frac{\Phi}{S}=\frac{1.2 \times 10^{-4}\ \text{Wb}}{1 \times 10^{-4}\ \text{m}^2}=1.2\ \text{T}$$

(2)由本章末所附表 9-1 中 D21 型电工硅钢片的磁化数据表查出:当 $B=1.2$ T 时,磁场强度 $H=8.80$ A/cm 。

再由基尔霍夫磁压定律得

$$I=\frac{Hl}{N}=\frac{8.80 \times 40}{100}=3.52\ \text{A}$$

即此线圈中需通入 3.52 A 的电流,才能在该磁路中建立大小为 $1.2 \times 10^{-4}$ Wb 的磁通,若提高线圈匝数(如匝数改为 $N=1000$ 匝)就能大大降低所需通入的电流,因此实际设备中线圈匝数总是比较高的。

### 9.3.2 磁路的简单计算

在有关磁路的计算过程中,若磁路是均匀的,就可直接利用 $F=NI=Hl$ 求出磁路的磁通势;若磁路是由不同材料或不同长度或不同横截面积的若干段组成(即磁路由不均匀的若干段构成),则就要把不均匀磁路先分成若干均匀段,再利用式(9-8)进行求解。

本节只介绍对一些简单磁路所进行的简单分析和计算。如已知磁通和各段的材料及尺寸,则可按下面所述的步骤去求磁通势:

(1)由于各段磁路的横截面积不同,但其中又通过同一磁通,因此各段磁路的磁感应强度也就不同,可分别按下列各式计算

$$B_1=\frac{\Phi}{S_1}, B_2=\frac{\Phi}{S_2}, B_3=\frac{\Phi}{S_3}, \cdots\cdots$$

(2)根据各段磁路材料的磁化曲线 $B=f(H)$,找出与上述 $B_1$、$B_2$、$B_3 \cdots\cdots$ 相对应的磁场强度 $H_1$、$H_2$、$H_3 \cdots\cdots$ 各段磁路的磁场强度 $H$ 也是不同的。

(3)计算各段磁路的磁压降 $Hl$。

(4)将以上数据代入式(9-8),从而求出磁通势 $NI$。

对于有分支磁路等较复杂的磁路计算问题,本书均不作讨论。

【例 9-2】 有一环形铁芯线圈,其内径为 10 cm,外径为 15 cm,铁芯材料为 D21 型电工硅钢片。磁路中含有一空气隙,其长度等于 0.2 cm。设线圈中通有 1.4 A 的电流,如要得到 0.9 T 的磁感应强度,试求线圈匝数。

**解**　依题意先求出磁路的平均长度为

$$l=(\frac{10+15}{2})\times\pi=39.2\ \text{cm}$$

则铁芯磁路段的长度为

$$l_1=39.2-0.2=39.0\ \text{cm}$$

由磁化数据表查出其中磁场强度为

$$H_1=4.25\ \text{A/cm}=425\ \text{A/m}$$

而空气隙中磁场强度又为

$$H_0=\frac{B_0}{\mu_0}=\frac{0.9}{4\pi\times10^{-7}}=7.2\times10^5\ \text{A/m}$$

即可得到

$$H_1l_1=425\times39.0\times10^{-2}=165.75\ \text{A}$$

$$H_0l_0=7.2\times10^5\times0.2\times10^{-2}=1440\ \text{A}$$

由式(9-8)可得到总磁通势为

$$NI=H_1l_1+H_0l_0=1605.75\ \text{A}$$

所需的线圈匝数为

$$N=\frac{NI}{I}=\frac{1605.75}{1.4}\approx1147\ \text{匝}$$

从此例也可看出,当磁路中含有空气隙时,由于其磁阻较大,磁通势差不多都用在这短短的空气隙上面了。

**思考与练习**

9.3.1　在制作电机和变压器的铁芯时,为什么要尽量减小空气隙?

# 9.4　铁芯线圈及交流磁路的铁损

将线圈缠绕在铁芯上,就做成了铁芯线圈,它是构成互感耦合电路的基本元件。铁芯线圈根据取用电源的不同,可分为直流铁芯线圈和交流铁芯线圈,相应地,由它们构成的磁路,分别叫做直流磁路和交流磁路。

## 9.4.1　直流铁芯线圈

如图 9-7(a)所示,将直流电源接至直流铁芯线圈的两端,则在线圈中会有直流电流 $I$ 产生,设线圈的匝数为 $N$,相应的磁通势 $F=IN$,我们把在铁芯中产生的主磁通记为 $\Phi$,在空气中产生的漏磁通记为 $\Phi_\sigma$。忽略漏磁通 $\Phi_\sigma$,直流铁芯线圈的特点可概括如下:

(1)励磁电流　　　　　　　　　　　$I=U/R$　　　　　　　　　　　　　　(9-9)

它仅由外加电压 $U$ 及励磁绕组本身的电阻 $R$ 决定,而与磁路的性质无关,即磁路不影响电路。

(2)由式(9-9)可知,当外加电压 $U$ 一定时,对于确定的绕组 $R$,产生的励磁电流 $I$ 也一定,相应的磁通势 $IN$ 恒定。当磁路确定(即磁阻 $R_m$ 不变)时,由此产生的磁通 $\Phi$ 恒定

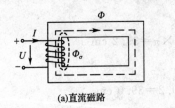 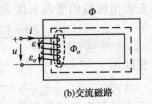

(a)直流磁路          (b)交流磁路

图 9-7 铁芯线圈

不变,因此它不会在线圈中产生感应电动势。

（3）由磁路欧姆定律 $\Phi=F/R_{\mathrm{m}}$ 知,尽管在直流铁芯线圈中磁通势 $IN$ 是个恒定值,但当磁路中含有的空气隙变化,引起磁阻变化时,主磁通 $\Phi$ 也会随之变化。如果空气隙加大,则磁阻 $R_{\mathrm{m}}$ 增大,主磁通 $\Phi$ 减少;反之,$R_{\mathrm{m}}$ 减小,主磁通 $\Phi$ 增大。即直流铁芯线圈中的主磁通 $\Phi$ 会因磁路的变化而发生变化。

（4）直流铁芯线圈中的功率损耗完全由励磁电流 $I$ 流经绕组发热而产生,即 $\Delta P=I^2R$。由于直流磁路中的 $\Phi$ 恒定不变(磁路确定时),故在铁芯中没有功率损耗。

实际中,直流电机、直流电磁铁以及其他各种直流电磁器件都采用直流铁芯线圈。如图 9-8 所示为直流电磁铁的基本结构,它由励磁绕组、铁芯和衔铁三部分组成。当绕组中通入直流电流 $I$ 时,便在空间产生磁场,将铁芯和衔铁磁化,使衔铁受到电磁力作用而被吸向铁芯。如果这时在铁芯和衔铁的适当位置分别放置一对静触头和动触头,则随着衔铁和铁芯的吸合,触头闭合,从而可以引发各种控制功能。控制继电器就是利用这种原理制成的。

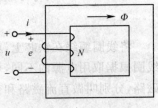

图 9-8 直流电磁铁的基本结构

### 9.4.2 交流铁芯线圈中的电磁关系

再以图 9-9 所示的交流铁芯线圈为例,线圈匝数为 $N$,当在线圈两端加上正弦交流电压 $u$ 时,就有交变励磁电流 $i$ 流过,在交变磁通势 $Ni$ 的作用下产生交变磁通。其中大部分通过铁芯而闭合,这部分磁通称为主磁通;另外还有很小一部分是从附近空气隙中通过而闭合的,这部分磁通称为漏磁通。这两种交变的磁通都将在线圈中产生感应电动势,即主磁通电动势和漏磁通电动势。

图 9-9 交流铁芯线圈的磁路

但由于经过空气隙而闭合的漏磁通很小,常常可以忽略其影响,而对于线圈电阻的影响我们也常常可以忽略不计,则这时可由法拉第电磁感应定律得到

$$u=-e=N\frac{\mathrm{d}\Phi}{\mathrm{d}t}\tag{9-10}$$

由上可得出相量关系式 $\dot{U}=-\dot{E}$。

上式中电压 $u$ 与电动势 $e$ 取相同的参考方向,其他各量的参考方向也都如图 9-9 所示。从式(9-10)可以看出,当电压 $u$ 为正弦量时,磁通 $\Phi$ 也是正弦量。我们设 $\Phi(t)=$

$\Phi_m \sin\omega t$，将其代入式(9-10)可得

$$u = -e = N\frac{\mathrm{d}}{\mathrm{d}t}\Phi_m \sin\omega t$$

$$= \omega N\Phi_m \sin(\omega t + 90°)$$

由上式可知正弦电压的相位比磁通要超前 90°，并得到此电压(及感应电动势)的有效值与主磁通最大值的关系为

$$U = E = \frac{\omega N\Phi_m}{\sqrt{2}} = \frac{2\pi f N\Phi_m}{\sqrt{2}} \approx 4.44 f N\Phi_m \tag{9-11}$$

上式表明：当电源频率与线圈的匝数一定时，若线圈电压的有效值 $U$ 不变，则主磁通的最大值 $\Phi_m$ 也不变；但当线圈电压的有效值改变时，则 $\Phi_m$ 将随 $U$ 按正比例变化，而与磁路的情况无关。式(9-11)是在忽略了线圈电阻及漏磁通影响的情况下推导出来的，在许多实际电工设备如变压器、电机、电器等的磁路中，我们都可以忽略这些影响，而用上式进行有关计算。所以式(9-11)是实践中很常用的一个重要公式。

**【例 9-3】** 已知某变压器铁芯中磁通的最大值为 0.002 Wb，试求当线圈的额定电压是 220 V、额定频率为 50 Hz 时，该线圈的匝数。

**解** 依题意知：$\Phi_m = 0.002$ Wb，$U = 220$ V，$f = 50$ Hz，将以上数据代入式(9-11)得到

$$N = \frac{U}{4.44 f \Phi_m} = \frac{220}{4.44 \times 50 \times 0.002} = 496 \text{ 匝}$$

即在一些实际问题中，我们可根据需要并按此公式事先算出线圈所需的匝数，比如对此例就可以采用具有 500 匝的励磁线圈。

### 9.4.3 铁芯损耗

通过以上分析我们可以看出，对于许多实际电工设备中的铁芯，当设备在运行时都要受到反复的磁化。在这种交变的磁通磁路中，铁芯被交变磁化就会发热而产生功率损耗，我们称之为磁损耗，因为这种损耗是发生在铁芯中的，所以又简称为铁损；而相比之下，当线圈中流过电流时，线圈电阻 $R$ 上也会产生功率损耗 $RI^2$，由于线圈导线大多是用铜材料做成，因此线圈电阻上产生的损耗又称为铜损。

本节只着重讨论处于交变磁化的铁芯中存在的铁损。铁损是由于铁磁材料的磁滞作用和铁芯内涡流的存在而产生的，所以磁损耗(铁损)又分为磁滞损耗和涡流损耗两种。

1. 磁滞损耗

在这里我们仍以磁畴理论来说明铁芯内产生磁滞损耗的现象。铁磁材料在被反复磁化的过程中，铁磁材料内部的磁畴就要反复转向、相互摩擦，这就要消耗能量并转变为热能而耗散掉，这种由磁滞而产生的铁损称为磁滞损耗。

可以证明，铁芯中单位体积内所产生的磁滞损耗与磁滞回线所包围的面积成正比。所以为了减小交变磁通磁路中铁芯的磁滞损耗，我们常采用磁滞回线狭长的铁磁材料(即软磁材料)来制造铁芯。硅钢是目前满足这个条件的理想磁性材料，特别是冷轧硅钢片，

冷轧取向硅钢片或坡莫合金则更为理想。常见的电工硅钢片因其磁滞损耗较小且成本低廉,而成为变压器和电机等设备中使用最广泛的铁芯材料。

**2. 涡流损耗**

铁磁性物质不仅有导磁能力,同时也有导电能力,因而在交变磁通的作用下,铁芯内将产生感应电动势和感应电流。感应电流在垂直于磁通的铁芯平面内呈漩涡状流动,故称为涡流,如图 9-10 所示。

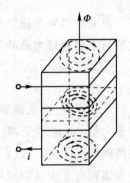

图 9-10　涡流损耗

铁芯中的涡流当然也要消耗能量而使铁芯发热,则这种由涡流所产生的铁损称为涡流损耗。

在电机、变压器等实际设备中,常用两种方法减少涡流损耗:一是增大铁芯材料的电阻率,在钢片中渗入硅能使其电阻率大大提高。我国生产的低硅钢片含硅量在 $1\% \sim 3\%$,而高硅钢片含硅量在 $3\% \sim 5\%$;二是把铁芯沿磁场方向剖分为许多薄片,相互绝缘后再叠合成铁芯(在片与片之间都涂有绝缘漆),这样就可以大大限制涡流,使其只能在较小的截面内流通。这两种方法都能很有效地减少涡流损耗。

但在有些时候,我们也利用由交变磁通可以产生涡流的原理来达到一些目的。如利用涡流的热效应来冶炼金属,利用涡流和磁场相互作用而产生电磁力的原理来制造感应式仪器、交流异步电动机及涡流测距器等。

综上所述,在交变磁通作用下的铁芯中,所产生的磁滞损耗和涡流损耗都会使铁芯发热,使交流电机、变压器以及其他交流用电设备的功率损耗增大,温升增加,效率降低。所以通常情况下,我们都要尽力去降低铁损,以提高效率并延长设备的使用寿命。

**思考与练习**

9.4.1　若将交流铁芯线圈接到与其额定电压相等的直流电源上,或将直流铁芯线圈接到有效值与其额定电压相同的交流电源上,各会产生什么样的结果?

9.4.2　交流铁芯线圈的功率损耗包括哪些?直流铁芯线圈中为什么没有铁损耗?

# 9.5　交流铁芯线圈的电路模型

由于铁芯磁路的特殊性,用通常方法讨论交流铁芯线圈的特性就变得很困难;而利用等效正弦波来近似代替非正弦波等方法作出交流铁芯线圈的电路模型将会使分析大大简化。本节将简述交流铁芯线圈在几种情况下的电路模型。

## 9.5.1　不考虑线圈电阻和漏磁通的情况

上节已经分析了交流铁芯线圈中的电磁关系,并由式(9-10): $u = -e = N \dfrac{\mathrm{d}\Phi}{\mathrm{d}t}$ 得出相

量关系：$\dot{U}=-\dot{E}$，进而又得到此电压及感应电动势的有效值与主磁通最大值的关系为

$$U=E=\frac{\omega N\Phi_{\mathrm{m}}}{\sqrt{2}}=\frac{2\pi fN\Phi_{\mathrm{m}}}{\sqrt{2}}\approx 4.44fN\Phi_{\mathrm{m}}$$

工程上分析交流铁芯线圈时，常把非正弦的磁化电流用等效正弦磁化电流来代替（此等效的条件除频率相同外，相应的有效值和功率也相等），因为该磁化电流的平均功率为零，所以其等效正弦量比电压滞后 $90°$，它也为励磁电流的无功分量，其相量可表示为

$$\dot{I}_{\mathrm{M}}=I_{\mathrm{M}}\underline{/0°}$$

因此可得出在不考虑线圈电阻和漏磁通的情况下交流铁芯线圈的相量图，如图9-11(a)所示，进而再得出此交流铁芯线圈的电路模型，如图 9-11(b)和图 9-11(c)所示。

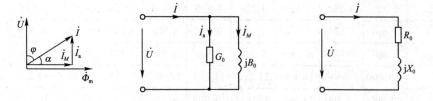

(a) 相量图　　　(b) 由电导和电纳并联组成的电路模型　　　(c) 由串联的 $R_0$ 和 $jX_0$ 组成的电路模型

图 9-11　不考虑线圈电阻和漏磁通情况下交流铁芯线圈的相量图和电路模型

由于篇幅所限，本处对于得出其电路模型的详细过程不作赘述。电路模型中各参数和物理量关系可从上图中清楚看出。

## 9.5.2　考虑线圈电阻和漏磁通的情况

在实际电工设备中，铁芯线圈电路有时还应考虑线圈电阻 $R$ 和漏磁通 $\Phi_{\mathrm{S}}$ 的影响。而漏磁通主要通过空气隙闭合，所以它在电路中的影响可用线性电感 $L_{\mathrm{S}}$ 来表示，相应的漏磁电抗又表示为：$X_{\mathrm{S}}=\omega L_{\mathrm{S}}$（前述式子 $\dot{U}=-\dot{E}$ 中，分别指主磁通的感应电压和感应电动势）。

由以上讨论又可得出在考虑线圈电阻 $R$ 和漏磁通 $\Phi_{\mathrm{S}}$ 的情况下，交流铁芯线圈的相量图（图 9-12(a)）和其电路模型（图 9-12(b)和图 9-12(c)）。

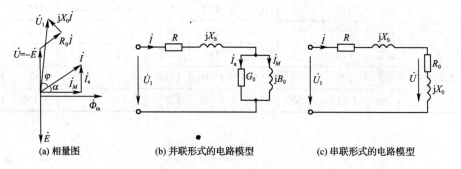

(a) 相量图　　　(b) 并联形式的电路模型　　　(c) 串联形式的电路模型

图 9-12　考虑线圈电阻和漏磁通情况下交流铁芯线圈的相量图和电路模型

思考与练习

9.5.1 如图 9-11 所示,在不考虑线圈电阻和漏磁通的情况下,写出此交流铁芯线圈的励磁复阻抗表达式。

9.5.2 如图 9-12 所示,在考虑线圈电阻和漏磁通的情况下,写出此交流铁芯线圈的漏复阻抗和励磁复阻抗表达式。

表 9-1 几种常用铁磁材料的磁化数据表

铸铁($H$ 的单位为 A/m)

| B/T | 0 | 0.01 | 0.02 | 0.003 | 0.04 | 0.05 | 0.06 | 0.07 | 0.08 | 0.09 |
|---|---|---|---|---|---|---|---|---|---|---|
| 0.5 | 2 200 | 2 260 | 2 350 | 2 400 | 2 470 | 2 550 | 2 620 | 2 700 | 2 780 | 2 860 |
| 0.6 | 2 940 | 3 030 | 3 130 | 3 220 | 3 320 | 3 420 | 3 520 | 3 620 | 3 720 | 3 820 |
| 0.7 | 3 920 | 4 050 | 4 180 | 4 320 | 4 460 | 4 600 | 4 750 | 4 910 | 5 070 | 5 230 |
| 0.8 | 5 400 | 5 570 | 5 750 | 5 930 | 6 160 | 6 300 | 6 500 | 6 710 | 6 930 | 7 140 |
| 0.9 | 7 360 | 7 500 | 7 780 | 8 000 | 8 300 | 8 600 | 8 900 | 9 200 | 9 500 | 9 800 |
| 1.0 | 10 1000 | 10 500 | 10 800 | 11 200 | 11 600 | 12 000 | 12 400 | 12 800 | 13 200 | 13 600 |
| 1.1 | 14 000 | 14 400 | 14 900 | 15 400 | 15 900 | 16 500 | 17 000 | 15 700 | 18 100 | 18600 |

D21 硅钢片($H$ 的单位为 A/m)

| B/T | 0 | 0.01 | 0.02 | 0.03 | 0.04 | 0.05 | 0.06 | 0.07 | 0.08 | 0.09 |
|---|---|---|---|---|---|---|---|---|---|---|
| 0.8 | 340 | 348 | 356 | 364 | 372 | 380 | 389 | 398 | 407 | 416 |
| 0.9 | 425 | 435 | 445 | 465 | 475 | 488 | 500 | 512 | 524 |  |
| 1.0 | 536 | 549 | 562 | 575 | 588 | 602 | 616 | 630 | 645 | 660 |
| 675 | 691 | 708 | 726 | 745 | 765 | 786 | 808 | 831 | 855 |  |
| 1.2 | 880 | 906 | 933 | 961 | 990 | 1 020 | 1 050 | 1 090 | 1 120 | 1 160 |
| 1.3 | 1 200 | 1 250 | 1 300 | 1 350 | 1 400 | 1 450 | 1 500 | 1 560 | 1 620 | 1 680 |
| 1.4 | 1 740 | 1 820 | 1 890 | 1 980 | 2 060 | 2 160 | 2 260 | 2 380 | 2 500 | 2 640 |

D23 硅钢片($H$ 的单位为 A/m)

| B/T | 0 | 0.01 | 0.02 | 0.03 | 0.04 | 0.05 | 0.06 | 0.07 | 0.08 | 0.09 |
|---|---|---|---|---|---|---|---|---|---|---|
| 1.0 | 383 | 392 | 401 | 411 | 422 | 433 | 444 | 456 | 467 | 480 |
| 1.1 | 493 | 507 | 521 | 536 | 552 | 568 | 584 | 600 | 616 | 633 |
| 1.2 | 652 | 672 | 694 | 716 | 738 | 762 | 786 | 810 | 836 | 862 |
| 1.3 | 890 | 920 | 950 | 980 | 1 010 | 1 050 | 1 090 | 1 130 | 1 170 | 1 210 |
| 1.4 | 1 260 | 1 310 | 1 360 | 1 420 | 1 480 | 1 550 | 1 630 | 1 710 | 1 810 | 1 910 |

# 本 章 小 结

1.磁路是指约束磁场分布的磁通路径,主要由铁磁性物质构成,有时也包括所必需的、较短的空气隙部分,磁路可根据需要制成一定的形状。

2.因为磁路的主要物理量和规律是由磁场中的物理量和规律引出来的,所以本章特别对磁场中有关物理量如磁感应强度、磁通、磁场强度和磁导率等进行了分析和讨论,尤其强调了铁磁性物质中磁导率的非线性以及它比非铁磁性物质的磁导率要大得多的特点。

3.铁磁性物质在磁化过程中有饱和与磁滞现象;其中关于磁感应强度 $B$ 和磁场强度 $H$ 间的关系,从完全去磁状态下开始磁化时要遵循起始磁化曲线;交变磁化稳定后将遵循磁滞回线;而把许多这种磁滞回线的顶点相连接,所得到的又叫基本磁化曲线。

4.磁路与电路在基本物理量和基本规律方面,有许多相似之处,如磁压与电压、磁通与电流、磁阻与电阻、磁通势与电动势等的相互对应关系,又如本章所介绍的磁路欧姆定律以及基尔霍夫磁通定律和基尔霍夫磁压定律等也均与电路中的有关规律相对应;但对比分析时要特别注意磁路的非线性性质。

5.交流磁路中铁芯被交变磁化会产生磁损耗(又称为铁损),它包括磁滞损耗和涡流损耗;通常情况下,铁损不仅造成浪费,还会因其产生大量的热量,使设备温度升高而烧坏设备。在生产实践中,减少磁滞损耗的主要方法是采用磁滞回线狭长的软磁材料来制造铁芯;而减少涡流损耗的一般方法有两种:一是增大铁芯材料的电阻率(如在钢片中渗入硅能使其电阻率大大提高);二是把铁芯沿磁场方向剖分为许多相互绝缘的薄片后再叠合在一起(如电工硅钢片)。

6.当忽略漏磁通和线圈电阻的影响,在铁芯线圈两端加以正弦电压时,可得到用以表达主磁通最大值与线圈上电压(或感应电动势)的有效值之间相互关系的公式

$$U = E = \frac{\omega N \Phi_{\mathrm{m}}}{\sqrt{2}} = \frac{2\pi N \Phi_{\mathrm{m}}}{\sqrt{2}} \approx 4.44 f N \Phi_{\mathrm{m}}$$

这也是在实践中经常用到的一个重要公式。

# 习题 9

9-1 试说明磁感应强度、磁通、磁导率和磁场强度等物理量的定义、相互关系和单位。

9-2 有一环形线圈绕在均匀介质上,如果电流不变,将原来的非铁磁材料换为铁磁材料,则线圈中的磁感应强度、磁通和磁场强度将如何变化?

9-3 铁磁性物质在磁化过程中有哪些特点?

9-4 试说明起始磁化曲线、磁滞回线和基本磁化曲线有哪些区别。

9-5 何谓磁饱和与磁滞现象？为什么铁磁性物质具有高磁导率、磁饱和和磁滞等三个基本特性？

9-6 试说明磁阻、磁导与哪些因素有关。

9-7 由恒定直流电压源供电的铁芯线圈,若铁芯中增加了空气隙,其线圈中电流与磁路中磁通将如何变化？

9-8 如图 9-13 所示磁路中,励磁电流 $I$ 的方向如图所示,试在图中作出:

(1)铁芯中各处主磁通的方向(磁通线用虚线表示);

(2)在空气隙中标出磁感应线及其方向(要求表示出磁通的边缘效应)。

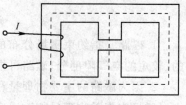

图 9-13 习题 9-8 图

9-9 有一横截面积为 $10\ cm^2$ 的铁芯,其相对磁导率为 $\mu_r=600$,已知铁芯中的磁场强度为 $H=15\ A/cm$,试求铁芯中的磁通。

9-10 由 D23 硅钢片叠制而成的均匀磁路如图 9-14 所示,磁路的平均长度为 $l=32\ cm$,铁芯的净截面积为 $S=1\ cm^2$,绕组匝数为 $N=200$ 匝。欲使铁芯中磁通为 $1.2\times10^{-4}\ Wb$,试求绕组中应通入的电流。

9-11 上题中若通入的电流为 $0.8\ A$,求此时铁芯中的磁通。

9-12 由 D21 硅钢片叠制成的环形磁路如图 9-15 所示,平均磁路长为 $100\ cm$,净截面积为 $5\ cm^2$。设铁芯中磁通为 $6.5\times10^{-4}\ Wb$,试求绕组匝数为 $5000$ 匝时需通入的电流。

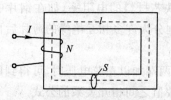

图 9-14 习题 9-10 图

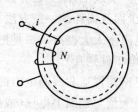

图 9-15 习题 9-12 图

9-13 上题中若磁通势保持不变,但使环形磁路中的磁通减少 $20\%$,设这时铁芯的叠装系数为 $0.9$,问需开一个多长的空气隙(气隙边缘效应可忽略不计)?

9-14 试说明交流磁路中铁芯被交变磁化时会产生什么样的损耗,简述铁损的分类和它所造成的危害。

9-15 试简述在生产实践中,人们减少磁损耗的主要方法及其基本原理。

9-16 有一匝数 $N=100$ 匝的铁芯线圈,接到额定电压 $U=220\ V$ 的工频正弦交流电压源上,若不计线圈电阻及漏磁通,试求此时铁芯线圈中主磁通的最大值。

# 习 题 答 案

## 习题 1

1-1 $0;10$ A，a→b；$0;0$

1-2 $-5$ V，b 点电位高

1-3 (1)略；(2)吸收功率各为：200 W，$-100$ W，$-60$ W，$-80$ W，30 W，10 W

1-4 (1)$u=10i$；(2)$u=200\sin(2t+60°)$ V；(3)略

1-5 $0.05$ A

1-6 $1210$ Ω；10 W

1-7 (1)121 Ω，268.9 Ω；(2)不能，烧坏前：0.56 A，38 W，84 W；烧坏后：$0,0,0$

1-8 (1)227 V；(2)212.9 V

1-9 (1)$i=0.276\sin(314t+150°)$ A；(2)$i_{ab}=40$ μA，$i_{bc}=-40$ μA

1-10 $2.5$ μF；2.5 μF

1-11 $2\times10^{-5}$ C；$5\times10^{-5}$ C

1-12 $\dfrac{16}{3}$ V；$\dfrac{8}{3}$ V；$\dfrac{32}{3}\times10^{-6}$ C；$\dfrac{32}{3}\times10^{-6}$ C

1-13 (1)$0.8\sin(2t+150°)$ V；(2)略

1-14 5 A，10 A，5 A，2.5 A

1-15 $W_L=\dfrac{1}{2}LI^2$

1-16 $u=10+4i$

1-17 (1)2 A；(2)5 V；(3)电压源发出功率：$-10$ W，电流源发出功率：10 W

1-18 $1.4$ V，40 Ω

1-19 $0.75$ V

1-20 (1)254 V；(2)19.17 Ω；(3)3048 W；(4)288 W；(5)2760 W

1-21 2 A；6 A；8 A；8 V；12 V；$-20$ V

1-22 (1)3.12 A；6.48 A；9.6 A；
(2)120 V 电源输出功率：374.4 W；90 V 电源输出功率：583.2 W

1-23 $0$ V

1-24 294 μA

## 习题 2

2-1 $0.599$ MΩ；1.4 MΩ；4 MΩ

2-2　0.505 Ω;4.55 Ω;5.051 Ω

2-3　(a)14 Ω;(b)1.5 Ω;(c)12 Ω

2-4　8.57 V;4.29 V

2-5　1.6 V;30 V

2-6　(1)194.5 V;(2)烧坏电流表

2-7　8 V、2 Ω

2-8　1 A、2 Ω

2-9　1 A

2-10　(a)$U_{ab}=6-2I$;(b)$U_{ab}=-2-2I$

2-11　$-0.167$ A

2-12　(1)0.263 A;(2)1.578 W;(3)0.346 W

2-13　0 A

2-14　1 A

2-15　2.5 V、2.5 Ω

2-16　0.5 A,16 W

2-17　25 V,30 Ω

2-18　(1)$U_{ab}=U_{OC}=-20$ V、9 Ω;(2)负载电流大小:1.67 A

2-19　0 V、8 Ω

2-20　0.4 A;0.4 A;0.4 A;$-1.2$ A

2-21　4 A;$-6$ A;10 A;240 W;360 W;600 W

2-22　2.4 A;6.4 A;11.52 W;122.88 W

2-23　12 V

2-24　(1)$-1.545$ A、$-0.818$ A;(2)1.06 W

2-25　4.76 V;3.66 V

2-26　4 V;$-2.67$ V

2-27　(1)$-0.5$ V、2.5 V;(2)$-3$ V;(3)$-0.5$ A

2-28　6.8 V,7.8 V

2-29　$-6$ V,4 V,$-14$ V

2-30　$-\dfrac{20}{7}$ A

# 习题 3

3-1　振幅(正弦量的大小)、频率(正弦量的快慢)、初相位(正弦量变动进程的初始状况)

3-2　略

3-3　10 mA、7.07 mA、1.2 ms、833.33 Hz、5233.33 rad/s、45°

3-4　(1)14. 14 A、100 Hz、10 ms、628 rad/s、49°;

　　　(2)−10. 67 A、10. 67 A

3-5　(1)$u_1$ 超前 $u_2$70°;(2)220 V,110 V

3-6　略

3-7　$20-j15$;$102. 55+j17. 29$;$8. 15\angle 66. 9°$;$5\angle -36. 9°$

3-8　(1)$93. 35+j13. 79$;(2)$1023. 67\angle 30. 4°$;

　　　(3)$10. 57\angle -11. 26°$;(4)$9. 77\times10^4\angle -30. 4°$

3-9　$\dot{I}=10\angle -9°$ A,$\dot{U}=220\angle 71°$ V,图略

3-10　(1)$\dot{I}_1=7. 07\angle 10°$ A,$\dot{I}_2=3. 54\angle -50°$ A;(2)$9. 09\angle -9. 36°$ A,图略;

　　　(3)$6. 12\angle 40. 09°$ A,图略

3-11　略

3-12　$I=2. 62$ A,$U_R=52. 5$ V,$U_L=246. 8$ V,$U_C=33. 4$ V

3-13　(1)$U=7. 8$ V;$I_R=0. 39$ A,$I_L=0. 06$ A,$I_C=0. 19$ A;(2)图略

3-14　(1)12 A、8 A、15 A、13. 89 A;(2)$Y=0. 116\angle -30. 26°$ S;(3)图略

3-15　185 Ω,161 mH

3-16　20 Ω,159 μF;40 Ω,79. 62 μF

3-17　$\dot{U}=184. 0\angle -7. 65°$ V

3-18　$\dot{I}_1=0. 45\angle -17. 65°$ A,$\dot{I}_2=0. 40\angle 20. 23°$ A,$\dot{U}=1. 424\angle 53. 92°$ V

3-19　$\dot{U}=50\sqrt{3}\angle 90°=86. 6\angle 90°$ V

3-20　1300 W,1970. 22 var ,2360. 46 VA,0. 55;10. 73 A

3-21　152 VA,46. 21 W,145. 09 var ,0. 304

3-22　(1)0. 80;(2)45. 93 μF

3-23　1177. 7 W,178. 3 var,1191. 12 VA;0. 99

3-24　$\dot{I}=5. 42\angle 102. 5°$ A

3-25　0. 37 A;103. 6 V,191. 8 V;因为各元件上电压相位不同,所以不能直接以数值相加。

3-26　0. 1 H;0. 2 H

3-27　$\dot{U}=20\sqrt{2}\angle 45°$ V

3-28　$\omega_{0顺}=1000$ rad/s;$\omega_{0逆}=2236. 07$ rad/s

# 习题 4

4-1　$I\angle 170°$,$I\angle -70°$

4-2　$-90°,150°,381\ \underline{/60°}$ V,$381\ \underline{/-60°}$ V,$381\ \underline{/180°}$ V

4-3　$u_{AB}=381\sin\omega t$ V,$u_{BC}=381\sin(\omega t-120°)$ V,$u_{CA}=381\sin(\omega t+120°)$ V

4-4　$220\ \underline{/-30°}$ V,$220\ \underline{/-150°}$ V,$220\ \underline{/90°}$ V,$381\ \underline{/0°}$ V,$381\ \underline{/-120°}$ V,

　　$381\ \underline{/120°}$ V

4-5　$10\ \underline{/-45°}$ A,$10\ \underline{/-165°}$ A,$10\ \underline{/75°}$ A,$100\ \underline{/0°}$ V,$100\ \underline{/-120°}$ V,

　　$100\ \underline{/120°}$ V,图略

4-6　(1)0;(2)$11\ \underline{/-36.7°}$ A,$11\ \underline{/-156.7°}$ A,$11\ \underline{/83.3°}$ A,$214.83\ \underline{/3.1°}$ V,

　　　$214.83\ \underline{/-116.9°}$ V,$214.83\ \underline{/123.1°}$ V,图略

4-7　(1)10 A,6.80 V;(2)图略

4-8　在对称时;使各相相电压不相等

4-9　(1)0,1 A,1 A,1 A;

　　(2)0,0,1 A,1 A;

　　(3)1 A,1 A,极大(使 C 相跳闸或被烧坏),1 A;

　　(4)0,0.866 A,0.866 A;

　　(5)$\sqrt{3}$ A,$\sqrt{3}$ A,3 A

4-10　利用对称电路的相量图证明

4-11　2896.07 W,8688.21 W

4-12　42.34 A

4-13　(1)8.26 A,4.51 kW;(2)24.78 A,13.53 kW

4-14　(1)11.5 A,4.76 kW;(2)34.5 A,14.28 kW

4-15　44 A ,44 A ,6.29 A,220 V,220 V,220 V

4-16　9.68 kW,9.68 kW,1.38 kW,0 var,0 var,0 var

4-17　9.5 A

# 习题 5

5-1　略

5-2　(1)$Y_{12}=Y_{21}$,(2)$Y_{12}=Y_{21}$,$Y_{11}=Y_{22}$

5-3　$R-\mathrm{j}\dfrac{1}{\omega C}$,$-\mathrm{j}\dfrac{1}{\omega C}$,$-\mathrm{j}\dfrac{1}{\omega C}$,$\mathrm{j}\omega L-\mathrm{j}\dfrac{1}{\omega C}$

5-4　$-1,-30\ \Omega,0,-1;30\ \Omega,-1,1,0$

5-5　$2,-1\ \Omega,1$ S,$4;4\ \Omega,9,-1,-2$ S

5-6　$\dot U_1=6\dot U_2-3(-\dot I_2),\dot I_1=3\dot U_2+12(-\dot I_2)$

5-7　$0.6\ \Omega,-0.8,-0.8,3.75$ S

5-8　略

5-9　$-1$ V,4 A

5-10 (a)$R+j\omega L,j\omega L,j\omega L,j\omega L;\dfrac{1}{R},-\dfrac{1}{R},-\dfrac{1}{R},\dfrac{1}{R}-j\dfrac{1}{\omega L}$

(b)$j\omega L,j\omega L,j\omega L,j\omega L-j\dfrac{1}{\omega C};j\omega C-j\dfrac{1}{\omega L},-j\omega L,-j\omega L,j\omega L$

5-11 $\dfrac{1}{R},-\dfrac{3}{R},-\dfrac{1}{R},\dfrac{3}{R}$

5-12 $T=\begin{bmatrix} a & az+b \\ c & cz+d \end{bmatrix}$

5-13 $j\omega L_1,j\omega M,j\omega M,j\omega L_2$

5-14 (1)$H=\begin{bmatrix} \dfrac{1}{5} & \dfrac{3}{5} \\ -\dfrac{3}{5} & \dfrac{1}{5} \end{bmatrix}$;(2)34 V,$-2$ A

5-15 8

5-16 $T_a=\begin{bmatrix} 1 & 0 \\ 0 & 1 \end{bmatrix},T_b=\begin{bmatrix} 1 & j\omega L \\ 0 & 1 \end{bmatrix},T_c=\begin{bmatrix} -1 & 0 \\ 0 & -1 \end{bmatrix},T_d=\begin{bmatrix} 1 & 0 \\ j\omega C & 1 \end{bmatrix}$

5-17 (a)$T=\begin{bmatrix} 3 & Z/3 \\ 0 & 1/3 \end{bmatrix},H=\begin{bmatrix} Z & 3 \\ -3 & 0 \end{bmatrix}$;(b)$T=\begin{bmatrix} 3 & 0 \\ 3/Z & 1/3 \end{bmatrix},H=\begin{bmatrix} 0 & 3 \\ -3 & 9/Z \end{bmatrix}$

5-18 (1)$\dot{U}_1=(R_1+j\omega L_1)\dot{I}_1+j\omega M\dot{I}_2,\dot{U}_2=j\omega M\dot{I}_1-(R_2+j\omega L_2)\dot{I}_2$;(2)略

# 习题 6

6-1 (a)10 V,0 V,5 A;(b)0V,5A,10V

6-2 0 V,$-100$ V,100 V,$-1$ A

6-3 1 A,0 A,1 A,4 V

6-4 (1)$\tau=0.1$ ms;(2)$u_C(t)=10(1-e^{-10^4 t})$ V,$i(t)=5e^{-10^4 t}$ A,$(t>0)$;
(3)$I_0=5$ A;(4)9.93 V

6-5 (1)$\tau=2$ ms;(2)$u_L(t)=10e^{-500t}$ V,$i(t)=5(1-e^{-500t})$ A,$(t>0)$;(3)4.966 A

6-6 (1)$\tau=0.08$ ms;(2)$i(0_+)=7$ A,
(3)$i(t)=7e^{-1.25\times10^4 t}$ A,$u_V(t)=-3.5\times10^4 e^{-1.25\times10^4 t}$ V

6-7 $u_C=22.3$ V,$i=2.23$ mA

6-8 $u_C(t)=10e^{-t}$ V,$i(t)=5e^{-t}$ A,$u_2(t)=-10e^{-t}$ V,$(t>0)$

6-9 $u_C(t)=10(1+e^{-100t})$ V,$i_1(t)=(5-2.5e^{-100t})$ mA,$i_3(t)=(5+2.5e^{-100t})$ mA,$t>0$

6-10 (1)$u_0(t)=-6e^{-2.5t}$ V,$t>0$;(2)$-0.04$ V

6-11 $u_C(t)=25-5e^{-2\times10^3 t}$ V,$t>0$

6-12 约 30 ms

6-13 微分电路,图略

6-14 积分电路,图略

6-15 $i_L(t)=2.5(1-e^{-0.3t})\varepsilon(t)$ A, $t>0$

6-16 $u_C(t)=60+40e^{-83t}$ V, $i_C(t)=-\frac{10}{3}e^{-83t}$ A, $t>0$; 波形图略;

其中, $u_{C稳态}(t)=60$ V, $u_{C暂态}(t)=40e^{-83t}$ V,

$u_{C零输入}(t)=100e^{-83t}$ V, $u_{C零状态}(t)=60(1-e^{-83t})$ V

6-17 $i_L(t)=1.25(1-e^{-20(t-0.1)})\varepsilon(t-0.1)+(1-e^{-20(t-0.2)})\varepsilon(t-0.2)-$
$2.25(1-e^{-20(t-0.3)})\varepsilon(t-0.3)$ A

6-18 $u_C(t)=12(1-e^{-100t})\varepsilon(t)+8(1-e^{-100(t-0.01)})\varepsilon(t-0.01)-$
$20(1-e^{-100(t-0.02)})\varepsilon(t-0.02)$

# 习题 7

7-1 $(1)\dfrac{s\sin\psi+\omega\cos\psi}{s^2+\omega^2}$; $(2)\dfrac{1}{2S}-\dfrac{S}{2(S^2+4\omega^2)}$; $(3)\dfrac{(s-\alpha)\sin\psi+\omega\cos\psi}{(s-\alpha)^2+\omega^2}$; $(4)\dfrac{2\omega s}{(s^2+\omega^2)^2}$

7-2 $(1)\dfrac{1}{2}(e^{-t}-e^{-3t})$; $(2)0.1e^{-t}+1.37e^{-2t}\cos(3t+48.9°)$;

$(3)\dfrac{8}{3}-\dfrac{3}{2}e^{-t}-\dfrac{1}{6}e^{-3t}$; $(4)e^{-t}(t+\dfrac{1}{2})-\dfrac{1}{2}e^{-3t}$

7-3 $[1.2\times1.0^{-3}(e^{-6400t}-e^{-3600t})+7\times10^{-4}\sin4800t]$ A

7-4 $(0.5-1.09e^{-40.85t}+2.09e^{-979t})$ A

7-5 $i_1(t)=(0.03-0.01e^{-100t})$ A, $i_2(t)=(0.01+0.01e^{-100t})$ A,
$i_3(t)=(0.02-0.02e^{-100t})$ A

7-6 $5\times10^{-3}(1-e^{-50t}\cos50t)$ A

7-7 (1)略; $(2)i_L(t)=[-8000te^{-200t}+95e^{-200t}+5]$ A

# 习题 8

8-1 30 W; 30 W; 22.5 W; 45 W

8-2 240 W

8-3 $(1)i(t)=4.68\cos(\omega t+39.4°)+3\sin(3\omega t)$, $I=3.93$ A; $(2)P=92.9$ W

8-4 $i_R(t)=[2+1.8\sin(2\omega t+53.13°)]$ A, 有效值为:2.37 A
$u_C(t)=[400+1000\sin(\omega t-90°)+120\sin(2\omega t-126.87°)]$ V, 有效值为:816.82 V

8-5 $(1)u(t)=[50+9.6\sin(\omega t+1.2°)]$ V, 50.46 V; $(2)25.5$ W

8-6 $i(t)=[16\sin(\omega t+74.5°)+5.7\sin(3\omega t-79.1°)]$ A, 有效值为:12.08 A

8-7 (1)29.49 A; $(2)i_L(t)=[22\sin(\omega t-90°)+3\sin(3\omega t-90°)+\sin(5\omega t-90°)]$ A

8-8 $i_a(t)=7.08\sin(\omega t+1.67°)$ A, $i_b(t)=5+0.10\sin(\omega t-89.1°)$ A;

比较波形可看出:前者对直流分量开路,只有基波分量,故为正弦波形;而后者由于支路中电感对高频分量的感抗很大,对直流分量相当于短路,故波形十分接近于直流。

8-9　(1)$i(t)=[4+3.87\sin(\omega t-23.15°)]$ A;(2) 4.85 A;(3)281.96 W

# 习题 9

9-1　各量单位:特斯拉(T),韦伯(Wb),亨/米(H/m),安/米(A/m)

9-2　磁感应强度、磁通都加强,磁场强度不变

9-3　略

9-4　略

9-5　可用磁畴理论进行说明(可以认为铁磁性物质的磁化过程,就是其磁畴的取向过程)

9-6　与该磁性材料的磁导率及这段磁路的几何形状(其长度和截面积)有关

9-7　不变;减少

9-8　略

9-9　$1.13\times10^{-3}$ Wb

9-10　1.04 A

9-11　$1.11\times10^{-4}$ Wb

9-12　0.24 A

9-13　0.0328 cm

9-14　(1)铁芯被交变磁化时会产生铁损;(2)它包括:磁滞损耗和涡流损耗,危害略

9-15　略

9-16　$99.1\times10^{-4}$ Wb